KB146414

당신의 자녀가 폭발버튼을 건드릴 때

WHEN YOUR KIDS PUSH YOUR BUTTONS

당신의 자녀가
폭발버튼을
건드릴 때

보니 해리스 | 조고은 옮김

보물창고

당신의 아이는 당신의 아이가 아니다.

그들은 그 자체를 갈망하는 생명의 아들딸이다.

그들은 당신을 통해서 온 것이지 당신으로부터 온 것이 아니다.

그리고 그들은 당신과 함께 있지만 당신의 소유물이 아니다.

그들에게 당신의 사랑은 주어도 좋지만, 당신의 생각을 주어서는 안 된다.

그들에겐 그들의 생각이 있기 때문이다.

당신은 그들의 육체를 집에 둘 수는 있지만, 정신을 가두어서는 안 된다.

그들의 정신은 당신이 꿈에도 갈 수 없는 내일의 집에 살고 있기 때문이다.

당신은 그들을 닮으려 애써도 좋으나, 그들을 당신과 같은 사람으로

만들려 해선 안 된다.

인생은 거꾸로 가지 않으며 과거에 머물러서도 안 되기 때문이다.

-칼릴 지브란, 『예언자』 중

차례

3부
폭발버튼 해제 방법

부록

이 책에 실린 이야기들은 내가 진행한 부모교실에 참석한 부모들의 실제 경험담이다. 그분들의 허락을 받아 독자들에게 소개하고자 한다. 사생활 보호를 위해 이름과 일부 상황은 변경되었음을 밝힌다.

그러더니, 엘리는 제가 만들어 준 스웨터를 부엌 너머에 있는 제게 똑바로 집어 던졌어요. 그건 방금 끈적한 팬케이크를 버린 쓰레기통으로 떨어졌고요. 그 순간, 아이의 팔을 잡아 뜯어 놓고 싶다는 생각이 들더라고요. 저는 아이의 팔을 잡고 쓰레기통으로 끌고 갔어요. 그러고는 깜짝 놀란 아이에게 얼굴을 바짝 들이밀고 "저 스웨터를 빨기 전까지는 집에서 한 발짝도 못 나갈 줄 알아, 이 꼬맹아!"라고 소리쳤죠. 세상에, 제가 그런 사람일 줄이야! 저에게 무슨 일이 생겼던 걸까요?

–평소에는 자녀를 사랑하고 균형도 잘 잡지만
방금 폭발버튼이 눌려 버린 엄마의 고백

부모들은 누구나 저마다의 폭발버튼을 가지고 있고, 아이들은 곧잘 그 버튼을 건드린다.

"싫어! 엄마가 해."

쏟은 우유를 닦으라고 하자, 아직 만 세 살이 채 되지 않은 제이콥이 소리를 질렀다. 저 우유는 일부러 쏟은 게 틀림없었다. 루이스는 얼굴이 시뻘겋게 달아오르는 것을 느꼈다.

"네가 쏟았으니까 네가 치워."

엄마는 인내심을 있는 대로 끌어 모아 가까스로 말했다.

"싫어. 그건 엄마가 할 일이잖아."

제이콥은 '그래서 어쩔 건데?' 하는 듯한 표정으로 비웃었다.

루이스는 발끝에서부터 분노가 솟아올랐다. 내 아들이 이렇게 나를 비웃을 수 있다는 사실을 믿을 수가 없었다. '건방진 자식, 어떻게 나한테 대들 수 있어?'라고 생각했다. 사방에서 아이를 혼내야 한다는 목소리가 들리는 것만 같았다. 루이스는 자신도 모르게 손을 번쩍 들었다가, 가까스로 정신을 차렸다. 움찔하는 제이콥이 보였다.

'아이와 문제를 분리하라. 아이를 비난하지 말라.' 부모교실에서 배웠던 내용을 떠올렸다. 그는 몇 차례 심호흡을 했다. '그래, 한번 해 보자.' 통할 것 같지 않았지만, 그래도 해 보기로 했다.

"그래, 우유가 쏟아졌는데 너도 치우기 싫고 나도 치우기 싫으니 어떻게 해야 하지?"

루이스는 동화책이라도 읽어 주듯 말했다.

제이콥의 몸 전체가 활짝 펴졌다. "내가 알아! 소피를 데려오자. 소피가 핥아 먹을 거야. 그러면 나머지는 내가 치울게." 그는 퀴즈쇼에 출전한 사람처럼 대답했다.

루이스는 말을 잃었다. "그러자."

어이가 없어서 그렇게 대답할 수밖에 없었다.

제이콥은 의자에서 내려와 문으로 달려가더니 강아지를 데려왔다. 아이가 바닥의 우유 웅덩이를 보여 주자 소피도 기꺼이 협조했다. 제이콥은 의자를 끌어와 올라가서 키친타월을 뜯더니 소피가 남긴 우유와 침을 신나게 닦았다.

루이스는 정신없이 아침 식사를 챙기고 아들을 어린이집에 데려다준 뒤 자기도 (가끔은 제시간에) 출근하는 평균적인 중산층 엄마이다. 제이콥이 폭발버튼을 누르자 거의 통제력을 잃을 뻔했다. 그러나 루이스는 그러지 않았다. 대신 자신의 폭발버튼을 해제하고 실제로 효과적인 양육법을 활용했다. 이는 자신을 위한 일이었을 뿐 아니라, 아이를 위한 일이기도 했다.

"그래도 그런 식으로 말한 것에 대해서는 혼내야 하지 않아요? 그걸 그냥 봐주면 안 되죠!" 이런 장면을 보면 이렇게 반응하는 부모들이 정말 많다. 왜 그럴까? 혼이 나는 걸로 제이콥이 무엇을 배울 수 있을까? 루이스는 아이가 쏟은 우유에 대해 책임을 지게 했고, 문제를 해결할 기회를 주었다. 그래서 아이는 정말로 (기발하고도 기분 좋게) 문제를 해결해 냈다. 그러나 아이들이 우리를 '괴롭힐' 때에는 마음속 깊은 곳에서 우리도 아이들이 괴롭길 바라게 된다. 앙갚음은 피할 수 없다. 우리가 알고 있기론 그렇다.

부모들은 누구나 저마다의 폭발버튼을 가지고 있고, 아이들은 곧잘 그 버튼을 건드린다. 그러면 아주 많은 사람들이 해로운 반응을 보인다. 부모들도 그런 반응을 보이는 자신이 싫을 때가 많지만, 그렇다고 해결할 방법을 알지도 못한다.

우리 아이들은 다른 누구보다도 능숙하게 폭발버튼을 누른다. 그들은 우리 안에서 최악의 모습을 끌어내는 방법을 정확히 알며, 순식간에 우리를 절대 저렇게 되지 않겠다고 맹세했던 부모로 만들어 놓는다. 가장 분통이 터지는 부분은 우리가 화가 날수록, 아이들은 버튼을 더 많이 누른다는 점이다! "그럴 생각이 전혀 없었는데도, 아이를 말리려고 입을 여는 순간, 절대 하지 않겠다고 다짐했던 말들이 쏟아져 나와요!"

『당신의 자녀가 폭발버튼을 건드릴 때』는 갈등 상황에서 당신이 맡은 부분에 대해 책임을 지되, 충동적인 반응을 가라앉힘으로써 아이를 올바르게 양육하는 방법에 관한 내용을 다루고 있다. 그러려면 당신의 폭발버튼에 돋보기를 가져다 대고 자세히 살펴봐야 한다. 분노나 회피로 인해 자제력을 잃어버리면 당신의 권위도 사라져 버린다. 당신의 자녀가 당신의 폭발버튼을 눌러 폭죽이 터지는 것을 지켜보는 것은 궁극적으로 그들에게도 이득이 되지 않는다. 명확하고 중립적으로 반응할 때에만 권위를 되찾을 수 있으며, 아이도 다시 안정감을 느낄 수 있다. 당신이 그렇게 할 수 있도록 이 책이 도와줄 것이다.

우리는 폭발버튼을 건드리지 못하게 하려고 아이들을 혼내곤 한다. 그러다 보면 비난과 분노의 악순환에 빠져 문제가 오히려 더 악화된다. 『당신의 자녀가 폭발버튼을 건드릴 때』는 아이들이 폭발버튼을 건드리지 못하게 만드는 방법에 관한 책이 아니다. 이것은 당신이 되고 싶었던 부모(지금 당신이 가로막고 있는 그 부모)가 될 수 있는 방법에 관한 책이다.

10년 이상 부모교실을 진행하면서, 나는 부모들이 처음보다 더 좌절에 빠져 수업으로 돌아오는 경우가 상당히 많다는 사실을 알게 되었다. 이런 부모들은 새로 배운 기술이 효과가 있을 것이라고 믿으며, 이를 시도해 볼 생각에 매우 들떠 있었다. 그러나 곧 무언가 일이 꼬이고 결국 배운 것들을 제대로 써 보지 못하게 된다. 폭발버튼이 눌렸기 때문이다. **버튼이 눌린 부모를 구제해 줄 수 있는 기술은 없다.** 나는 자녀양육 교육에서 결정적인 단계(일단 폭발버튼을 해제하여 배운 기술을 활용할 수 있게 하는 법)가 빠져 있었다는 사실을 깨달았다.

이 책은 그 후로 여러 해 동안 '당신의 자녀가 폭발버튼을 건드릴 때'라는 제목의 부모교실을 진행한 결과이다. 수업에서 했던 것과 마찬가지로 이 책에서도 당신이 겪고 있는 상황에 내용을 적용해 볼 수 있도록 상호작용적인 형식을 지향하고자 한다. 이를 돕기 위해 각 장마다 연습문제를 수록하였다.

자녀의 행동에 대해 부모가 가지는 기대와 가치는 문화에 따라 다르다는 사실을 확실히 인지하고 있어야 한다. 이 책에서 내가 제시하는 사례들이 모든 독자들에게 맞지는 않을 것이다. 그 사례가 당신의 폭발버튼과는 상관이 없을 수도 있다. 그럴 땐 당신과 아이의 관계에 문제를 일으키는 행동으로 얼마든지 바꾸어 생각해 보기를 바란다. 연습문제를 풀어 보면 도움이 될 것이다.

『당신의 자녀가 폭발버튼을 건드릴 때』는 다음의 4가지 양육 원칙을 기반으로 한다.

원칙 1. 자녀양육에서는 아이와 유대를 형성하는 것이 무엇보다 중요하다.

아이와 유대감이 돈독해야 우리의 가치를 전해 줄 수도 있고 그들의 판단에 영향을 줄 수도 있다.

원칙 2. 신체적, 정신적 상태가 어떻든 아이들은 모두 완벽하게 태어난다. 직접 낳았든 입양했든, 우리에게 찾아온 아이들은 모두 상호적 배움을 이끌어 내며, 우리가 개인적으로 성장할 수 있는 기회를 가져다준다.

원칙 3. 아이들은 성공하고 싶어 한다. 다른 사람을 조종하려 하거나 막무가내로 행동하면서 행복해하는 아이는 없다.

원칙 4. 아이들의 행동은 그들의 정서적, 신체적, 정신적 상태를 드러내는 징후이다. 그들의 행동에 영향을 끼치기 위해서는 우선 내적 상태를 이해하고, 받아들이고, 곰곰이 생각해야 한다.

아이가 자꾸 폭발버튼을 건드리는 행동을 한다면, 그것은 지금 아이의 필요는 물론 부모의 필요도 충족되지 않고 있다는 단서이다. 그럴 때에는 우선 자신과 아이에게 무엇이 필요한지를 찾는 단계가 가장 시급하고도 중요하다. 그것을 인식하지 못하면 우리는 계속 아이가 버튼을 건드리지 못하게 하는 것에만 초점을 맞추게 되고, 결국은 서로 불편하기만 한 상태에 이르게 된다.

수업을 하다 보면 이런 말을 자주 듣는다. "왜 단 한 번이라도 제가 해 달라는 대로 해 줄 수 없는 걸까요? 왜 맨날 저만 아이들이 하고 싶은 것을 배려해 줘야 하죠?"

왜냐하면 그것이 우리가 할 일이기 때문이다.

아이 쪽으로 다가가는 것, 아이의 입장에서 생각하는 것, 아이의 발달단계, 개인적인 기질, 정상적인 자기중심성의 수준을 고려하는 것, 그들에 대한 적절한 기대가 어느 정도인지 파악하는 것은 우리의 몫이다. 아이의 나이가 몇이든, 그들에게 우리의 기분을 책임지라고 하는 것, 그리고 우리에게 편한 방식 혹은 우리가 행복해지는 방식으로 행동하라고 하는 것은 옳지 않다.

그래도 시끌벅적한 아이들이 우리의 폭발버튼을 건드려 대는 터에 우리가 개인적으로 성장하고 치유되는 기회를 만날 수 있다는 것은 분명한 장점이다. 결국 우리는 이 질문에 답해야 한다. 이 기회를 잡을 것인가? 아니면 아이들은 제멋대로 군다고 꾸짖고 스스로를 무능하다고 탓하며 살 것인가?

아이에게 우리가 바라는 모습과 행동을 강요하면서도, 아이가 최대한 잘되려면 이렇게 해야 하는 거라고 자신을 속일 수도 있다. 그러면서 우리는 자신의 좌절, 조급함, 분노 등을 해결하기 위해 아이들의 필요를 위협한다. 우리는 아이들을 우리가 바라는 모습으로 훈련시키는 데 심혈을 기울인다. 그러면 순순히 따르는 아이도 있고, 그렇지 않은 아이도 있다.

그렇지 않은 아이가 우리의 선생님이 된다.

연습문제에 대한 메모

각 장의 마지막에 있는 연습문제는 서로 연결되어 있으며 당신의 사고와 기억의 각 영역을 점검할 수 있게 기획되었다. 그때그때 시간을 내어 문제를 풀어 보자. 일단 책을 먼저 다 읽고 싶다면, 끝까지 읽은 뒤 처음으로 돌아가서 순서대로 문제를 살펴보자.

이를 통해 마주하는 깨달음에 새삼 놀랄 수도 있다. "그런 식으로는 미처 생각해 보지 못했어요", "제가 그런 일을 한 줄은 몰랐어요", "뭐가 어떻게 연결되었는지 이제 알겠네요." 수업에서 나와 함께 이 활동을 해 본 부모들은 이런 반응을 보이곤 한다. 연습문제 부분을 따로 복사해서 거기에 답을 적으면 다음에 몇 번 더 복습해 볼 수도 있을 것이다. 폭발버튼을 누르는 한 가지 행동에 담긴 여러 측면을 살펴볼 수도 있고, 각 문제에 해당하는 여러 행동을 떠올리며 패턴을 찾아볼 수도 있다.

문장 완성하기 연습은 빈칸을 채우는 방법을 보여 주기 위한 예시이다. 이 예시는 참고자료로만 활용하자. 이 활동에 정답과 오답은 따로 없다. 나의 제안이 썩 와닿지 않는다면 변형시켜 보자. 문장 완성하기 연습 다음에는 당신이 줄글로 답할 수 있는 질문이 이어진다. 수업을 해 보니 부모에 따라 선호하는 방식이 다르기에 이 책에는 두 가지를 모두 담았다. 당신에게 잘 맞는 것을 고르거나 두 가지를 모두 해 보자.

문제는 빨리 풀도록 하라. 면밀히 분석하거나 너무 깊이 생각할 필요는 없다. 기억이 가물가물한 부분은 대강 지어내도 좋다. 당신이 지어낸 부분이 당신의 무의식을 보여 줄 수도 있고, 그러면 다소 비합리적으로 보일지라도 연관성을 찾는 데 중요한 역할을 할 것이다. 또한 인정사정없이 솔직해야 한다. 자기 자신이나 아이에 대해 끔찍한 생각을 하는 사람은 당신 혼자가 아니다. 그런 생각을 하는 부모가 당신뿐이었다면 이 책은 존재하지도 않았을 것이다.

1부

당신 안의 폭발 버튼

1장
아이들은 당신의
최악의 모습을 끌어낸다

지각의 문이 깨끗이 닦인다면,
모든 것은 인간에게 있는 그대로 무한하게 나타나리라.
–윌리엄 블레이크

몰리는 나의 선생님이다. 그는 나의 딸이기도 하고 활달한 스무 살 여성이기도 하다. 우리는 서로를 충만하게 키워 가는 관계이다. 그러나 처음부터 그렇진 않았다.

11개월쯤 걸음마를 떼면서부터 몰리도 내 폭발버튼을 건드리기 시작했다. 성격이 무난했던 오빠와 달리, 그는 말도 안 되는 요구를 하는 것도 모자라 뭘 해 줘도 만족할 줄을 몰랐고, 늘 화를 내거나 아예 기분을 종잡을 수가 없었다. 일단 일어나면 울기부터 했고, 입은 한결같이 뿌루퉁하게 나와 있었다. 첫 5년 동안 우리는 눈만 마주치면 힘겨루기를 하는 관계였다. 더구나 나는 자녀양육 전문가였는데 말이다! 유아교육으로 석사학위도 받았고, 부모들이 자녀의 행동을 이해하고 존중하는 자세로 대응할 수 있게 도와주고자 부모교실을 기획해서 진행하기까지 하고 있었다. 그러나 정작 내 아이는 이렇게 제대로 키우지 못하고 있었던 것이다.

만 네 살이 되었을 무렵 몰리는 유치원에 다니기 시작했다. 매일 아침 아이는 침대에서 겨우 끌려 나와 무거운 걸음으로 욕실에 들어갔다. 아랫입술을 내밀 수 있는 최대한 내밀고 유치원에 가기 싫다, 유치원이 너무 싫다, 유치원에 보내다니 엄마는 너무 나쁜 사람이라며 칭얼거렸다. 나는 몰리가 상식 밖으로 굼뜬 데다, 나를 괴롭히려고 아주 작정을 하고 덤비고 있다고 생각했다. 유치원을 옮겨야 하는 것은 아닌지 걱정이 되기 시작했고, 어쩐지 모든 것이 내 잘못인 것만 같았다. 하루하루 나는 다양한 방식으로 분노를 터뜨렸다. "그만 좀 징징대. 언제까지 불평만 할 거야. 빨리 서두르지 않으면 늦을 거야. 지금 옷 입어야 돼. 넌 도대체 어떻게 한번을 기분 좋게 옷 입는 법이 없니? 왜 우리가 매일 이렇게 싸워야 되니?" 무슨 말이 이어졌을지는 말하지 않아도 다들 잘 알 것이다. 매일 아침 여덟 시가 되면 어김없이 나는 화를 내며 잔소리하는 엄마의 모습이었고, 할 수만 있다면 침대로 돌아가 처음부터 다시 시작해 보고 싶다고 간절히 바라고 있었다.

나는 머릿속에서 무언가가 찰칵하고 바뀌었던 그날 아침을 선명하게 기억한다. 나는 아동의 선천적이고 개별적인 기질에 대해 연구해 왔고, 그 내용을 수업에서도 가르쳤다. 이제 다섯 살이 된 몰리가 자신의 삶에 찾아온 변화를 받아들이기 어려워하고 있다는 것(뉴욕이라는 대도시에서 뉴햄프셔의 교외로 옮겨간 것은 이미 2년 내내 고난의 연속이었고, 당시에도 아직 완전히 극복하지 못한 상태였다)도 알고 있었다. 하지만 그저 눈을 뜨고 잠자리에서 일어나 하루를 시작하는 것조차 아이에겐 너무나 힘겨운 변화일 수 있다고는 전혀 생각해 보지 못했다. 아마 아이가 일어날 때마다 갓난아기처럼 울었던 것도 이것 때문일 터였다. 게다가 유치원에 가야 한다는 것이 상황을 더욱 악화시켰다.

바로 그날 아침, 나의 연구와 아이의 분투가 마침내 연결고리를 찾았다. 생각의 초점이 내 자신(내 반응, 내 두려움, 내 불편, 내 생각)에서 아이와 아이의 문제로 옮아갔다. "쟤가 왜 저럴까? 왜 허구한 날 내게 저렇게 굴어야 하는 걸까? 내가 뭘 잘못한 걸까?"를 생각하는 대신, "아이가 저렇게 행동하는구나. 그럼 내가 어떻게 도와줘야 할까?"를 궁리하는 것으로 바뀌었다.

나는 바닥에 앉아 몰리에게 무릎에 앉아 보라고 한 뒤 말했다. "정말로 옷 입기가 싫구나, 그렇지?"

"응." 몰리가 대답했다.

"그리고 엄마랑 헤어져서 유치원에 가는 것도 정말 싫고?"

"응." 아이는 반색을 하며 대꾸했다.

"그건 네가 나쁜 게 아니야. 사실 있잖아, 엄마도 아침에 일어나기 싫거든." 내가 부드러운 목소리로 말했다.

"엄마도 그래?" 아이는 믿는 듯 나를 올려다봤다. 자신이 괴로워하던 일로 다른 사람도 괴로울 수 있다고는 지금까지 생각지도 못했던 모양이었다. 나 역시 아이에게 솔직한 심정을 말해 본 적이 없었다.

"그럼. 알람이 울리면 이불을 젖히고 일어나 침대에서 내려와야 하는 순간이 하루 중에서 제일 싫은걸." 나는 말을 이어갔다.

갑자기 우리는 마음이 통했다. 아이가 내게 다가오는 것이 느껴졌다. 우리는 대화를 이어가며 아이의 관점과 불만을 자세히 살펴보았다. 딱딱한 욕실 바닥에 주저앉아 서로를 꼭 끌어안자 아이가 내 품안으로 녹아들었다. 곧 우리는 이른 아침이 왜 싫은지를 끝없이 늘어놓으며 함께 옷을 입었고, 즐겁게 하루를 시작했다.

무슨 일이 일어난 것일까? **나는 몰리의 행동을 바라보는 방식을 바꾸었다.** 일단 아이의 고통과 불편에 좀 더 거리를 두고, 더 이상 그것을 나에 대한 공격이라고 생각하지 않았다. 이렇게 새로운 관점에서 출발하자 내가 겪는 불편보다는 아이의 사정에 더 주의를 기울이면서 지지할 수 있게 되었다. 아이의 의욕을 북돋우기 위해 각양각색의 전략도 만들어 낼 수 있고, 소리를 지르거나 아이를 짓누르지 않고도 아이의 행동을 제한할 수 있었다. 간단히 말해 나는 마음속에 품고 있던 폭발버튼을 해제했고, 비로소 몰리에게 꼭 필요했던 부모가 될 수 있었다.

그 이후로 몰리가 다른 폭발버튼을 한 번도 누르지 않았고 우리의 생활은 그저 순풍에 돛 단 배 같았다고 말하려는 것은 아니다. 그러나 그간의 힘겨루기가 사라지면서 아침 시간이 훨씬 편안해지고, 우리의 관계도 이전과는 전혀 다른 국면에 접어들었다. 무엇보다도 이제는 몰리가 자신이 이해받지도 받아들여지지도 못한다고 느끼며 고립되지 않을 수 있게 되었다.

몰리와 이렇게 힘든 시간을 보내지 않았다면, 아마 내가 가르치고 상담하는 부모들의 어려움도 제대로 이해하지 못했을 것이다. 몰리는 나에게 정말 많은 기회를 마련해 주었다. 아이를 이해하는 법을 배울지, 평생을 아이와 싸우며 지낼지는 내가 선택하기 나름이었다. 몰리와의 싸움을 통해 결국은 **내가** 인격적으로 성장할 수 있는 소중한 기회를 얻을 수 있었다. 내가 성장하자 아이에게 필요한 것이 보이기 시작했고, 더욱 깊이 교감하며 아이를 키울 수 있었다.

아이들은 우리 안에 있던 최악의 모습을 끌어낸다

아이들만큼 폭발버튼의 위치를 정확히 아는 사람은 없을 것이다. 아이들만큼 아주 깊은 곳에 숨겨 둔 버튼까지 속속들이 알고 있는 사람은 없을 것이다. 아이들만큼 순식간에 펄쩍 뛸 정도로 화를 돋우거나 무릎이 탁 풀리게 기운을 빼놓는 사람은 없을 것이다. 그러나 분노, 절망, 적개심으로 가득 찬 상태로는 효율적으로 아이를 키울 수 없다. 그들의 감정을 이해하거나 그들의 입장에서 생각해 볼 수도 없고 그러고 싶지도 않을 것이며 객관적으로 대처하지도 못할 것이다. 우리는 그저 아이들 때문에 얼마나 화가 났는지를 보여 줘야겠다는 생각에 사로잡혀 또다시 보복하고 소리 지르고 벌을 주게 될 것이며, 그것은 결국 상처뿐인 힘겨루기로 끝날 것이다.

분노의 길

폭발버튼이 눌릴 때의 기분이 어떤지는 누구나 알고 있다. 몸에서 반응이 온다. 어떤 기운이 가득 차면서 '눈에 뵈는 게 없어'진다. 아드레날린이 솟구치고 근육이 긴장하고 손바닥에 땀이 나며 목소리가 바뀐다. 얼굴마저 볼썽사납게 일그러진 채, 당신은 누가 봐도 무서운 사람으로 변한다. 이 정도는 그나마 양반이다.

심한 교통 체증 때문에 짜증이 솟구치는 경우를 생각해 보자. 목적지까지 서둘러 가야하는 상황에서 어떤 남자가 갑자기 아슬아슬하게 끼어든다. 차에 혼자 있으니 당신은 마음껏 고함을 지르며 욕이란 욕을 다 하고 경적을 울리고 상향등을 번쩍이고 미사일처럼 생긴 창을 발사해서 타이어 네 개를 동시에 터뜨리는 상상을 할 수 있다.

이런 기분일 때, 상대 운전자가 당신을 개인적으로 괴롭히려고 그랬을 리가 없다는 생각은 좀처럼 떠오르지 않을 것이다. 그는 방금 아내가 진통을 시작했거나 아들이 교통사고를 당했다는 전화를 받았을 수도 있고, 아니면 그저 난폭운전을 했을 수도 있다. 그 사람의 이유가 뭐든 간에 당신은 그저 속도를 줄이고 사고를 피하는 것이 현명하다. 하지만 일단 폭발버튼이 눌리면, 우리는 오히려 속도를 높여 그 차에 바짝 다가가서 최소한 그 사람 때문에 얼마나 화가 났는지라도 알려야, 체증 속에서 겨우 잡았던 자리를 뺏어간 죄를 조금이라도 물었다고 느낀다. 그렇게 경적을 울리고, 추월금지 구역에서 그 차를 앞지르고, 지나가면서 험상궂은 얼굴로 쳐다보다가 결국 우리는 두 사람 모두의 목숨을 위협하게 된다.

사랑하는 자녀가 순식간에 당신을 통제불가의 영역으로 곧장 몰아넣을 때에도 마찬가지이다. 아이의 행동은 그저 짜증을 돋우는 정도가 아니라 더 깊은 곳의 무언가를 건드릴 것이다. 그러면 자기도 모르게 비이성적이고 무서운 반응이 나오는데, 대부분이 어디선가 많이 들어 본 말이다. 아이에게 뭔가를 가르치려고 입을 열면 당신의 엄마가 튀어나오는 것이다. 심지어 당신이 '올바른' 양육법을 배워서 해야 할 일을 정확히 알고 있다 하더라도, 그런 것쯤은 머릿속에서 모조리 사라진다. 결국 당신은 되고 싶었던 부모가 **되지 못하는** 정도가 아니라, 절대 되지 않겠다고 다짐했던 부모가 **되어 버린다.**

폭발버튼을 누르는 행동

아이들 때문에 짜증과 분노가 솟구치면, 일단 그들의 행동을 제지하면서 바르게 행동하라고 다그치는 경우가 많다. 그러다가 폭발버튼이 눌리기도 하고, 그냥 넘어가기도 한다.

물론 아이가 누군가를 때릴 때에는 반드시 말려야 한다. 아이가 다른 사람을 때렸다는 사실에 화가 날 수도 있지만, 그래도 아이를 비난하지 않고 마음을 다스릴 수 있었다면 버튼이 눌리지 않은 것이다. 폭발버튼이 눌리면 이성을 잃고 한심한 반응이 걷잡을 수 없이 튀어나올 뿐 좀처럼 효과적으로 대응하지 못한다. 이렇게 감정이 격해지다 보면 정작 아이가 누군가를 때리는 것은 말리지도 않고 오히려 당신이 문제를 악화시킬지도 모른다.

폭발버튼이 눌리면 아주 여러 층위에서 감정적인 반응이 일어난다. 버튼을 누르는 행동은 상대적으로 사소할 수도 있고 꽤 심각할 수도 있다. 그러나 버튼이 눌린 부모의 입장에서는 언제나(어쨌든 그 순간에는) 매우 심각한 일이다.

아이의 행동이 실제로 무엇이든, 그에 대한 나의 반응이 폭발 측정기의

'약간 성가심'부터 '극도의 분노' 중 어느 정도였는지 스스로 점검해 보면 상당히 도움이 된다.

어떤 반응이 튀어나오든 일단 폭발버튼이 눌리면 당신은 권위를 잃고 유대를 깨뜨리며, 당신과 아이를 그저 분노하고 좌절하며 방어적이고 삐뚤어진 상태로 내버려 두게 된다. 여기서 당신이 무슨 시도를 하든 생산적인 가르침을 전할 수는 없다. 아무리 상황을 통제하려 해도 당신의 의도는 아이에게 전혀 전해지지 않을 것이며, 혹시 전해지더라도 그것은 그저 아이가 두려움에 못 이겨 억지로 하는 복종일 뿐이다. 두 가지 모두 결코 바람직한 결과라 할 수 없다.

"폭발버튼이 눌렸는지 어떻게 아나요?"

1단계	2단계	3단계	4단계
자글자글	부글부글	끓어 넘침	폭발

폭발 측정기

대개는 아주 명백하다. 그러나 오직 아이의 행동에만 정신이 팔려 자신의 폭발버튼은 미처 알아차리지 못할 때도 있다. 다음과 같은 현상이 하나 이상 나타난다면, 폭발버튼이 눌린 것이다.

- 아주 익숙한 감정(분노, 절망)이 당신의 몸을 덮쳐 오고, 나중에 후회할 만한 반응을 보인다.
- 배우자가 "매번 그 일만 있으면 왜 그렇게 화를 내? 그냥 좀 내버려 둬", 혹은 "아이가 나랑 있을 때는 그런 적 없어", "왜 그렇게 심각하게 받아들여? 애들이 다 그렇지!"라고 말한다.

- 아이가 자라서 혼자서는 아무것도 못하는 사람이 되거나, 친구를 전혀 사귀지 못하거나, 결국 감옥에 갈 것 같다는 예감이 점점 강해진다.
- 갑자기 도저히 합리적으로 행동할 수 없다는 생각이 든다.
- 아이를 보면 당신이 싫어하던 친척의 모습이 떠오른다.
- 만일 당신이 어렸을 때 아이가 하는 말이나 행동을 했다면 절대 무사할 수 없었을 것이라고 생각한다.
- 아이의 얼굴에서 두려움이 느껴진다.
- 이제 막다른 길에 도달한 기분이다. 할 수 있는 모든 것을 해 봤지만 아무 소용이 없었다.

자동적으로 움직이기

못마땅한 행동에 화를 낼 때, 즉 폭발버튼이 눌러서 나중에 후회할 말이나 행동을 할 때, 우리는 자동적으로 움직인다. 『감성 지능(Emotional Intelligence)』의 저자 대니얼 골먼은 이런 **자동적 반응**을 '감정에 의한 납치'라고 설명했다. 즉 평소에는 합리적이던 정신이 감정에 의해 '압도'된다는 것이다.

통금 시간을 두고 사납게 언쟁하던 하워드와 열다섯 살 애덤은 서로에게 충격이 될 만한 말을 맹렬히 퍼부었다. 정점은 하워드가 뜻하지 않게 "여긴 내 집이야. 그러니까 내 규칙을 따르기 싫으면 나가!"라고 말하며 아들을 쫓아내려던 순간이었다. 화가 머리끝까지 난 10대 아들은 탁자에 야구 글러브를 집어 던지며 으르렁거리듯 "알았어"라고 대답하더니, 문을 박차고 나가 버렸다. 하워드는 그저 아들에게 통금 시간을 잘 지키라고 당부하고 싶었을 뿐, 그런 말을 하려는 생각은 추호도 없었다. 그런데 반응이 자동적으로 튀어나오면서 언쟁도 속수무책으로 휩쓸려 갔다. 그 결과 하워드가 절대 겪고 싶지 않던 일이 벌어진 것이다. 그는 어쩌다 일이 이렇게 됐는지 어안이 벙벙할 지경이었다.

자동적 반응은 충동적으로 일어나며, 그러면 처음에 의도가 아무리 좋았다 해도 소용이 없다. 자동적 반응이 효율적으로 작용하는 경우는 거의 없거니와 아이들 개개인에게 무엇이 필요한지 고려하는 경우는 더더욱 없다. 이는 아무리 마음을 진정시키려 해도 진정이 뭐였는지 생각조차 나지 않는 사이에 무조건 튀어나오는 분노의 반응이다. 이러다 보면 아주 해로운 패턴을 다음 세대에 물려주게 되기도 한다.

자동적 반응은 익숙하다

자동적 반응은 못마땅한 과거의 습관, 믿음, 감정들을 묻어 두었던 잠재의식 속에 숨어 있다 갑자기 튀어나온다. 이런 습관이나 감정의 영향 하에 우리의 관계가 만들어지기도 하고, 스스로를 보호하고 방어하는 방식이 정해지기도 한다.

그러나 아이를 가질 때까지 잠재의식이라는 정신의 다락방 속에 조용히 잠자고 있는 것도 많다. 폭발버튼을 누를 때에야 비로소 아이들이 과감하게 그 다락방 문을 두드리는 셈이다. 마침내 문이 열리면, 우리는 고통을 느낀다. 그러면 무작정 그것을 부정하면서 자신을 방어하거나, 고통을 안겨 준 아이를 괜히 비난하는 식으로 반응하게 된다. 애초에 그 자동적 반응을 촉발했던 아이와의 문제는 사라져 버린다.

자동적 반응의 형태는 매우 다양하지만, 오래된 상처를 건드리는 행동에 대한 반응이라는 점은 모두 마찬가지이다. 이것은 소름끼치게 익숙한 어투와 문구로 표현되곤 한다. 다음의 예를 살펴보자.

분노의 보복 : "앞으로 2주간 외출 금지야!"

협박 : "한 번만 더 그런 소리하면 아주 혼쭐이 날 줄 알아."

비판 : "도대체 왜 한 번도 시키는 대로 하는 법이 없니?"

겁주기 : "이빨이 다 썩어 봐야 정신을 차리지."

비꼬기 : "그래, 네 인생을 망치고 싶다 이거지? 내가 말려 줄 줄 아니?"

죄책감 유발 : "내가 지금까지 너를 어떻게 키웠는데 나한테 이럴 수가 있어?"

자동적 반응은 우리가 책임져야 한다

자동적 반응은 자신의 기분을 돌보거나 자녀의 행동을 고치기 위해 자녀를 통제하려는 시도의 일환이다. 그러면서 우리는 이렇게 흘러와 버린 상황의 책임을 아이에게 돌린다. 아이가 하는 행동은 뭐든지 받아 줘야 한다고 말하려는 것이 아니다. **반응의 악순환이 계속되는 것을 막기 위해서는 부모가 먼저 반응을 멈춰야 한다는 뜻이다.** 아이가 먼저 어른처럼 행동하기를 바라는 것은 옳지 않다.

우리가 자동적이고 비합리적으로 반응했는데, 아이가 합리적이고 협조적으로 따라오기를 기대할 수는 없다. 얼마든지 심각해질 수 있는 상황에서 누그러뜨리는 말투와 태도로 반응할지 고조시키는 태도로 반응할지는 우리의 선택에 달려 있다. 자녀가 몇 살이든 상황의 성격을 파악하고 어떤 방향으로 나아갈지 결정하는 일을 그들에게 떠넘겨서는 안 된다.

자동적으로 반응할지 의식적으로 대처할지는

> 자녀에게 바꾸고 싶은 부분이 하나라도 있다면, 먼저 그것을 잘 살펴본 뒤 우리가 변하는 편이 낫지는 않은지 따져 봐야 한다.
>
> −칼 구스타프 융,
> 『인성 발달』 중

우리가 정해야 한다. 우리는 대부분 이 차이를 만드는 방법을 배워 본 적이 없다. 하지만 배울 수 있다. 우리가 틀어막지 않는 한, 아이들이 그 방법을 알려 줄 것이다.

그럼 이제 어떻게 할 것인가?

"저는 이미 늦은 걸까요?" 두 살 아이를 둔 부모부터 10대 자녀의 부모까지 모두 이 질문을 던진다. 아이가 나에게 이토록 완강히 저항하는('싫어'라는 말을 처음 배웠을 때부터 완전히 남남이 된 것만 같은 사춘기까지) 이유는 아이에게도 독립된 존재가 되고자 하는 욕망이 자라고 있기 때문이다. 그들의 저항을 어떻게 바라볼 것인가? 그리고 그것을 아이의 책임으로 미루는 것이 아니라 우리가 책임지기 위해서는 어떻게 해야 할 것인가? 이 고민은 만 두 살이 되기 전부터 시작되어 자녀가 독립해 나간 후까지도 끝나지 않는다. 어느 시점이든, 아이의 저항에 부모가 차분하게 대응하면서 자신의 감정과 반응까지 기꺼이 책임지려는 모습을 보인다면 아이들은 정말 반가워할 것이다.

물론 아이가 어릴수록 새로운 접근 방식에 대한 반응도 빨리 나타난다. 그러나 10대 후반 자녀와의 관계가 바뀌는 것을 본 적도 있다. 10대 아이에겐 당신의 태도가 진정으로 변했다는 사실을 믿게 되기까지 시간이 조금 더 필요할 뿐이다. 그러나 자녀와 유대감을 되찾기에 너무 늦은 때란 없다.

당신의 폭발버튼이 눌렸는지는 어떻게 아나요?

당신의 폭발버튼을 누르는 아이의 행동을 나열해 봅시다.

자주 튀어나오는 자동적 반응에는 무엇이 있나요?

자동적 반응이 나올 때 당신의 상태는 대개 폭발 측정기에서 어느 정도인가요?

하루 중 어느 시간대가 가장 폭발 측정기에 영향을 미치나요? 거기에 패턴이 있나요?

'끓어 넘침'이나 '폭발' 단계까지 올라가는 이유는 대개 어떤 것인가요?

각 단계마다 아이에게 보이는 당신의 반응은 어떻게 다른가요?

2장
먼저 당신을 돌아보라

다음 주에 사건이 터지면 안 된다.
내 일정은 이미 꽉 찼기 때문이다.
—헨리 키신저

"어, 잠깐. 이건 아이에 관한 내용이 아니지 않아요? 그냥 저에 대한 얘기 잖아요!"

부모교실을 진행하다 보면 꼭 한 번쯤 나오는 질문이다. 물론 처음에는 아이의 행동을 무조건 부모의 탓으로 돌리려 한다고 느껴질 수도 있다. 하지만 실은 정반대이다. 아이의 행동은 부모의 책임이 **아니라**는 것을 말하고자 하는 것이다. 실제로 부모가 **책임을 져야 하는 것**은 아이의 행동에 대한 본인의 반응이다. 폭발버튼이 눌리는 이유는 우리의 머릿속에서 벌어지는 바로 그 사건 때문이다.

아이가 사람을 때리는 버릇이 있다고 해서 그것을 부모의 책임이라고 할수는 없다. 부모가 책임져야 하는 부분은 아이가 때릴 때 자신이 어떻게 반응했는가이다. 부모의 반응에 따라 다음에 나올 아이의 행동이 달라진다. 때리는 행동 자체에 책임을 지려고 하면, 책임감을 느끼는 데 정신이 팔려 오히려 상황을 효과적으로 조정하기 힘들 것이다. 부모의 입장에서는 사람들 앞에서 당혹스러울 수도 있고, 아이가 자신의 체면을 깎은 것 때문에 화가 날 수도 있고, 나중에 아이가 깡패가 되는 것은 아닐까 두려울 수도 있다. 하지만 이 모든 것은 엄마의 관심사일 뿐, 아이가 남을 때리지 않게 도와주는 데에는 오히려 방해가 될 가능성이 높다. 지금이 하루 중 몇 시인지, 방금 무슨 일이 있었는지, 이다음에는 무슨 일을 해야 하는지, 지금 기분은 어떤지 등등이 모두 부모의 대처 방식에 영향을 끼칠 것이다. **이 문제들이** 모두 부모가 책임져야 하는 부분이다.

관심사 퍼즐 맞추기

우리는 매일 매순간 관심사를 가지고 움직인다. 우리의 관심사는 자신의 신체적, 정서적 상태 및 주변 상황뿐만 아니라, 우리의 가치관과 사고방식, 판단 기준, 자신과 타인에 대한 믿음 등으로 이루어진다. 이 관심사는 우리가 그때그때 상황에 반응하는 방식, 즉 우리의 폭발버튼이 얼마나 예민한가를 결정한다.

당신의 관심사는 다음의 요소로 구성된다.

현재 상황 : 지금 벌어지는 일에 관심을 쏟게 된다.
경험 : 지난 경험을 바탕으로 앞으로 일어날 일을 예상한다. 일이 어떻게 진행될지 짐작할 수 있다. 내가 그 말을 하면 그는 짜증을 부릴 것이다.
기대 : 내/네가 해야 할 일, 내/네가 하고 있어야 할 일, 내/네가 일어나길 바랐던 일
기준 : 나의 기대치를 반영하여 세운 기준
감정 : 과거, 현재, 미래의 경험에 대해 내가 느끼는 바
호르몬 균형/불균형
스트레스 지수
태도
과거 경험에서 비롯한 자신과 타인에 대한 믿음

당신의 관심사를 하나의 퍼즐이라고 상상해 보라. 각 조각은 미완성이라 하더라도 하나의 그림이며, 전체 그림의 일부이다. 전체 그림은 각 조각이 모여서 완성된다. 전체 그림에 대해 특히 중요한 힌트를 주는 조각이 있는가 하면, 다른 조각에 대한 힌트를 주는 조각도 있다.

마트에서 뭘 사야 하는지, 목적지까지 시간은 얼마나 빠듯한지, 아들이 빨리 외투를 입지 않아서 얼마나 초조한지, 아침에 남편이랑 언쟁을 하며 얼마나 절망감을 느꼈는지, 친구들과의 저녁 모임에 가지 못해서 얼마나 화가 났는지, 집은 얼마나 지저분한지, 편찮으신 이모에게 한 달이 넘도록 전화도 드리지 못한 죄책감은 얼마나 큰지, 요즘 내 머리 모양은 얼마나 엉망인지는 머릿속을 채우고 있는 무수한 생각들 중 오직 현재에 관한 부분일 뿐이다.

우리는 자신의 관심사가 방해받거나 불편해지지 않도록 일단 아이의 행동을 바꾸려고 한다. 결국 우리에겐 **우리**의 머릿속을 채우고 있는 생각, **우리**가 해야 하는 일, **우리**가 걱정하는 일이 중요하다.

만일 내일까지 직장에 제출해야 하는 보고서가 있는데, 집이 엉망진창이라면, 아이가 반항을 한다면, 내 관심사는 해결되지 못하고 계속 쌓여 간다. 이럴 때 내가 피곤하다면, 보고서를 아직 시작하지도 못했다면, 청소할 시간이 없다면, 냉장고가 텅 비었다면, 남편이 지저분한 집을 싫어한다는 것이 신경 쓰인다면, 네 살배기 아들이 거실에 장난감을 잔뜩 벌려 놓았다면, 아들이 "장난감 못 치우겠어. 나 너무 피곤해"라고 말할 때 결국 누구에게 쏟아 놓겠는가? 이런 정신적 상태에서는 (그리고 이런 관심사들을 가지고는) 아들의 상황을 배려하거나, 눈앞의 상황에 효율적으로 대처하거나, **아들의** 관심사를 이해하기란 결코 쉽지 않다.

자녀의 관심사

설령 우리가 자녀의 관심사에 대해 신경을 쓴다 해도, 그것이 우리에게 어떤 영향을 주는가 정도였을 것이다. 자녀에게 무슨 일이 있는지 살펴보기 위해 우리가 자신의 관심사를 잠시 접어 두는 수고를 보이는 경우는 드물다.

그러나 아이들도 우리와 마찬가지로 스트레스나 두려움, 피곤함을 겪는다. 그들도 우리와 마찬가지로 자신에게 기대하는 바가 있다. 그들은 때때로 친구를 사귀는 법, 언니처럼 될 수 있는 법, 자신이 부모를 받아들이듯 부모도 자신을 받아들이게 하는 법을 찾느라 힘겨워한다. 그러나 복잡한 감정을 정확히 이해하지 못하거나 적당한 단어를 모르기 때문에 자신의 상태를 말로 설명하기는 어렵다. 이때 그들이 동원할 수 있는 것이라곤 행동뿐이다.

그들은 원하는 것이 있을 때, 새로운 영역을 탐구할 때, 실수를 저질렀을 때, 독립적으로 행동하고 싶을 때, 과연 우리가 어떻게 반응할지 걱정한다. 자신의 안녕은 전적으로 우리의 허락에 달렸다는 사실을 잘 알고 있으면서도, 솟아나는 충동을 따라가고 싶은 마음에 사로잡히기도 한다.

어린 아이들은 일단 기질, 배고픔, 피곤함 등에 영향을 받는다. 게다가 어른들이 일방적으로 할 일을 지시하면 통제력 상실, 두려움, 무력감을 느끼곤 한다. 아이가 더 크면 독립성을 절실히 원하게 되는데, 그래도 그에 따르는 책임은 두려워한다.

나이가 몇이든 아이들도 자기 나름의 관심사를 가지고 있다.

당신의 관심사가 당신에게 중요하듯 자녀의 관심사도 자녀에게 매우 중요하다.

아이들의 관심사가 중요하다는 사실을 제대로 알고 있으면 그들을 더욱 존중하며 키울 수 있고, 그만큼 우리가 존중받을 가능성도 아주 높아진다. 그들이 충동에 넘어가 버릴 때조차 우리는 그들을 이해하고 받아들여야 한다. 아이들의 행동을 받아들이라는 말이 아니다. 아이의 관심사를 인정해 주면, 블록으로 탑을 쌓던 두 살배기라 할지라도 자신이 존중받고 있다는 것을 느낄 수 있으며, 그만큼 빨리 출근해야 하는 부모에게 협조할 가능성도 높아진다. "네가 지금 그 탑을 얼마나 완성시키고 싶은지 엄마도 알아. 이제 그만 놀고 어린이집 갈 준비하라는 말을 들었으니 화가 날 법도 해. 블록 두 개만 더 쌓은 다음에 잘 치워 뒀다가 이따 집에 돌아오자마자 다시 이어서 만들자." 매번 아이가 흔쾌히 협조할 것이라고 장담할 수는 없지만, 당신에게만 중요한 관심사가 있다고 생각할 때에 비하면 제 시간에 문을 나설 가능성은 훨씬 높아진다.

부인이 출장을 간 동안 토마스는 여덟 살 어맨다, 열두 살 제러드와 함께 주말을 보냈다. 토마스는 세 명 모두가 재미있어 할 만한 일을 하고 싶었기 때문에 스키를 타러 가기로 했다. 슬로프를 누비며 하루를 보내기 위해 그들은 토요일 아침 일찍 출발했다.

스키장에 도착해서 표를 산 뒤 리프트에 앉자마자, 어맨다가 칭얼거리며 불평하기 시작했다. 이것은 매번 토마스를 폭발시키는 버튼이었다. "우리가 밖에 나가거나 뭔가 신나는 일을 해 보려고만 하면 어맨다가 불평을 늘어놓기 시작해요." 토마스가 '폭발버튼' 수업에 와서 불만을 털어 놓았다. "어떻게 해도 기분을 맞춰 줄 수가 없어요. '아빠, 이 슬로프에서 스키 타기 싫어. 나한텐 너무 어렵단 말이야. 아빠가 아무리 억지로 데려가려고 해도 난 안 갈거야.' 얘 때문에 미치겠어요!"

예전에는 어맨다가 아무 문제없이 스키를 타며 놀던 슬로프였기에 토마스는 영문을 알 수 없었지만, 무엇보다도 화가 났다. "숙소로 돌아가면 안 돼? 나 추워", "스키 부츠 때문에 발 아파", "왜 계속 제러드가 가고 싶다는 슬로프에만 가는 거야?" 제러드는 어맨다를 꼬맹이라고 부르며 스키도 못 타냐고 놀렸다. 어맨다는 소리를 질렀다.

토마스는 어떻게든 화를 참으려고 애썼지만, 결국 폭발했다. "도대체 왜 우리랑 같이 재밌게 놀지를 못하는 거니? 뭐만 하려고 하면 징징대고 투덜대니까 다른 사람 기분까지 다 망치잖아. 이렇게 스키를 타면서 하루를 보낼 수 있다는 게 얼마나 운이 좋은 건 줄 알아? 넌 뭐가 문제야? 지금 당장 집에 보내 버릴 거야!"

어맨다는 울면서 소리쳤다. "이건 너무 불공평해. 제러드는 맨날 하고 싶은 거 다 하는데 내가 하고 싶은 건 하나도 못해."

제러드는 "우리가 언제 그랬어? 네가 너무 징징대고 투덜대서 우리 맨날 너 하고 싶은 대로만 하거든. 넌 완전 골칫덩어리야"라고 말하며 불난 집에 부채질을 했다.

모든 것이 엉망진창이 되고 신나는 주말을 보내려던 토마스의 계획은 완전히 망가졌다. 두 아이 모두에게 화가 머리끝까지 난 토마스는 잠시 머리를 식히자며 아이들을 모두 숙소로 데려갔다. 장소를 옮겨서 발을 녹이고 요기를 하자, 토마스도 좀 더 차분하게 사태를 바라볼 수 있었다.

"아이들이 밥을 먹는 동안, 수업에서 관심사에 대해 나누었던 이야기들을 떠올려 봤어요. 그리고 오늘 내 관심사가 얼마나 강했는지를 깨달았죠. 저는 주말 내내 집에서 두 아이를 혼자 감당할 자신이 없었던 거였어요. 스키 타러 가 본 지도 오래됐고, 아이들에게도 좋은 일을 하는 거라고 생각했죠. 하지만 제 관심사는 결국 스키장에 데려가서 아이들이 내가 세계 최고의 아빠라고 생각하게 만드는 거였어요. 그런데 어맨다가 불평을 하기 시작하자 제 폭발버튼이 눌린 거고요"라고 그는 말했다.

깨달음을 얻고 나서 토마스는 아이들에게 말했다. "나머지 시간을 재밌게 보내려면 우리가 뭘 해야 할까?"

제러드가 말했다. "나는 어맨다 없이 상급자 슬로프에서 스키 타고 싶어."

어맨다는 말했다. "난 그냥 아빠랑 놀고 싶어."

토마스는 제러드에게 오래전부터 약속했던 개인 레슨을 받아 보자고 제안했다. 제러드는 정말 신이 났다. 어맨다도 아빠와 둘이서 한 시간쯤 놀고 나자, 처음엔 싫다고 했던 슬로프에서 스키를 타겠다고 했다. 깨달음의 시간을 보낸 덕에 세 사람은 화목하게 스키를 타며 남은 시간을 보내고 기분 좋게 집으로 돌아갈 수 있었다.

토마스는 교실에서 이야기했다. "아이들 모두의 관심사에 좀 더 신경을 썼더라면 분노와 좌절로 시간을 보내지 않을 수도 있었다는 사실을 집에 오는 길에서야 깨달았어요. 처음 리프트에 올랐을 때 그 생각을 했더라면, 혹은 스키장에 도착하면 뭘 하고 싶은지 집을 떠나기 전에 물어봤더라면 사태가 그렇게까지 악화되기 전에 미리 해결할 수 있었겠지요. 그랬다면 어맨다에게는 시간이 조금 필요하다는 것을 알 수 있었을 거예요. 어맨다가 저랑 같이 낮은 슬로프에서 스키에 적응하는 동안 제러드는 혼자 몇 번 더 스키를 탈 수도 있었을 거고요."

토마스가 한 발 물러서자, 어맨다가 성격이 아주 배은망덕하거나 일부러 모두를 괴롭히려고 칭얼대고 불평했던 것이 아니라는 진실을 볼 수 있었다. 그 아이는 모든 것이 너무 빨리 진행되는 것 같아서 부담을 느꼈을 뿐이다. 어맨다는 기질적으로 상황 변화에 적응하는 데 시간이 걸린다. 토마스는 자신이 이걸 자주 잊어버린다는 사실을 깨달았다. 제러드처럼 어맨다도 그저 쉽게 빨리 따라오기를 바랐던 것이다. 하지만 두 아이는 서로 다른 사람이고 성격도 각기 다르다는 점, 뿐만 아니라 세 사람의 관심사도 모두 다르다는 점을 명심해야 한다.

우리의 과거도 중요한 퍼즐 조각이다.

현재의 관심사 외에 과거의 사람이나 사건이 떠오르는 경우에도 우리의 감정적 상태와 그에 따른 대처 방법에 영향을 끼치면서 관심사 퍼즐의 중요한 부분을 채우게 된다.

아이가 강력하게 의지를 표하거나 고집을 세우며 당신의 요청을 거부하면, 문득 다락방에서 당신의 엄마나 아빠의 목소리가 들려올 수도 있다. "네가 어떻게 감히 그런 소릴 해. 한 번만 더 나한테 말대꾸하면 아주 후회하게 해 줄 거야." 이 익숙한 문구가 무의식적으로 당신의 관심사를 구성하면, 결국 당신도 분노를 터뜨리며 똑같은 말을 아이에게 퍼붓게 될 수 있다. 설령 그것이 평소의 당신이 보여 주던 모습과는 전혀 관계없는 표정이나 생각이었다 하더라도, 당신이 어렸을 때에는 절대 할 수 없었던 일을 거침없이 하는 자녀의 모습을 보면 자신도 모르게 그것은 심각하게 잘못된 행동이라고 느낀다.

이렇게 우리가 자라며 접했던 행동 패턴과 부모의 기대도 우리 마음속 깊이 관심사를 구성한다. 어린 시절에서부터 차곡차곡 쌓여 현재에 가까운 것일수록 위에 놓인다. 이 중에서 깊은 곳을 건드릴수록 우리의 폭발버튼이 눌리게 된다.

앞으로는 자꾸 폭발버튼을 건드려서 우리가 효과적으로 아이를 키우지 못하게 만드는 마음속의 관심사 중에서도 이렇게 가장 근본적인 부분을 탐구할 것이다. 특히 우리가 가진 인식과 전제, 우리 자신과 자녀에게 적용하는 기준, 그리고 어릴 적 경험을 통해 갖게 된 자신에 대한 믿음에 초점을 맞출 것이다. 그러나 우선은 우리의 선의가 어쩌다 미궁에 빠지게 되는지를 살펴보자.

최근 나의 중요 관심사가 큰 아이가 학교에서 돌아오기 전에 슈퍼마켓에 들르는
것이었을 때, 아이가 코트를 입히려고 하는 내게 짜증을 부리면서 내 폭발버튼을
눌렀다.
(어디에 가거나 어떤 일을 하는 것)

나는 지금 내가 반드시 슈퍼마켓에 다녀와야 하며, 아이도 가끔은 내 사정을 배려
할 줄 알아야 한다고 생각했기 때문에 심하게 화를 내며 아이에게 소리를 지르는
반응을 보였다.
(아이가 해야 한다고 당신이 기대하는 바)

내 반응은 나의 관심사와 상당히 밀접하게 연관되어 있을 것이다. 왜냐하
면 나는 통화를 하느라 시간이 얼마 없어서 아주 서두르고 있었기 때문이다.

관심사에 더욱 집착하게 된 사건이 있었다면 남편이 전날 내가 만들어 준 저
녁을 보고 매일 똑같은 것만 먹냐며 불평했던 일일 것이다. 그럼 이제부터 저녁은 당
신이 하라고 말하고 싶었다. 게다가 직전에 사촌이 암에 걸렸다는 소식을 들은 참이었
다.

아이가 내 버튼을 누르던 순간, 부모님이 곧잘 하시던 말씀이 떠올랐다.
그것은 '지금 당장 코트 입고 차에 타'이었다.
(당신이 흔히 듣던 말 혹은 금지 당했던 일)

당시에 아이의 관심사는 집에서 가장 좋아하는 텔레비전 프로그램을 보는 것이
었다. 더구나 그는 슈퍼마켓에 가는 것을 싫어했다. 지난번에 같이 갔을 때도 그는 짜
증을 냈고 나는 아이에게 화를 냈다.

아이의 관심사가 무엇인지 알았다면, '가기 싫은 마음은 잘 알겠으니, 슈퍼마
켓에 다녀오는 동안 프로그램을 녹화해서 집에 돌아오자마자 바로 볼 수 있게 해 보
자'라고 말할 수 있었을 것이다.

다음 질문들 중 하나 혹은 두 가지 모두에 답해 보세요.

A

최근 나의 관심사가_____이었을 때,
　　　　　　　(어디에 가거나 어떤 일을 하는 것)
아이가_____하면서 내 폭발버튼을 눌렀다.

나는_____고 생각했기
　　(아이가 해야 한다고 당신이 기대하는 바)
때문에_____는 반응을 보였다.

내 반응은 나의 관심사와 상당히 밀접하게 연관되어 있을 것이다. 왜냐하
면_____때문이다.

관심사에 더욱 집착하게 된 사건이 있었다면_____
_____일 것이다.

아이가 내 버튼을 누르던 순간, 부모님이 곧잘 하시던 말씀이 떠올랐다.
그것은_____이었다.
　　(당신이 흔히 듣던 말 혹은 금지 당했던 일)
당시에 아이의 관심사는_____
_____이었다.

아이의 관심사가 무엇인지 알았다면,_____
_____라고 말할 수 있었을 것이다.

B

당신이 강력한 관심사를 가지고 움직이던 찰나 아이가 당신의 폭발버튼을 눌렀던 상황을 묘사해 보세요.

당신의 관심사는 무엇이었나요? 그것에 더욱 매달리게 만들었던 여러 요소들을 하나하나 설명해 봅시다.

자녀의 관심사는 무엇이었는지 설명해 보세요. 당신이 알고 있는 한에서, 아이가 원하고, 느끼고 생각하고 있던 것은 무엇이었나요?

그것은 당신이 하고자 했던/해야 했던 일에 어떤 영향을 끼쳤나요?

어떻게 하면 아이의 관심사를 파악할 수 있었을까요? 그랬다면 달라지는 것이 있었을까요?

3장
왜 아이들에겐 부모의 말이
들리지 않을까?

당신의 모든 부분을 의식하고 있는 것이 아니라면,
어떤 것을 말하려고 했거나 의도했는데
전혀 다른 것을 말하거나 의도하게 되는 일을 겪게 될 것이다.
−게리 주카프,『영혼의 의자』중

당신은 엄마랑 통화 중이다. 이제 네 살 된 딸아이가 달라붙는다. 당신은 다른 사람이 통화 중일 때에는 어떻게 행동해야 하는지 가르쳐 주고자 한다. "방해하면 안 돼. 나는 통화 중이야. 그러니까 전화를 끊을 때까지 저리 가서 혼자 놀고 있어." 아이는 당신에게 오히려 더 매달리며 울기 시작한다. 어떻게 해도 그치질 않는다. 아이가 순순히 자리를 떴다 해도 아마 다른 방으로 가서 동생의 머리를 때리며 자신의 존재를 톡톡히 알렸을 테고, 그러면 시끄러운 소리를 듣다 못한 당신의 엄마는 저럴 때 엉덩이를 몇 대 때려 주지 않고 뭐하냐고 말했을 것이다. 그리고 당신은 딸에게 그만 울라고 혹은 그만 때리라고 소리를 질렀을 것이다. 그만 좀 해! 아이는 귀를 틀어막고 절대 들으려 하지 않는다. 결국 당신은 엄마에게 양해를 구하고 전화를 끊은 뒤, 아이를 자기 방으로 끌고 갈 것이다. 두 사람 모두 영락없이 힘겨루기에 빠져든 것이다.

당신의 처음 그 의도는 어디로 갔을까? 아이의 의도는 또 어떻게 됐는가? 상대에게 고함을 지르고 기분을 망쳐야겠다고 생각한 사람은 아무도 없다.

아이의 관심사는 자신이 외롭게 방치되지 않도록 당신이 곁에 있어 줄 수 있는지 분명히 확인하는 것이었을지도 모른다. 아이는 전화벨이 울리기만 하면 곧바로 당신과 떨어져야 한다는 규칙을 배우고 싶지 않았을 것이다. 아이에게 무섭거나 화가 나는 일이 있어서 엄마가 자신을 달래 주길 바랐을 수도 있다. 아이의 관심사는 점점 절실해졌다. 아이의 의도는 엄마가 자신을 안심시켜 주는 것이다.

당신의 처음 관심사는 엄마와 통화를 하는 것이었다. 그래서 딸에게 방해하면 안 된다고 가르쳐 주고자 했다. 당신은 아이가 그저 관심을 끌고 싶어서 버릇없이 제멋대로 굴고 있다고 생각했다. 그래서 당신도 점점 당신의 관심사만을 고수했고 결국 폭발버튼이 눌리고 말았다. 그 와중에 아이에게 예절을 가르쳐 주려던 의도는 자취를 감추었다. 물론 전화로 엄마의 충고를 듣는다고 해서 나아지는 것은 없다.

부모의 말을 차단하는 것

온갖 말과 행동이 오가고 나면, 당신은 당신 엄마의 목소리, 딸에게 필요한 것, 그리고 당신의 좋은 의도 사이에서 허우적대다 결국 죄책감의 늪에 빠진다. 딸은 무시당하고 비난받았다고 느낄 것이며 그래서 화가 났을 것이다. 당신 역시 그런 말이나 행동을 하면 안 되는 줄 알면서도 분노에 사로잡혀 통제력을 잃고 결국 전부 퍼부어 버리고 만다.

당신이 하는 말을 듣고 싶지 않을 때 아이는 부모의 말을 차단해 버린다. 당신의 좋은 의도는 분노와 처벌로 변하고, 결국 딸은 통화를 방해하는 것에 대해 아무것도 배우지 못한다. 성격에 따라 아이는 자신의 의사를 전하기 위해 더 격렬히 싸우거나, 그저 분쟁을 피하기 위해 조용히 물러설 것이다.

우리의 좋았던 의도는 이 틈 속으로 사라져 버린다.

틈

틈이란 부모가 의도한 메시지와 아이가 받는 메시지 사이의 공간이다. **겉으로 보기에** 아무리 명료한들 그것이 듣고 싶지 않은 메시지라면, 아이는 곧바로 귀를 닫은 채 그 말을 무시하거나 반박하거나 거절해 버린다.

반대 방향도 마찬가지이다. 아이가 폭발버튼을 누르는 행동을 할 때에는 부모에게 보내고 싶은 메시지가 있게 마련이다. 즉, 뭔가 문제가 있다고 부모에게 신호를 보내는 것이다. 그러나 일단 그 행동이 폭발버튼을 누른 이상, 부모는 아이의 의도를 헤아리지 못하고 겉으로 보이는 의미만 생각하며 반응한다. 그러면 아이가 부모에게 보낸 메시지도 틈 속에서 길을 잃는다.

아이에게 되는 대로 화를 낸 뒤, 그 속에 숨겨진 의도를 찾아 이해해 달라고 요구할 수는 없다. 그러나 **부모인 우리는** 겉으로 보이는 대로 받아들이는 대신 **아이의 행동 속에 숨겨진 의도를 꼭 찾아봐야 한다.**

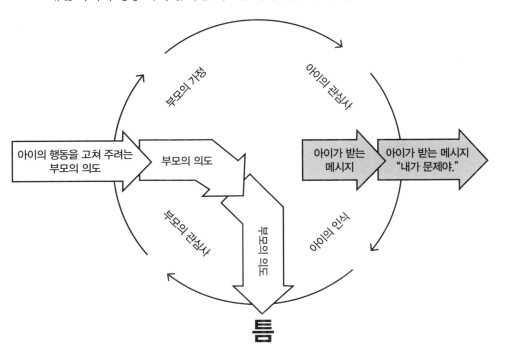

의도가 아무리 좋아도 상처의 씨앗이 될 수 있다

어느 날 버스를 기다리다 나는 어떤 엄마와 아이의 흔하지만 흥미로운 장면을 목격했다. 엄마는 한두 돌 정도 되어 보이는 아이를 유모차에 태우고 버스를 기다리고 있었고 아이는 길 쪽을 바라보고 있었다. 내가 그들에 관심을 가질 때쯤 어린 여자아이는 엄마의 주의를 끌어 보려고 칭얼대면서 엄마 쪽을 보기 위해 몸을 버둥거리며 투정을 부리기 시작했다. 엄마는 아이를 못 본 척 하기로 한 것 같았다. 마치 가림막이라도 쳐져 있는 듯 엄마는 눈썹 하나 까딱하지 않고 버스가 오는 쪽만 뚫어져라 바라보고 있었다. 엄마가 관심을 보이지 않자, 아이는 더 크게 울며 안전벨트 안에서 심하게 버둥거렸다. 마침내 아이가 유모차를 잡고 있던 엄마의 손가락을 한 개 붙잡았다. 슬쩍 아이를 바라보더니 엄마도 아이의 손을 잡았다. 순간 나는 그것이 아이를 안쓰러워하는 몸짓인 줄 알았지만, 이내 엄마는 마치 불쾌한 것이라도 되는 듯 아이의 손을 뿌리치고는 아예 유모차에서 양손을 떼 무릎에 올려놓았다. 그러곤 미동도 없이 다시 버스를 기다리기 시작했다.

마침 나도 그곳을 지나며 왜 엄마를 안아 주거나 사랑하기가 이토록 어려운지 고민하는 친구와 대화를 나누었던 적이 있었다. 그는 엄마가 자신을 사랑하지 않는다고 말했다. 하지만 나는 그의 모친이 그에게 정말 많은 것을 해 주었다고 생각했기 때문에, 왜 그렇게 느끼냐고 물어보았다. 그는 "나는 엄마에게 손을 내밀었을 때 엄마가 손을 뒤로 빼 버렸던 기억이 아직까지도 아주 생생해"라고 대답했다.

이런 이야기가 얼마나 흔한지 생각하니 나는 슬퍼졌다. 그 친구의 기억이 얼마나 정확한지는 모른다. 그 외에도 그의 가슴에 분노를 더욱 단단히 심어 준 사건들이 있었을 것이다. 그러나 정류장에 서 있던 그 엄마도 분명 원하는 것을 얻기 위해 칭얼대고 울고 유모차를 두들겨서는 안 된다는 교훈을 주려던 생각이었을 것이다. 이렇게 딸을 무시하면 커서 좀 더 사회성 있게 행동하는 사람이 될 수 있다고 나름대로 생각했을지도 모른다. 아니면 다른 일을 골똘히 생각하면서 방해받고 싶지 않았을 수도 있다. 만일 그때 버스가 오지 않았다면, 아이가 다시 돌아앉아서 조금 더 울다 결국 잠잠해지는 것까지 보게 되었을 수도 있다. 그러면 그 엄마는 다른 많은 엄마들과 마찬가지로, 이것을 작은 승리라고 느끼며 자신의 방법이 통했다고 믿을지도 모른다.

이 장면은 내 친구가 엄마가 자신의 손을 치우면서 사랑을 거두었다고 오해했던 일과 매우 비슷하다. 그 엄마의 행동은 정류장에서 본 엄마의 의도(아이가 말썽을 부리지 못하게 하는 것)와 크게 다르지 않을 것이다. 그러나 정작 친구가 받은 메시지는 상당히 달랐다.

정류장의 엄마가 아이를 안아 올려 달래 주기로 했다면 어떻게 되었을까? 떼를 써서 엄마를 조종하면 원하는 건 뭐든 얻을 수 있다는 사실을 배웠을까? 그 엄마는 아이의 요구에 굴복하는 바람에 아이의 버릇을 망쳐 버린 것일까? 이제부터 아이가 뭘 해 달라 하든 꼼짝없이 들어줄 수밖에 없는 늪에 빠져 버린 것일까? 많은 사람들이 이런 식의 위기감을 느끼곤 하지만 내 의견은 다르다.

나는 아이가 이해받았다고 느꼈을 것이라고 생각한다. 특히 아직 말을 배우지 않은 아이라면 자신이 힘들다고 메시지를 보냈더니 엄마가 그것을 듣고 돌봐 줬다고 생각했을 것이다. 자기도 필요한 것에 대해 소통할 수 있는 능력이 있다는 믿음이 생겼을 수도 있다. 그리고 아이는 자신이 중요한 존재이며 충분히 보살핌을 받고 있고 자신의 관심사도 존중받고 있다고 느꼈을 가능성이 높다. 이것이 아이가 사회성을 키우는 데 악영향을 끼칠까? 우리 중에서도 어린 시절 나름의 판단을 통해 자신은 사랑받거나 거부당했다고 결론내린 적이 있는, 혹은 기억하지 못하더라도 비슷한 상황을 겪은 사람들이 얼마나 많은가?

그 순간, 그 작은 여자아이와 엄마의 유대는 깨졌다. 그리고 틈이 벌어졌다. 학대가 있었던 것은 아니다. 그 일을 학대라고 이름 붙일 사람은 없다. 그러나 그런 사소한 경험도 자꾸 반복되면 상처가 된다. 처음에 엄마가 의도했던 대로 관심을 얻고 싶으면 얌전히 앉아 있어야 한다는 가르침이 아이에게 전해졌을 확률도 아주 낮다. 그보다는 엄마의 반응을 보며 아이가 (최소한 그 순간만큼은) 이렇게 엄마를 원하는 자신은 나쁜 사람이며, 자신의 바람은 중요하지 않다고 생각하게 될 가능성이 훨씬 높다. 그리고 그런 순간은 점점 쌓여만 간다.

틈 파고들기

아주 좋은 의도로 시작했다가도 우리는 틈을 만든다. 우리의 의도는 당시에 가지고 있던 관심사에서 출발하지만 그 틈 속에서 길을 잃고는 결국 전혀 다른 메시지가 되어 아이에게 도달한다. 아이들은 자신이 들은 메시지가 마음에 들지 않는 나머지 부모의 말에 귀를 닫아 버린다. 따라서 그 틈이 만들어지는 단계를 차근차근 살펴보면서 상황을 바꾸면 처음에 의도했던 메시지를 제대로 전달할 수 있을 것이다.

"거실에 음식 가지고 들어가지 말라고 몇 번을 말해야 되니? 당장 접시 집어서 부엌에 갖다 놔." 마거릿은 열여섯 살 된 아들 이선에게 말했다. 이선이 말을 들을지 안 들을지는 아무도 모른다. 그것은 이선이 받는 메시지가 무엇이냐에 달려 있다. 당시 마거릿의 삶에 상대적으로 문제가 없었다면 (그래서 관심사를 상대적으로 유연하게 조절할 수 있다면) 깨끗한 거실에서 음식을 먹는 이선을 보고도 그저 조금 못마땅한 정도였을 것이다. 이선도 마찬가지로, 자기 마음이 편안한 상태였다면 그런 엄마에게 별로 반감을 느끼지 않고 순순히 음식을 부엌에 내다 놓았을 터이다.

그러나 마거릿이 아침부터 남편이랑 다툰 뒤 직장에서도 힘든 하루를 보냈다면, 며칠 전에 대판 싸운 뒤로 이선에게 실망한 참이라면, 거실로 음식을 가져가지 말라고 말한 적이 한두 번이 아니라면, 마트에 가기 위해 늦게까지 일을 해야 했다면 (그래서 해결되지 않은 관심사가 잔뜩 쌓여 있었다면) 그의 어조나 보디랭귀지에 엄청난 메시지가 더해졌을 것이다. 순간적으로 마거릿이 느낀 감정 또한 말에 의미를 더한다. 만일 그가 화가 났거나 자신이 제대로 존중받지 못했다고 느꼈다면, 틈을 건너 이선에게 도착할 때쯤에는 같은 말이라도 다른 의미가 전해졌을 것이다.

이선은 거실에서 먹으면 안 된다는 것을 또 깜빡했다는 사실에 약간의 죄책감과 후회를 느끼며 순순히 접시를 부엌에 가져다 놨을 수도 있다. 심지어 자신이 싱크대에 넣어 뒀던 접시랑 같이 설거지를 했을지도 모른다. 그러나 이선이 학교에서 있었던 일로 기분이 상한 상태였다면, 엄마가 자기에게 하는 잔소리에 질린 상태였다면, "오빠는 무슨 짓을 해도 야단맞는 법이 없다"고 말하는 여동생과 한바탕 싸운 직후였다면, 게다가 배가 고팠다면, 소음과 자극으로 가득 찬 하루를 마치면 조용한 시간이 간절히 필요해지는 성격이라면 (그래서 돌보지 못한 그의 관심사가 잔뜩 쌓여 있었다면) 엄마가 뭐라 하든 그는 분명 귀를 닫아 버릴 것이다.

두 사람 간에 틈이 벌어진다. 말과 의도는 복잡하게 뒤섞이고 왜곡되며, 잘못 전해지고 잘못 받아들여진다. 마거릿의 지시가 이선에게는 부탁처럼 들릴 수도 있고 꾸지람이나 공격처럼 들릴 수도 있다. 어떻게 전해지느냐는 마거릿의 관심사에 달려 있고, 어떻게 들리느냐는 이선의 관심사에 달려 있다. 그들의 관심사는 서로의 인식에 영향을 미치며 그들 사이에 생겨난 틈의 너비를 결정한다.

해석에 모든 것이 달려 있다

어느 샌가 의도가 틈 속으로 사라졌다 하더라도, 발신자는 여전히 수신자가 자신의 의도를 이해하고 그에 맞추어 반응해 주기를 바란다. 엄마는 음식을 부엌에 가져다 놓으라고 말한 것뿐이지만 그 말이 엄마의 관심사로 인해 왜곡되면 이선에게는 "너는 너무 지저분해. 너는 죽어도 내 말을 안 들어. 너는 할 줄 아는 게 하나도 없어"라고 들릴 수도 있다. 그러면 이선은 엄마의 **의도**보다는 자신의 **해석**에 따라 반응하게 마련이고, 그만큼 자신이 듣기 싫은 말은 차단해 버리고 모르는 척 계속 거실에서 음식을 먹을 가능성이 높다. 그러나 마거릿은 여전히 이선이 자신의 요청에 따르기를 바란다. 그가 말을 듣지 않을수록 마거릿은 더욱 격하게 반응하고, 이렇게 악순환이 계속된다. 틈은 점점 더 벌어지고 유대감을 쌓기란 불가능해진다.

"그렇지만 애들이 당연히 우리 말을 들어야 하는 거 아닌가요? 어찌 됐든 우리가 어른이잖아요?" 부모의 말이라면 귀를 닫아 버리는 아이들 때문에 좌절한 부모들은 이렇게 한탄하곤 한다. 하지만 생각해 보라. 당신이라면 자신을 억누르고 비난하고 평가하는 듯한 사람의 말을 들을 마음이 생기겠는가? 어린 아이가 귀를 막고 도망갈 때, 더 큰 아이가 아무 말도 못 들었다는 듯 행동할 때, 우리가 "내 말은 절대 안 들어요"라고 불평할 때, 아이들은 자기에게 하는 말이 마음에 들지 않아서 그러는 것이다. 그들은 자신의 가치를 지키려고 노력한다. 독재자가 하는 말에 순순히 따르는 사람은 없다. 그렇다고 **우리가 요청하는 내용을 바꿔야 하는 것은 아니다. 그저 그것을 전하는 방법을 조정하면 된다.**

당신의 관심사를 분명히 하고 틈을 좁히기

상호작용을 하는 순간에는 당신의 개인적 관심사를 한쪽으로 치워 둘수록

(그래서 더 객관적이고 차분하고 집중된 태도를 보일수록) 아이에게 필요한 것과 아이의 관점을 제대로 파악할 수 있다. 당신의 관심사를 한쪽으로 치운다고 해서 당신의 계획을 바꾼다든가, 약속을 취소한다든가, 아이가 마음대로 하도록 둔다는 뜻이 아니다. **분산되지 않은 온전한 관심으로 아이를 그 순간의 최우선순위로 삼아야 한다는 의미이다.** 당신의 관심사를 치워 두기 위해서는 일단 당신이 자신만의 관심사를 가지고 있다는 사실을 자각해야 하고, 거기에 무엇이 담겨 있는지 솔직하게 인식해야 하며, 본인은 전혀 사심이 없었는데 다른 사람 때문에 이 지경에 이르렀다고 탓하기보다는 스스로가 기꺼이 책임지고자 해야 한다.

아이의 입장에서 생각해 보면, 당신의 말이 어떻게 들리는지를 좀 더 잘 이해할 수 있다. 당신이 아이라면 그 말이 어떻게 들릴지 생각해 보라. 당신의 말을 듣고 싶을 것 같은가?

마거릿은 밤에 있을 저녁모임을 위해 거실을 말끔하게 유지하고 싶거나, 자신이 뭐라 하든 이선은 잠자코 따라야 한다고 주장하고 싶거나, 텔레비전을 보지 못하도록 그를 부엌으로 보내고 싶다는 관심사를 가지고 있었을지도 모른다. 그에 반해 이선의 관심사는 하루 종일 궁금했던 비디오를 꼭 보고 싶었거나, 여동생과의 싸움에서 이기고 나서 의기양양해 있었거나, 까다로운 시험을 마친 뒤 편히 뒹굴며 배를 채우고 싶었던 것일 수도 있다.

마거릿이 최소한 그 순간만이라도 자신의 관심사를 명료히 정리했다면, 이선의 상황에 좀 더 공감할 수 있었을 것이다. 동시에 아들의 관심사도 함께 고려했더라면 메시지를 분명하면서도 비난하지 않는 투로 전할 수 있었을 것이며, 이선의 반응을 기다릴 때에도 좀 더 유연성을 가질 수 있었을 것이다. 반대로 이선도 비난당한다고 느끼지 않았다면 엄마의 말을 있는 그대로 받아들일 수 있었을 것이며, 부모의 말이라면 일단 귀를 닫아 버리는 태도도 부모의 입장을 이해하는 쪽으로 바뀌었을 것이다. 그러면 서로 유대감을 키워가며 협력할 수 있는 가능성도 훨씬 높아진다.

마거릿이 진심으로 "이선, 지금 막 집에 돌아왔으니 아마 배고프고 피곤할 거야"라고 말했다면 그도 "하지만"이 나올 거라고 지레짐작하지 않고, 엄마가 진심으로 공감해 주고 있다고 느끼며 틈을 좁힐 수도 있었을 것이다. 그러면 죄책감을 자극하거나 비난하지 않고도 명확하게 바라는 바를 전달하고 필요한 만큼 경계선을 설정할 수 있다. "거실에서는 음식을 먹지 않는다는 것이 규칙이니, 먼저 간식을 먹고 비디오를 보거나 먼저 비디오를 보고 간식을 먹거나 하렴." 그러면 이선도 이 요청을 비난이나 꾸지람이 아니라 엄마의 의도대로 들을 가능성이 훨씬 높아질 것이다.

하지만 때마침 이선의 관심사가 제대로 해결되지 못한 채 쌓여 있는 터라 "네네, 금방 치울게요"라고 대답만 할 뿐 꼼짝도 하지 않을 수도 있다. 혹은 더 공격적으로 "엄마, 편하게 좀 사세요. 그게 뭐가 중요해요? 너무 한심한 규칙이잖아요"라고 대답할 수도 있다. 이선이 협조적으로 반응할 것이라는 보장은 없다. 그러나 그가 거부한다 해도, 마거릿은 자신의 명료한 관심사에 따라 다음 단계로 나아가 아이의 상황을 고려해 본 뒤 중립적으로 경계선을 정할 수 있다. "이선, 오늘 밤에 저녁모임이 있어서 거실을 깨끗하게 치워 둔 참이야. 네가 꼭 도와줘야 해. 꼭 지금 음식을 부엌으로 가지고 갔으면 좋겠어." 만일 "엄마, 저 지금 너무 피곤하고 배고파요. 일단 여기서 먹은 다음에 확실히 정리할게요"라는 아이의 말에 엄마가 기꺼이 그렇게 협상한다고 해서, 엄마가 졌다고 생각하지 말자. 아이가 엄마를 존중해 주길 바라는 것과 마찬가지로 엄마도 아이를 존중해 준 것이다. 그러면 협력이 이루어질 가능성도 훨씬 높다. 혹시 그가 잊어버리거든 약속을 꼭 지켜 달라고 부드럽게 상기시켜 주면서 협상 내용을 확실히 실천하자. "이선, 바닥에 부스러기가 떨어졌어. 다른 데 가기 전에 꼭 치워 주렴."

행동은 아이의 관심사를 알아볼 수 있는 척도이다.

발달단계상 아이가 의사를 분명히 표현하지 못해서 아이의 의도를 찾거나 관심사를 이해하기 어려운 때도 많다. "엄마, 그렇게 소리 지르면 정말 짓눌리는 기분이 들어. 내가 어떻게 했으면 좋겠는지 말해 준 다음 그 말을 따르기까지 몇 분 정도 기다려 줬으면 좋겠어." 이런 말은 네 살이나 열네 살은 물론 사실 어른들조차 하기 어려운 말이다.

아이들은 자신에게 필요한 것을 행동으로 말한다. 그 행동이 무엇을 말하려 하는지 이해하는 일은 우리의 몫이다. 폭발버튼이 눌리는 바람에 이해할 기회를 놓치면, 그 행동의 이유는 틈 속으로 사라져 버리고 결국 우리는 아이의 의도를 파악하지 못해 제대로 도와줄 수 없게 된다.

행동은 아이가 잘 지내고 있는지 짐작할 수 있는 단서이다. 행동이 정상적이고 나이에 적합하다면, 아이도 잘 지내고 있는 것이다. 행동이 부적절하거나 통제 불가능한 상태라면, 무언가가 잘못되었다는 단서이다. **행동은 언제나 아이 내면의 정서적 상태를 정확히 보여 주는 척도이다.** 그저 겉으로 보이는 대로만 받아들여 벌을 주거나 야단을 치면, 그런 행동을 유발한 깊은 곳의 정서적 상태는 미처 보지 못하게 된다. 그러면 잡초의 뿌리는 그대로 둔 채 줄기만 뜯는 것과 마찬가지이다. 그 행동은 금세 반복될 것이다.

행동이 계속 악화된다면, 그 역시 아이가 "아직도 내게 필요한 돌봄을 받지 못하고 있어. 관심을 끌려면 아마 더 크게 소리 지르거나 더 세게 때려야 하나 봐"라는 뜻을 전하는 것이다. 아무리 성심껏 아이를 돌본다 해도, 그 행동의 원인을 제대로 찾지 못한 채 정작 아이에게 필요한 관심을 주지 못하면 그 행동은 없어지지 않을 것이다.

악을 쓰거나 때리거나 욕하는 행동을 진심으로 좋아하는 아이는 없다. 하지만 우리에게 무언가를 말하기 위해서는 그럴 수밖에 없는 것이다. 말을 배우기 전에 울음을 터뜨리는 것부터 10대가 되어 반항적 태도를 보이는 것까지, 그들이 우리에게 단서를 보낼 때에는 우리를 마음대로 조종하려고 수를 쓴다기보다는 우리에게 도움을 요청하고 있다고 생각해야 한다. 그것이 아이들에게 무슨 이득이 되겠는가? 그들에게는 자신을 돌봐 주고 곁에 있어 줄 사람이 간절히 필요하다. 그런데 왜 우리를 속이려고 하겠는가?

아이들이 살아가기 위해서는 우리에게 협력하고 기쁨을 주는 편이 훨씬 유리하다. 그럼에도 아이가 말을 듣지 않는다면, 그것은 도저히 말을 들을 수 없기 때문이다. 그들이 다시 제 궤도에 오르기 위해서는 우리의 도움이 필요하다. 아이들의 말을 충분히 듣지 않으면 그저 즉각적으로 반응할 수밖에 없다. 해결되지 못한 채 쌓여 있는 아이들의 관심사를 살피고 아이가 정서적으로 무슨 일을 겪고 있는지 차분히 파악하면, 그들이 스스로를 이해할 수 있게 도와줄 뿐 아니라 우리가 그들을 이해하고 있다는 것까지도 전할 수 있다. 자신이(감정과 관심사를 비롯한 모든 것이) 받아들여졌다고 느끼면, 아이들의 행동도 정상으로 돌아올 것이다.

아이의 행동이 폭발버튼을 누를 때면, 그 행동에 감추어진 의도에 대해 생각해 보라. '쟤가 나를 속여 먹으려고 저런다'는 의심에서 벗어나 '저 행동은 무슨 의미일까, 그리고 나는 어떻게 도와줘야 할까?'라고 묻는다면 어떻게 될지 살펴보라. 아이가 문제를 일으킨다고 생각하는 대신 아이에게 문제가 생겼다고 생각해 보라.

유대감을 형성할 기회

이선이 관심사가 쌓인 채로 집에 돌아온 것이라면(방금 여자 친구가 헤어지

자고 했다든가, 숙제에 낙제점을 받았다든가, 농구 경기에서 같은 팀을 하자고 하는 친구가 없었다든가) 마거릿은 꽤 중립적으로 "이선, 거실에서는 음식을 먹지 않는 것이 규칙이니, 먼저 간식을 먹고 비디오를 보거나 먼저 비디오를 보고 간식을 먹거나 해 주면 좋을 것 같아"라고 말할 수 있었을 것이다. 그래도 이선이 계속 성질을 부릴 수도 있다. "참견 좀 그만하면 안 돼요? 그까짓 거실에서 그까짓 음식 좀 먹는다고 뭐가 어때서요? 나 좀 내버려 두라고요." 그러면 마거릿은 둘 중 하나를 선택해야 한다. 무례하다며 화를 내고 벌을 주는 방식으로 반응할 수도 있고, 행동 **속에 담긴** 감정을 이해하고 지지하는 방식으로 대응하면서 그의 관심사를 헤아려 보려고 노력할 수도 있다.

이런 상황에서는 아무리 좋은 뜻을 가진 부모라도 벌을 주거나 대가를 치르게 해야 한다고 생각하기 쉽다. 마거릿이 따라야 할 규칙을 분명히 알려 줬는데도 이선이 무례하게 반응했다. 이 상황에서 마거릿이 "엄마한테 말버릇이 그게 뭐니. 대답 공손히 다시 하고 부엌에서 간식을 먹지 않으면 이번 주 내내 텔레비전은 못 보게 될 줄 알아. 알아서 해"라고 반응한다 해도 완벽하게 그럴 듯한 결말일 것이다. 마거릿이 어떻게든 침착함을 유지해서 이선이 규칙은 따른다 해도, 들으라는 듯 투덜거리며 식탁에 접시를 요란하게 내려놓은 뒤 다 먹고 접시를 그대로 놓고 가 버릴지도 모른다.

하지만 부모가 정신을 똑바로 차리고 다른 선택지를 택할 수도 있다. 이것이 절호의 기회임을 알아차리고 유대감을 형성하기 위한 시도를 해 보는 것이다. 마거릿이 그 순간만큼은 아이의 말을 흘려 넘기고 규칙도 미뤄 둔 채 이렇게 말한다면 어떨까. "이선, 평소에는 그렇게 말하지 않더니 무슨 일 있니? 나한테 얘기해 주면 좋겠는데." 그는 마음을 열고 자신의 상태에 대해 알려 줄지도 모른다. 물론 "아무 일도 없는데요"라고 말할 수도 있지만, 말투가 전처럼 무례하지 않을 수도 있다. 이선이 엄마와 대화를 하고 싶든 아니든, 엄마의 목소리에서 공감하려는 마음만은 분명히 감지할 것이다. 마거릿이 자신의 관심사만 생각하며 아이에게 책임을 묻는 대신 아이의 관심사까지 섬세하게 헤아린다면, 나중에라도 이선의 여자 친구나 숙제에 대해 듣게 될 가능성은 훨씬 높아질 것이다.

일관성

부모가 일관성 있는 태도를 가져야 한다는 사실은 다들 알고 있다. 그러나 대부분의 부모들이 그게 무슨 의미인지 잘못 알고 있는 터에 자신이 일관성이 없다고 여겨질 때마다 스스로를 가혹하게 비판한다. 그들은 아이들에게 무엇이 필요한지 살펴보려 하기보다는, 일단 규칙을 정했거나 한 번 '안 돼'라고 말을 했으면 그것을 철저히 지키려고 노력하는 것이 일관성 있는 행동이라고 생각한다.

예상 가능한 방식으로 행동하려면, 부모와 함께 있을 때 아이들이 부모의 행동을 예측할 수 있어야 한다. 마거릿이 어떤 날은 자기 일에 완전히 정신이 팔려서 혹은 아이와 실랑이하기엔 너무 피곤해서 거실에서 간식을 먹는 것에 크게 신경 쓰지 않다가, 또 다른 날은 직장에서 받은 스트레스를 이선이 집안 규칙을 어겼다며 불같이 화를 내는 것으로 쏟아 놓았다면, 이선은 매일이 살얼음 위를 걷는 기분일 것이다. 그는 엄마에게 무엇을 바라야 할지 가늠할 수 없을 것이며 엄마가 자신에게 기대하는 바가 무엇인지도 찾기 어려울 것이다.

마거릿이 매일 일관성을 유지하기 위해서는 혼자 조용히 쉬는 시간을 가지거나, 자신의 '이런 저런 상황'은 잠시 제쳐 두고 관심사를 명확히 정리할 능력을 갖춰야 한다. 그때그때 중요한 관심사가 아무리 쌓여 있어도 언제나 효과적으로 소통할 수 있는 상태를 유지하는 것이 바로 일관성이며, 이러한 일관성은 이선이 엄마의 의도를 파악하고 그에 따라 행동하는 데에도 꼭 필요하다.

일관성이라고 해서 모든 말썽에 똑같은 방식으로 대응하거나 규칙에 조금의 예외도 허용해선 안 된다, 혹은 한 번 '안 돼'라고 했으면 절대 바꾸지 말아야 한다는 뜻이 아니다. 일관성은 당신이 차분하든 엄청난 스트레스를 받았든 당신의 기대(자신뿐 아니라 아이들 각각에게도 의식적이고 현실적이며 적절한 수준으로 걸고 있는 기대)를 일정하게 유지하는 상태를 의미한다. **당시에 당신의 관심사가 무엇이든 양육에 대한 내적 원칙과 기준을 일정하게 유지하는 것이 바로 일관성이다.** 이를 위해서는 시간과 지식, 그리고 연습이 필요하다. 끊임없이 나타나는 문제에 강인하면서도 유연성 있게 대처하기 위해서는 무엇보다 강한 확신이 필요하다.

내가 아이에게 <u>방을 치우라고</u> 말한 것은, <u>깔끔하고 정돈된 태도를 가르치고자</u>
<u>(아이가 하거나 배우길 바라는 것)</u>
하는 의도에서였다.

그러나 아이가 들은 말은 <u>그저 거칠고 불쾌한 명령의 연속</u>이었던 것 같다.

그 말을 들었을 때, 아이는 <u>내가 바라던 일을 하기는커녕 "나한테 이래라 저래</u>
<u>라 하지마!"라고 소리 지르는</u> 반응을 보였다.

그러고 나면 나는 <u>같이 소리를 지르며 아이를 자기 방으로 보내 버리</u>곤 했다.

나는 오직 나의 관심사에만 집중하고 있었으며, <u>아이에게 내가 바라는 일을</u>
<u>시키기만 할 뿐 아이의 관심사는 살피지 않</u>으면서 우리 사이에 틈을 만들었다.

메시지를 효율적으로 전달하기 위해 나는 전달 방법을 <u>말을 왜 그렇게 안 듣</u>
<u>냐고 짜증 섞인 목소리로 비난</u>하는 대신, <u>아이와 협의해서 시간을 정하는 것</u>으로 바
꿔야 했다.

내가 그렇게 하면, 아이도 <u>내가 잘못을 평가하고 비판하는</u> 것이 아니라 <u>합리</u>
<u>적인 자세로 아이가 계획을 세울 수 있게 도와주려 한다는</u> 것을 받아들이면서 <u>비난</u>
<u>받았다고 느끼는</u> 것이 아니라 <u>자신의 의견을 존중받았다</u>고 느낄 수 있을 것이다.

다음 질문들 중 하나 혹은 두 가지 모두에 답해 보세요.

A

내가 아이에게＿＿＿＿＿＿＿＿＿＿＿＿＿＿＿＿＿＿라고 말한 것은,
(아이가 하거나 배우길 바라는 것)

＿＿＿＿＿＿＿＿＿＿＿＿＿＿＿＿＿＿＿＿＿＿하는 의도에서였다.

그러나 아이가 들은 말은＿＿＿＿＿＿＿＿＿＿＿＿＿＿＿＿＿이

었던 것 같다.

그 말을 들었을 때, 아이는＿＿＿＿＿＿＿＿＿＿＿＿＿＿＿＿＿

＿＿＿＿＿＿＿＿＿하는 반응을 보였다.

그러고 나면 나는＿＿＿＿＿＿＿＿＿＿＿＿＿＿＿＿＿하곤 했다.

나는 오직 나의 관심사에만 집중하고 있었으며,＿＿＿＿＿＿＿＿＿

＿＿＿＿＿＿＿＿＿＿＿＿하면서 우리 사이에 틈을 만들었다.

메시지를 효율적으로 전달하기 위해 나는 전달 방법을＿＿＿＿＿＿＿

＿＿＿＿＿＿＿＿＿하는 대신,＿＿＿＿＿＿＿＿＿＿＿＿＿＿＿＿＿

으로 바꿔야 했다.

내가 그렇게 하면, 아이도＿＿＿＿＿＿＿＿＿＿＿＿＿＿것이 아니라

＿＿＿＿＿＿＿＿＿＿＿＿＿＿＿것을 받아들이면서＿＿＿＿＿＿＿＿

이 아니라＿＿＿＿＿＿＿＿＿＿＿＿＿＿＿다고 느낄 수 있을 것이다.

B

아이가 당신에게 저항할 때, 당신의 원래 의도는 무엇이었나요? 그리고 아이가 받은 메시지는 무엇이었을까요?

당시에 당신의 관심사는 무엇이었나요? 그리고 아이의 관심사는 무엇이었나요?

당신이 했던 말을 이번에는 아이의 관심사까지 함께 고려해서 메시지가 당신의 의도대로 전달될 수 있도록 다시 표현해 본다면 어떻게 될지 적어 봅시다.

이렇게 말했다면, 아이는 어떻게 반응했을까요?

4장
순식간에 분노의 불꽃이
타오를 때

좋기만 하거나 나쁘기만 한 일은 없다.
다만 생각이 그런 것처럼 만들 뿐이다.
－윌리엄 셰익스피어

"또 시작이네."

다섯 살배기 캐런이 식탁에 혼자 앉아 입을 잔뜩 내밀고 엄마가 만들어 준 음식을 빤히 쳐다보고 있는 것을 본 조앤은 생각했다.

"윽, 이걸 보니까 구역질 나고 숨이 막힐 것 같아."

캐런이 쌀쌀하게 말했다.

조앤은 명치가 조여 오는 듯했다. 그는 이제 무슨 일이 벌어질지 알고 있었다. 식사 시간은 늘 조앤과 딸의 전쟁터였다.

"우웩, 저게 이거에 닿았잖아. 이걸 어떻게 먹어. 난 여기 있는 거 다 싫어. 마카로니 앤 치즈 먹을 거야."

조앤은 머지않아 마카로니처럼 가늘어진 캐런을 상상했다.

"둘 다 먹어도 돼. 어찌 됐든 뱃속에 들어가면 다 섞일 건데. 한 입 먹는다고 안 죽어. 마카로니 앤 치즈만 먹고 살 수는 없어."

조앤의 손바닥에서 땀이 나기 시작했다.

"살 수 있는데? 먹고 싶지 않으면 안 먹으면 되지. 엄마가 억지로 나한테 먹일 수 있을 줄 알아?"

캐런은 뻐딱하게 팔짱을 끼고 입을 삐죽 내밀면서 식탁을 발로 밀었다. 아이의 아랫입술이 한층 더 튀어나왔다.

조앤은 그 입을 세상에서 제일 아프게 때려 주고 싶었다. 하지만 그러는 대신 소리를 질렀다. "이봐 아가씨, 그게 무슨 말버릇이야. 도대체 넌 엄마를 뭘로 보는 거니? 내가 네 식모야? 주는 대로 먹어. 그리고 잘 먹었다고 해!"

캐런은 의자에서 뛰어 내려 자기 방으로 달려가서는 문을 쾅 닫고 소리 질렀다.

"한번 해보시지!"

조앤은 의자에 주저앉았다. 그는 이 싸움이 영원히 계속되다 결국 자기 딸이 영양실조로 세상을 떠나거나 자라서까지 자신을 싫어하게 될까 봐 두려웠다. 그는 진이 빠지고 화가 나고 죄책감이 들고 거부당한 기분이었다. 조앤은 머리를 감싸 쥐었다. 이번에도 또 전부 망쳐 버렸다는 생각이 들었다. 하지만 어떻게든 딸에게 밥은 먹여야 하는데 어쩌겠는가? 아이의 밥을 제대로 챙겨 주는 것이 엄마의 가장 기본이자 중요한 임무인데 말이다!

남편은 조앤에게 화를 냈다. 그는 계속 "그게 뭐 어떻다고 그래? 애가 아직 어리잖아, 안 그래?"라는 말만 했다. 조앤은 이제 더 이상 식사 문제를 남편에게 꺼내지 않기로 했다. 캐런의 선생님이 "유치원에서는 별일 없어요. 여기서는 밥도 잘 먹어요"라고 할 때에도 조앤은 명치가 답답해졌다. 의사도 캐런이 체중이 좀 덜 나가는 편이지만 정상 범위 안이라고 말했다.

조앤이 부모교실에서 이 이야기를 털어놓았을 즈음에는 거의 인내심이 한계에 도달한 상태였다. 그는 "도대체 제가 뭘 잘못한 걸까요?"라고 절박하게 호소했다.

"그 애는 왜 밥을 안 먹는 걸까요? 제 말은 절대 듣는 법이 없어요. 밥에 대해서도 저에 대해서도 무조건 빈정거리기만 해요. 저도 이제 참을 만큼 참 았어요. 더 이상 당하고만 있지 않을 거예요! 만일 제가 엄마에게 한 번이라도 그런 식으로 말을 했었다면……."

조앤은 말을 멈추고 고개를 내저었다.

"뭐가 제일 두려우세요?"

내가 물었다.

"아이가 죽을까 봐서요. 그리고 그게 제 잘못일까 봐."

그는 작게 중얼거렸다. 조앤의 즉각적 반응은 매서운 비난과 비아냥, 죄책감, 분노의 보복 사이에서 요동쳤다.

"그렇게 안 먹다간 너 죽어."

"그래 좋아. 그렇게 있다 굶어 죽든가. 내가 상관하나 봐라."

"넌 나한테 맨날 왜 그래? 넌 고마워할 줄도 모르니?"

"디저트 없을 줄 알아! 네 방으로 들어가."

지금까지 캐런에게 했던 말을 몇 가지 써 보고 나서 조앤은 딸이 무엇에 맞서 싸우고 있었는지를 깨달았다.

"딸은 제가 정말 싫었겠네요. 저도 제가 이런 말을 한다는 것이 싫었어요. 그렇지만 달리 방도가 없어요. 아이가 제 화를 너무 돋워서 저런 반응을 할 수밖에 없거든요. 그 애는 저한테 뭘 바라는 걸까요? 제가 그렇게 화를 내지 않았다면 좋았을 텐데."

감정적 연쇄 반응 : 순식간에 불꽃이 타오를 때

우리는 자신이 느끼는 감정을 바꿀 수만 있다면 대응하는 방식도 바꿀 수 있을 것이라고 생각하곤 한다. 그러나 겪어 봐서 알겠지만, 감정은 손쓸 겨를도 없이 그저 솟아난다. 감정에 곧이곧대로 휩쓸리면 안 된다고 되뇌기도 하지만 그러고 나면 괜히 죄책감만 커질 뿐이다. 때로는 우리가 감정을 조절할 수 없는 정도가 아니라, 감정이 우리를 통제한다는 생각이 들기까지 한다. 조앤은 너무 심하게 화가 나지 않기를 바랐다. 화가 나지만 않았어도 딸에게 그런 식으로 반응하지는 않았을 것이라고 생각했기 때문이다. 그러나 분노는 순식간에 자동적으로 솟구쳤다.

불쑥 솟아나는 나의 감정이 못마땅할 때, 우리는 상대방을 탓한다. 막히는 도로에서 우리는 이렇게 말한다. "저 나쁜 놈이 말도 안 되는 운전을 하지만 않았어도 내가 이렇게 스트레스를 받지는 않았을 텐데!" 그리고 집에서 우리는 아이들을 탓한다.

너 때문에 내가 이런 짓까지 하게 됐잖니!
너 때문에 너무 화가 나!
너만 아니었으면…….

조앤은 캐런을 탓하고 벌을 주거나 야단을 치면서 자신을 합리화할 수 있었을 것이다. 그러면 자신이 이렇게 화를 낸 상황의 책임을 캐런의 행동으로 미룰 수 있기 때문이다. 따라서 자신은 그 싸움의 책임에서 벗어날 수 있다.

그러나 캐런의 행동 때문에 조앤의 반응이 나온 것이라면, 왜 캐런의 행동이 아빠에게는 비슷한 영향을 끼치지 않는 것일까? 부주의한 운전자 때문에 당신이 고함을 지르게 된 것이라면, 그가 난폭하게 끼어들 때 왜 다른 운전자들은 차분하게 속도를 줄이는 것일까?

거기에는 분명 아이의 행동뿐만 아니라 다른 문제가 있는 것이다.

늘 잊어버리곤 하는 단계

아이들이 폭발버튼을 눌러서 정신을 나가게 한다는 것은 우리의 **가설**이다. 즉, 아이가 이런 말이나 행동을 했다는 우리의 **생각**이며, 아이가 어떤 괴물이 되었고 앞으로 될 것이라는 우리의 **두려움**일 뿐이다. 그 모든 것을 만들어 낸 것은 우리이다! 정신없는 와중에 이러한 가설이 머리를 가득 채우면 우리는 '사실'이 그렇다고 믿어 버린다. 이 **가설**의 힘으로 우리의 **감정**도 솟아나고 **반응**도 만들어진다.

이 가설은 머릿속에서 너무 순식간에 튀어나오는 나머지, 다투는 중에는 이것이 그저 개별적이고 주관적이며 과장된 생각일 뿐이라는 사실을 알아챌 겨를조차 없다. 이런 가설은 우리가 자라오는 동안 자기 자신, 부모, 형제자매에 대해 알게 된 것, 사회가 우리에게 가르친 것, 자신과 타인에게 가진 기대, 우리가 갖고 있는 기준과 신념 등 다양한 근원에서부터 뻗어 나온다. (이것은 나중에 더 자세히 다룰 것이다.)

캐런이 엄마가 해 준 밥을 한사코 먹지 않으려 하는 행동은 순간적으로 조앤의 **가설**을 발동시킨다. '캐런은 내 권위를 깎아내리고 있다'("이봐 아가씨, 나한테 그런 식으로 얘기하지 마"), '아이가 영양실조로 죽을지도 모른다'("마카로니 앤 치즈만 먹고 살 수는 없어"), '캐런에게 밥을 먹이는 것은 내가 책임져야 할 일이다'("주는 대로 먹어"), '나는 엄마로서 실패했다'("내가 분명 뭔가를 잘못한 것 같다") 이러한 **가설**들은 조앤의 무능함, 무력함, 두려움, 분노 등의 **감정**을 자극하고, 이것은 비판, 비아냥, 처벌 등의 반응으로 이어진다.

"남편은 왜 캐런의 식습관에 문제를 느끼지 않는다고 생각하세요?" 나는 물었다.

"모르겠어요. 그이는 캐런이 지금처럼 먹어도 괜찮다고 생각해요. 자기랑 같이 있을 때에도 많이 먹지는 않는다지만 그걸로 싸운 적은 한 번도 없어요.

남편은 다 나 때문이래요. 그 말이 맞을 거예요. 하지만 그것만 보면 너무 화가 나는걸요. 이건 뭐 둘이 전혀 다른 애를 키우는 것 같아요." 조앤이 답했다.

다시 내가 말을 이었다. "저는 남편이 다른 아이를 키운다고 생각하지 않아요. 하지만 남편이 아이에 관해 당신과는 다른 **가설**을 세우고 있다는 점은 분명한 것 같네요. 그것이 맞든 틀리든 그가 갖고 있는 가설은 전혀 다른 **감정**과 **반응**을 만들어 내는 것 같아요."

연쇄 반응 모델

사건의 일부에 노출될 때마다 반드시 나타나는 연쇄 반응이 있다. 어떤 사건과 그에 대한 우리의 반응 사이에는 두 개의 중요한 단계(사건에 대한 우리의 가설 혹은 인식과 그 가설이 촉발하는 감정)가 숨어있다.

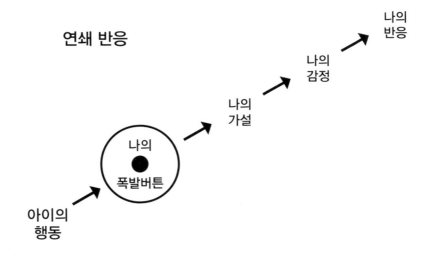

아이의 **행동**이 당신의 폭발버튼을 누른다. 당신의 버튼은 곧바로 당신의 **가설**을 소환하고, 가설은 당신의 **감정**을 촉발한다. 감정이 격해지면, **반응**이 걷잡을 수 없이 쏟아져 나온다.

예를 들어, 당신이 친구와 길을 걷고 있다고 하자. 10대 소년 몇 명이 당신 쪽으로 걸어오고 있다. 그들은 거칠어 보이는 차림을 하고 있고 두 명은 스케이트보드를 들고 있다. 요란하게 웃는 소리와 함께 욕설도 간간이 들린다.

전형적 가설들

쟤가 내 인생을 망치고 있어. 뭘 어떻게 해야 할지 모르겠어.
쟤는 그냥 내 신경을 긁으려고 저러는 거야. 너 때문에 내가 창피해.
쟤가 내 인생을 다 뺏어가고 있어. 넌 내가 하라는 건 무조건 싫다고 하잖아.
쟤 하나 때문에 가족 전체가 휘둘리고 있어. 이젠 철이 좀 들 때도 됐잖아.
해 달라는 대로 해 줄 여유가 없어. 난 부모로서 실격이야.
걔가 하는 말은 믿을 수가 없어. 쟤 일부러 저러는 거야.
걔는 온 세상이 자기에게 맞춰 줘야 한다고 생각하나 봐. 한 번 봐줬더니 끝이 없어.
다른 사람들이 뭐라고 생각할까?

친구가 말한다.

"세상에, 나 저런 애들 너무 싫어. 쟤들 하는 소리 좀 봐! 저런 애들이 문제 아지 뭐야. 근데 부모들은 자식이 저러고 다니는 걸 아나? 시내에서 스케이트보드 타는 것도 금지잖아. 건너편으로 가자. 쟤네들이 무슨 짓을 할지 어떻게 알아."

당신이 대꾸한다.

"이봐, 쟤네는 그냥 놀러가는 애들일 뿐이야. 딱히 문제를 일으키지도 않았잖아. 스케이트보드를 타는 게 아니라 그냥 들고 있을 뿐이고. 아이들은 기성세대와 다를 수밖에 없어. 우리 어렸을 때 기억 안 나?"

아이들과 마주치자 당신은 활기차게 인사를 건넨다.

"애들아, 안녕!"

같은 사건, 같은 아이들인데도 반응은 서로 달랐다. 그들에 대한 생각과 가설이 서로 다르기 때문이다.

연쇄 반응의 예

아이의 행동	부모의 가설	부모의 감정	부모의 반응
주장/ 힘겨루기	• 아이가 하자는 대로 해 주면, 아이가 이기는 것이다. 그럼 내가 지는 것이고 통제력을 잃는 것이다.	• 통제력을 잃는 것에 대한 두려움	• 소리 지르기, 아이의 말을 묵살하기
	• 저 꼬맹이가 저런 식으로 컸다간 열네 살쯤엔 괴물이 될 것이다.	• 분노/걱정	• 무시하기/고립시키기
	• 할 수 있는 것이 없다.	• 무력감	• 굴복하기/포기하기
때리기/ 밀치기	• 아이가 심술궂고 배려심이 없다.	• 당황스러움	• 비난하기, 과소평가하기
	• 아이가 너무 어려서 뭘 모른다.	• 연민/죄책감	• 고쳐 주려고 하기
	• 쟤는 열다섯 살도 못 돼서 감옥에 갈 것이다.	• 두려움	• 따끔하게 가르치기 위해 같이 때리기
강한 요구/ 고집	• 나한테 저렇게 말하면 안 되지. 난 우리 부모님께 저런 식으로 말한 적이 한 번도 없어.	• 분노	• 방으로 보내 버림, 소리 지르기, 때리기
	• 쟤는 아주 나의 진을 다 빼놓는다고.	• 탈진	• 포기하기
	• 난 아이에게 필요한 것을 다 해 줄 능력이 안 돼.	• 죄책감	• 일관성 없는 규제
낮은 성적	• 걔는 커서 아무것도 못 될 거야.	• 두려움	• 잔소리 늘어놓기, 소리 지르기
	• 이번에도 또 망쳐 버렸어.	• 죄책감	• 외출 금지하기
	• 애는 언니만큼 똑똑하지 못해.	• 실망	• 낙인찍기, 비교하기

자기충족적 예언

이미 가지고 있는 가설을 바꾸기란 쉽지 않다. 특히 중요한 문제가 달려 있는 상황이라면 더욱 그렇다. 그러다 보면 우리가 가장 피하고 싶었던 상황을 초래하기도 한다. 예를 들어, 한 엄마는 아들이 자기 앞가림을 제대로 하지 못할까 너무 두려웠던 나머지 늘 아이 주변을 맴돌며 그를 보호하고 문제를 대신 해결해 주었는데도 그만 아이는 낙제로 퇴학을 당하게 되었다. 두려움으로 인해 엄마가 과잉보호를 하자, 아들은 점점 자신이 정말 부족하다고 믿게 되었기 때문이다. 결국 그는 정말로 자기 앞가림을 하지 못하게 되었다. 이것이 바로 자기충족적 예언이다.

캐런은 자기 엄마에게서 비난과 두려움을 감지했을 가능성이 가장 높다. 그 비난에 맞서 아무리 대차게 말대꾸를 한다 해도, 한편으로 아이는 자신에 대해 건강하지 못한 믿음을 만들어 가게 될 것이다. 엄마로 인해 아이는 자신은 밥을 제대로 먹지 않는 사람이며, 엄마의 관심에 고마워할 줄 모르고, 그저 걱정거리이자 천덕꾸러기라는 생각을 배우게 된다. 이렇게 조앤은 캐런이 반찬 투정을 못하게 하려고 걱정, 분노, 비난을 쏟아냈다가 오히려 반찬 투정을 만들어 내게 되었기 때문에 이 역시 자기충족적 예언이라 할 수 있다.

인지 치료의 창시자 중 하나인 앨버트 엘리스는 인간이 자신의 가설과 믿음에 부합하는 증거만 받아들이고 그렇지 않은 증거는 부정하게 되는 과정을 설명했다. 예를 들어 자신이 뚱뚱하다고 믿고 있는 아이는 부모와 친구들이 아무리 그렇지 않다고 얘기해도 거울에서 자신이 보고 싶은 것만을 본다. 그 무엇보다도(심지어 거울보다도) 자신에 대한 스스로의 믿음이 더 강력한 것이다. 엘리스는 이것을 확증편향(confirmation bias)이라 불렀다.

캐런의 식습관에 대해 다른 사람들은 뭐라고 하는지 묻자 조앤은 분명하게 말했다.

"남편이 하는 말은 신경 안 써요. 캐런은 저한테만 유독 심하게 덤비는걸요. 어쨌든 남편이 뭘 알겠어요? 그이는 아이와 얼마 같이 있지도 않아요."

"유치원 선생님은 뭐라셔요?"

수업을 듣던 다른 부모가 물었다.

"아, 캐런은 아마 다른 애들이 하는 건 자기도 다 하고 싶어 할 거예요. 그리고 선생님이 신경을 써 봐야 얼마나 쓰겠어요? 캐런이 자기 애도 아닌데."

두려움이 걷잡을 수 없이 커질 수 있다

아이의 행동에 대한 우리의 생각과 인식은 순식간에 망상이나 공포로 변할 수 있다. 엘리스는 이것을 파국화(catastrophizing)라고 불렀다.

부모란 본질적으로 자녀의 미래의 상당 부분을 책임지는 존재이기도 하다. 우리가 하는 자녀양육은 늘 위태롭고, 그만큼 파국으로 치닫기도 쉽다. 아이가 성적표에서 D를 받아오면 우리도 부모로서 D를 받았다고 생각한다. 더 좋은 성적을 받기 위해 우리는 끊임없이 변해야 한다고 아이를 닦달한다. 그래도 아이의 성적이 오르지 않으면, 십중팔구 우리는 그럴 듯해 보이는 구실이면 무엇이든 동원하여 아이를 탓하며 자신을 합리화하려 할 것이다.

만일 캐런이 자신을 마음대로 조종하려 하거나, 자신의 권위를 깎아내리거나, 자신의 말이라면 무조건 무시한다고 생각하고 있다면, 조앤은 그 생각을 파국화시켜서 결국은 캐런의 식습관을 더욱 엄격하게 통제하는 방식으로 되돌려 줄 것이다.

순간적으로 너무 흥분하면 자신의 두려움을 살펴볼 겨를이 없다. 아이에게 직접 말을 하지는 않을지라도, 일단 그런 생각이 떠오르면 그 **생각**은 **감정**을 불러일으키고 그것은 우리의 **반응**으로 이어진다.

이렇게 가설은 순식간에 파국화된 두려움으로 바뀐다.

- '쟤는 너무 심술궂다'는 순식간에 '쟤는 언젠가는 감옥신세를 지게 될 것이다'로 바뀔 수 있다.
- '애가 달라는 대로 줬다가는 살이 찔 거야'는 '애는 곧 비만이 되어서 평생 병을 달고 살 거야'로 빠르게 악화된다.
- '애는 게으른데다 성적에 대해서는 전혀 신경을 안 써'는 '애는 앞으로 "한 푼 줍쇼" 하고 구걸을 하며 일생을 보낼 거야'로 변한다.
- '저런 걸 입고 학교에 가면 안 되지'는 '다들 우리 딸이 매춘부인 줄 알 거야'로 이어진다.

"캐런에게 거식증에 걸린 친구가 있어요. 남의 일이 아니라니깐요." 조앤이 함께 수업을 듣는 사람들에게 말했다. "아이가 저렇게 점점 적게 먹다가 결국 아무것도 남지 않을 때까지 야윌까 봐 너무 무서워요."

사건과 **감정**은 우리가 통제하기 어렵다. 그러나 우리의 반응은 우리가 통제해야 한다. 이 반응을 바꾸기 위해서는 우리의 감정 상태가 달라져야 한다. 그리고 **감정**을 바꾸기 위해서는 우리의 **가설**을 바꿔야 한다.

문제

캐런은 다음 중 하나 혹은 둘 다의 문제를 겪고 있을 것이다.

1. 자신의 식습관에 대한 엄마의 짐작을 들으며 캐런도 자신이 식습관에 문제가 있다고 믿게 된다. 엄마가 아이의 식습관에 대해 야단을 칠 때마다 아이는 부정적인 자기이미지를 강화한다. 캐런의 행동도 본인

의 자기이미지를 따라간다.

2. 캐런은 엄마와의 관계에서 힘을 얻기 위해 먹기를 거부한다. 그는 자기 삶에서 필요한 만큼의 힘을 가지지 못했다고 느낄지도 모른다. 이 힘은 아이들이 자존감을 형성하기 위해 꼭 필요한 요소이다. 그는 자신이 먹지 않으면 엄마가 기분 나빠하거나 심하면 통제력을 잃는다는 것을 발견한다. 자신이 먹는 것을 거부할수록 엄마의 기분은 더 나빠지고, 그럴수록 캐런은 힘을 더 많이 얻는다.

해결책

어느 경우든, 캐런의 식습관에 대해 조앤이 화를 내거나 식사를 통제하려 하지 않으면 문제는 해결된다.

1. 캐런은 엄마가 더 이상 자신의 식습관을 못마땅해하지 않는다는 것을 알게 될 것이다. 그러면 엄마에게서 느껴지는 자신에 대한 새로운 기대(자신의 식습관에는 문제가 없다)를 실현시키려고 할 것이다. 그래서 그는 유치원에서 그랬던 것과 마찬가지로 자신에게 필요한 것을 필요한 만큼 먹을 수 있게 된다.

2. 엄마가 자신의 식습관에 대해 화를 내지 않으면, 캐런은 음식을 거부해도 얻는 것이 없다. 자신에게 필요한 힘은 캐런이 자신의 식사에 선택권을 가지고 그에 따른 책임을 지면서 얻을 수 있을 것이다.

실천해 보기

가설을 바꾸기 위한 첫 세 단계는 다음과 같다. (1) 가설이 무엇이었는지 정확히 확인하기 (2) 그것이 얼마나 정확한지 점검하기 (3) 정확하게 수정하기 당신이 갖고 있던 가설을 곰곰이 떠올려 적어 보자. 일단 그것을 손으로 적어 보면, 그중 상당수가 아이나 당신 자신에게 맞지 않거나 비현실적이라는 사실을 알아차리기 쉬워진다. 그러면 당신도 그 생각을 바꿀 수 있을 것이다.

'쟤는 괴물이야'는 '그는 자신이 하고 싶은 대로 하지 못할 때 다루기가 아주 까다로워'로 바뀔 수 있다.

'난 부모로서 실격이야. 애초에 아이를 낳지 말았어야 해'는 '이 문제에 대처하기 위해서는 도움이 필요해. 나 혼자 모든 것을 감당할 수는 없어'가 될 수 있다.

당신이 싫어하던 누군가가 떠오르는가? 그렇게 될까 봐 두려워하고 있는 누군가와 당신의 자녀를 비교하는 것이 과연 얼마나 현실적이고 도움이 되겠는가?

'얘는 내 동생이랑 완전 똑같아'는 '얘가 저런 행동을 할 때에는 내 동생이 떠오르기도 하지만 이 아이는 내 동생이 아니야'로 바뀔 수 있다.

이렇게 좀 더 정확한 진술을 새로 만들면 아이의 행동에 대한 당신의 감정적 반응을 즉각적으로 줄일 수 있다. 당신이 할 수 있는 것도 아마 가설을 조정하는 것밖에 없을 것이다.

'내 말은 무조건 안 들어'는 '내 말은 거의 안 들어'로 바뀔 수밖에 없을 것이다. 그런 후에는 아이가 말을 들은 소수의 경우에 더욱 초점을 맞추는 것이 중요하다.

좀처럼 자신의 가설을 바꿀 수 없다면(아무리 생각해도 그것이 사실이라고 느껴진다면) 배우자 그리고/혹은 믿을 만한 친구의 의견을 들어 보는 것이 중요하다. 도움을 청했다 오히려 폭발버튼이 더 심하게 눌리는 일을 피하기 위해 먼저 당신의 관점을 이해해 보라고 청하라. 자녀와 당신 자신에 대한 가장 깊숙한 생각과 두려움을 나눈 뒤 이러한 생각이 얼마나 타당하다고 느껴지는 지 의견을 들어 보자. 이 상황을 새롭게 바라보는 방법에 대해 기꺼이 마음 을 열어야 한다. 그들 역시 당신과 같은 생각이라면, 전문가에게 조언을 구 하는 것이 도움이 될 수도 있다.

"당신의 가설로 인해 당신의 감정이 걷잡을 수 없이 휘몰아치게 되는 과정 을 알 수 있겠어요?" 연쇄 반응 모델에 대해 살펴본 후에 나는 조앤에게 물 었다.

"네, 선생님이 왜 그런 이야기를 하는지 알 것 같아요. 저도 확실히 그런 과정을 거치고 있어요." 가설을 찬찬히 점검하고 나자, 조앤은 자신이 자녀 를 제대로 돌보지 못해서 캐런이 그런 행동을 하는 것이 아니라는 사실도 알 게 되었다. 캐런이 기분이 좋지 않을 때 이해와 위안, 지지를 얻고자 자신을 찾아왔던 일을 떠올리며 자신감을 찾기도 했다. 그러다 보니 캐런이 자신의 권위를 확실히 존중했던 사례도 여럿 떠올랐다. 다른 또래 친구들처럼 잠자 리나 유치원 등원 등으로 속을 썩이는 일도 전혀 없었다. 조앤은 캐런이 영 양실조로 죽을 가능성도 희박하다는 것을 받아들였다. 캐런이 너무 빨리 자 라는 터에 바로 지난주에도 새 옷을 사야했기 때문이다.

가장 중요한 것은 캐런이 부실하게 먹는다는 자신의 기대가 이 상황에서 아주 중요한 요소라는 점을 조앤도 차츰 깨닫기 시작했다는 것이다. 두 사람 은 늘 잔뜩 긴장한 채로 식사 시간을 맞았고, 식탁에는 음식뿐만 아니라 날 카로운 태도도 함께 차려져 있었다. 조앤은 문제가 처음 생각하던 것과는 상 당히 다르다는 것을 알아차리기 시작했다.

긍정적인 자기 대화(Self-Talk)
부정적인 자기 대화를 통해 파국에 이르렀던 것과 마찬가지로, 긍정적인 자기 대화로 우리의 감정을 바꿀 수 있다. 대화의 양상을 변화시키기 위해서는 무의식 속에 프로그램된 것을 의식적으로 바꿔야 한다. 말 그대로 자신과 대화를 해 보면 지금까지와 다르게 생각하는 데 도움이 된다.

긍정적인 자기 대화란 따로 신경을 써서 의식적으로 행하는 내적 대화로, 우리의 **가설**이 엇나가지 않게 의식적으로 유지하여 우리의 **감정**이 멋대로 폭주하지 않게 막아 준다. 쉽게 말해 정신의 실황 중계인 셈이다. 당신이 진심으로 믿지 못하는 말은 무의식에서도 받아들이지 않을 것이기 때문에, 당신이 바라는 바를 전부 쏟아 내기보다는 현실적인 내용을 말해야 한다. 그저 당신의 파국적 공포를 현실적인 수준으로 조정한다고 생각하자.

자신의 두려움과 그밖의 감정들이 걷잡을 수 없이 휘몰아치는 것을 막기 위한 자기 점검의 일환으로, 조앤도 필요할 때마다 앞에서 찾았던 새 가설과 깨달음을 적용한 자기 대화를 시도해 보았다.

"좋아요 조앤, 다시 해 봅시다. 당신은 아이를 죽이지 않았어요. 기껏해야 무례하고 거절을 많이 하는 사람으로 키웠을 뿐이에요. 설령 캐런이 새 모이만큼 먹고 있다 해도 여전히 잘 자라고 있어요. 아픈 것도 아니고, 다른 일에 대해서는 엄마 말도 잘 따르고요. 일단 진정하고 심호흡을 해 봅시다."

이것으로 식사에 관한 조앤과 캐런의 관계가 극적으로 바뀌는 것은 아닐지도 모르지만, 식사 시간의 분위기를 개선하는 데에는 큰 도움이 될 수도 있다.

책임지기

이 모든 것을 실천하기 전에, 먼저 우리는 이 상황에서 우리가 맡은 바에 대해 기꺼이 책임을 지겠다는 태도를 가져야 한다. 어떤 상황에 대해 우리가 본 것은 우리의 관점일 뿐이라는 사실을 받아들이는 동시에, 다른 사람은 다르게 바라봤더라도 동등하게 인정해야 한다. 물론 거기에 동의해야 하는 것은 아니다. 우리의 진실이 반드시 **유일한** 진실이라는 법은 없으며, 그런 것은 아예 존재하지 않을지도 모른다. 이 점을 이해하는 것이 건강한 관계를 만드는 열쇠이다.

조앤은 자신의 생각과 두려움이 유일한 진실이 아니라 그저 자신의 가설일 뿐이라는 점을 알아차리자, 식사 문제에서 자신이 맡은 부분에 대해서도 책임을 지기 시작했다. 캐런도 자신의 관심사를 가지고 있으며 그것이 꼭 엄마의 권위를 끌어내리는 데 집중된 것이 아니라는 사실도 보이기 시작했다. 그런 식으로 느낄 수도 있지만 그 감정은 결국 자신이 세운 가설 때문이었다는 것을 깨닫고 나니, 이제 자신이 어디에 초점을 맞춰야 하는지도 명확해졌다. 그는 다음과 같이 자기 대화를 하려고 노력했다. "캐런은 식성이 까다롭지만, 건강하고 활기차다. 배가 고프면 밥을 먹을 것이다. 내가 먹었으면 하는 것을 그가 꼭 먹어야 하는 것은 아니다." 그러자 감정도 새롭게 달라지기 시작했다. 그러나 또 하나의 층위는 아직 밝혀지지 않은 상태였다.

때로는 이것으로 부족하다

조앤이 폭발버튼을 해제하는 데(자동적 반응을 바꾸는 데) 필요한 것은 그저 새로운 정보였을지도 모른다. 그가 캐런의 기질에 대해 좀 더 잘 알고 있었다면, 그리고 아이의 관점을 이해하고 관심사를 파악하기 위해 그의 입장에서 생각해 볼 수 있었다면, 조앤은 캐런이 밥을 먹지 않는 이유를 보다 정확히 이해하고 아이에게 무엇이 필요한지도 파악할 수 있었을 것이다. 조앤과 함께 수업을 듣던 부모들도 비슷한 상황에서 자신은 어떻게 했었는지 함께 이야기를 나눴다. 이를 통해 조앤도 새로운 의사소통 기술을 배우고 자신의 가설을 조정해 가며 지금까지와는 다른 감정을 끌어낼 수 있었다.

그러나 조앤의 분노와 비난 밑에 숨겨진 핵심은 '아이를 이렇게 키우다니 나는 실패했다. 나는 한참 부족한 엄마다'라는 자신의 가설이다. 그는 캐런에 대해서는 가설을 조정하기 시작했지만 자기 자신에 대해서는 아직 갈 길이 멀다. 캐런의 비난은 여전히 자신을 궁지에 몰아넣고 있었고, 그러면 폭발버튼도 계속 눌릴 수밖에 없다. 이 가설과 두려움을 지속시키는 것이 무엇인지 찾기 위해서는 더 깊이 파고들어 가야 한다.

● 행동, 감정, 가설을 확인하기

폭발버튼을 누르는 자녀의 행동을 알아봅시다.

당신 자신의 폭발버튼을 살펴보세요. 지속적으로 폭발버튼을 누르는 아이의 행동(크고 작은 행동 모두)에는 어떤 것이 있는지 목록으로 만들어 보세요. 그리고 그 행동을 다음과 같이 한두 개의 문장으로 묘사해 보세요.

> "우리 딸은 장난감을 절대 안 치운다."
> "우리 아들은 '넌 바보 멍청이야'라고 하는 듯한 태도로 말을 한다."
> "우리 딸은 항상 안아 달라고 조른다. 그런데 조금만 받아 주면 해 달라는 것이 끝도 없다."

내 폭발버튼을 누르는 사건/행동은

_____

_____

_____

_____

_____

다음은 당신의 감정을 알아봅시다.

이런 행동이 자극하는 감정을 찾아 정리해 보세요. 다음의 예를 참고해 보세요.

> "아이가 치우기 싫다고 할 때에는 무시당하는 기분이 든다."
> "아이가 그런 태도로 나를 대하면 화가 치솟는다."
> "아이가 관심을 달라고 조르면 짜증이 나면서도 아이를 충분히 돌봐 주지 못하는 것 같아서 죄책감이 든다."

아이가 이런 행동을 하면 내 기분은

_____

_____

_____

_____

_____

_____

_____

이제 앞으로 돌아가 당신의 가설을 알아봅시다.

당신의 감정을 불러일으킨 아이의 행동이나, 자기 자신에 대해 당신이 가지고 있는 생각/평가/의견/인식/두려움/가설을 정리해 보세요. 다음의 예를 참고해 보세요.

"얘는 버르장머리가 없어. 그리고 내가 그렇게 만든 것 같아."

"얘는 자기밖에 몰라. 저렇게 컸다간 망나니가 돼서 아무도 좋아해 주지 않을 거야."

"내가 할 수 있는 것은 아무것도 없어. 나한테 남은 것은 아무것도 없어. 내가 원하는 것은 아무것도 가질 수 없어."

아이/아이의 행동에 대해 자동적으로 떠오르는 나의 가설은

_____

_____

_____

_____

_____

_____

아이가 고집을 부리면서 무조건 자신이 하고 싶은 대로 하려고 할 때, 나는 분노
<u>(폭발버튼을 누르는 행동)</u>
와 두려움을 느끼며, 곧잘 아이에게 벌을 주거나, 아이를 방으로 돌려보내거나, 나
좀 내버려 두라고 소리를 지르는 식으로 반응하곤 한다.

이런 행동을 볼 때 나는 아이에 대해 얘는 안 된다고 해도 절대 듣지 않는다, 내
말은 전혀 듣지 않는다, 이런 애를 좋아해 주는 사람은 아무도 없을 것이다 라는 가설
(아무에게도 말하지 못하는 무시무시한 생각들!)
을 떠올린다.

내 자신에 대해서는 나는 결코 이 아이를 통제하지 못할 것이며 한순간도 쉴 수
없을 것이다. 그런데 이 아이를 어떻게 다루어야 할지 전혀 모르겠다라는 가설을 가
지고 있다.

스스로에게 우리 아이는 '안 돼'라는 말을 좋아하지 않지만 자기가 좋아하는 말
을 해 주면 잘 듣는다. 그리고 나는 그를 더 잘 다룰 수 있는 방법을 배울 수 있고 그
의 관심사를 자주 살필 수 있다. 아이가 좀 더 크면 나도 내 시간을 가질 수 있을 것
이다 라고 말하면서, 가설을 좀 더 정확하게 바꿀 수 있다.

이러한 새 가설은 내가 더 차분해지고 좀 더 자신감을 느낄 수 있게 도와
준다.

만일 더 자주 이런 기분을 느낀다면, 심하게 소리 지르지 않을 수 있을 것이다.

감정을 불러일으키는 가설

다음 질문들 중 하나 혹은 두 가지 모두에 답해 보세요.

A

아이가_____할 때, 나는
　　　　　　(폭발버튼을 누르는 행동)

_____을 느끼며,

곧잘_____반응하곤 한다.

이런 행동을 볼 때 나는 아이에 대해_____

_____
　　　　　(아무에게도 말하지 못하는 무시무시한 생각들!)

_____라는 가설을 떠올린다.

내 자신에 대해서는_____

_____라는 가설을 가지고 있다.

스스로에게 우리 아이는_____

_____그리고 나는_____

_____라고 말하면서,

가설을 좀 더 정확하게 바꿀 수 있다.

이러한 새 가설은 내가_____

_____을 느낄 수 있게 도와준다.

만일 더 자주 이런 기분을 느낀다면,_____

_____

_____.

B

아이가 폭발버튼을 누를 때의 행동을 묘사해 봅시다. 버튼이 눌리자마자 즉각적으로 마음속에서 어떤 가설이 튀어나오나요? 아무리 끔찍한 말이라도 괜찮으니 솔직하게 적어 보세요. 아이에 대한 것과 자신에 대한 것을 모두 생각해 봅시다.

그 가설들은 어떻게 두려움으로, 그리고 파국화로 바뀌나요?

그 가설들의 정확성을 점검하고 수정해 봅시다.

수정한 가설이 더 현실적인가요? 그 이유는 무엇인가요?

생각을 바꾸면 감정과 반응이 어떻게 바뀔까요?

아이는 어떻게 반응할 것으로 기대하나요?

5장
당신의 기준이
너무 높은 것은 아닐까?

어른이 된 내 모습이 싫었기 때문에 엄마가 내게 했던 모든 것을
딸 제니퍼에게는 반대로 하고자 했다. 엄마는 나를 독점하려 했기에,
나는 독립심을 장려했다. 엄마가 사람을 교묘히 조종하려 했기에,
나는 터놓고 지냈다. 엄마가 책임 회피를 했기에, 나는 먼저 나서서 결정했다.
이제 내가 할 일은 끝났다. 제니퍼는 다 자랐다. 그리고 정확히
우리 엄마와 똑같은 모습이 되었다.
―줄스 파이퍼

기준이란 우리가 따르며 살아야 할 것을 뜻한다. 우리는 자신의 기준을 활용하여 삶의 모든 측면의 문제를 결정하고, 자신과 타인의 행동을 비교하고 평가하며, 해야 할 일과 해선 안 되는 일을 판단한다.

모든 가족과 거의 모든 부모에게도 자기 나름의 기준과 기대가 있다. 부모가 자녀의 행동에 대해 높은 기준을 가지고 있을 때, 자녀가 그 기준이 어떤 것인지 이해하는 것은 중요하다. 아이들이 자신에게 기대되는 바를 제대로 파악하기 위해서는 기준이 강력하고 의식적이며 일관성 있어야 한다. 훌륭한 기준이 있으면 아이들이 최선을 다해 노력하도록 동기를 부여해 줄 수도 있다. 우리가 아이를 키울 때 마련한 기준은 아이들이 각자 자신의 기준을 만들어 갈 때 본보기가 되기도 한다.

우리는 대부분 커다란 기대를 잔뜩 안고 자녀양육의 여정을 시작한다. 우리는 최고의 부모가 될 것이고 세상에서 가장 훌륭한 아이를 키울 것이며, 최소한 내 아이는 절대로 얼마 전에 마트에서 본 소리 지르며 떼를 쓰는 아

이처럼 되지 않을 것이다. 우리 아이는 싹싹하고 공손하며 똑똑하고 너그럽고 우리가 해 주는 모든 일에 감사하는 성격일 것이다. 우리는 자신의 기준과 기대가 정확하다고 생각한다. 그러나 그 기대가 채워지지 않고 우리의 기준이 지켜지지 않으면 어떻게 될까? 우리 아이가 공손하지도 않고 감사할 줄도 모른다면? 우리가 기대했던 예의 바른 모습과는 전혀 거리가 멀다면? 사람들 많은 데서 아이들 때문에 창피를 당한다면? 아이의 행동이나 욕구 때문에 우리의 기준이 무너질 위기에 처한다면 어떻게 될까?

'아이의 교육을 최우선으로 한다.'

아이가 공부보다는 운동에 관심이 많다면 어떻게 될까?

'옷은 항상 제대로 갖춰 입어야 한다.'

딸이 바지를 입고 교회에 가고 싶어 한다면 어떻게 될까?

'우리 집에서 싸움이나 폭력은 절대 금물이다.'

형제자매 간의 경쟁이 피할 수 없는 지경에 이르면 어떻게 될까?

'내 아이가 모든 이에게 공손하고 배려심 있기를 바란다.'

아이가 수줍음을 많이 타서 좀처럼 인사를 하지 않으려 하면 어떻게 될까?

'내가 어떤 지시를 하든 존중하며 따라 주길 기대한다.'

아이가 10대가 되어 철 지난 규칙에 이의를 제기하면 어떻게 될까?

어떻게 될까? 당신의 폭발버튼이 눌린다.

폭발버튼이 눌리면 일단 당신이 가지고 있던 기준을 살펴봐야 한다. 당신의 기준이 너무 엄격하거나 아예 지키기 불가능한 것일 수도 있다. 아이에게 기준이 맞을 수도 맞지 않을 수도 있다. 부모가 기준을 너무 높이면 모든 사람이 손해를 본다. 아이는 결코 목표를 달성할 수 없다는 좌절과 헛된 노력

속에서 지내야 하고, 부모는 아이를 제대로 키우지 못했다는 패배감에 빠져야 한다.

예를 들어, 우리 어머니는 '집과 아이가 더러워지는 것은 용납할 수 없다'는 **기준**을 가지고 나를 키웠다. 나는 이 기준을 지키며 자랐고, 그래서 내 아이가 지저분하거나 단정치 못할 때, 그리고 아이의 흙 묻은 신발이 거실의 카펫을 더럽힐 때면 자꾸 폭발버튼이 눌린다. '넌 정말 지저분하구나. 너 때문에 집이 엉망이 됐어. 넌 참 무신경하다. 넌 자라서 망나니가 될 거야'라고 생각하는 것은 물론 실제로 말한 적도 있다. 이러한 **가설**은 여지없이 고함과 비난으로 이어졌고, 결국 아이들은 자기 집에서조차 불편하게 지내야 했을 것이다.

우리의 **가설**은 우리가 가진 **기준**에 의해 만들어진다. 카펫에 진흙이 묻는 것을 좋아할 부모는 없지만, 어떤 상황에서도 절대 그런 일이 있어선 안 된다고 하는 기준을 가지고 있다 보면, 비현실적인 규칙을 밀어붙여야 한다는 압박을 느끼게 된다. '아이를 키운다는 것은 때때로 집과 아이가 지저분해지고 어질러질 수밖에 없다는 뜻이다'를 **기준**으로 삼고 있다 해도 지저분한 모습에 짜증이 날 때가 있겠지만, 그로 인해 폭발버튼이 눌리거나 내가 청결에 집착하는 괴물이 될 정도가 되지는 않는다.

부모는 자신이 아이들에게 적용하는 기준이 무엇인지를 늘 의식하고 있어야 한다. 또한 가족들 각각의 개인적 차이에 맞게 기준을 적절하면서도 유연하게 유지해야 한다. 만일 부모의 기준이 '내 아이들은 항상 내 말에 복종해야 한다'라면, 기질적으로 주장이 강하고 고집이 있는 딸을 키울 때 심각한 어려움을 겪을 것이다. 이 아빠가 교회에 원피스를 입고 가기 싫다고 말하는 딸에게 벌을 주면서 자신의 기준을 지키고자 한다면, 아이는 그에 저항하면서 더욱 거칠고 반항적인 성격(아빠가 제일 두려워하던 모습)이 될 가능성이 높다. 그러나 아이들 각자의 다양한 기질과 개별적 자기표현을 허용하는 기준을 세우면, 아이와 싸울 일도 상당히 줄어들뿐더러 딸과도 훨씬 좋은 관계를 맺을 수 있을 것이다. 어느 날 갑자기 아이가 원피스를 입고 교회에 가겠다고 해서 아빠를 깜짝 놀라게 해 줄지 누가 알겠는가?

한 엄마는 아주 어릴 때에는 아들에게 플라스틱 장난감이나 총과 무기 종류의 장난감을 절대 사 주지 않겠다고 결정했다고 하자. 그는 아이를 사회적 의식이 있는 시민으로 키우겠다는 강한 기대를 갖고 아이 방을 나무 기차와 봉제 인형으로 가득 채워 두었을 것이다. 그런데 아이가 물은 사람을 해치지 않는다며 물총을 사 달라고 조르거나 선풍적 인기를 끌고 있는 액션 피규어를 사 달라고 떼를 쓰면 그의 폭발버튼이 눌릴 것이다. 이때 기꺼이 타협을 하여 자신의 기준을 조정하고 아이가 원하는 장난감을 가지고 놀 수 있게 해 줄 것인가("엄마, 다른 애들은 다 갖고 있단 말야"). 아니면 내 생각이 옳고 내 관심사가 아이를 위한 최선이라고 믿으며 자신의 기준을 고수할 것인가로 가정 생활의 전반적인 분위기와 느낌이 좌우된다. 만일 아들의 관심사는 전혀 고려하지 않고 자신의 관심사에만 맞추어 기준을 정한다면, 앞으로도 수없이 싸움을 무릅써야 할 것이다. 그러나 자신의 기준을 의식적으로 책임감 있게 살펴본다면, 그리고 아이의 관심사까지 충분히 고려한다면, 두 사람 모두에게 통할 수 있는 해결책을 찾을 수 있다.

기준

우리의 기준은 다양한 원천을 통해 만들어진다.

선택하기

내 딸 몰리는 내향적이다. 『아이를 바꾸려 하지 말고 긍정으로 교감하라』의 저자 메리 쉬디 커신카가 말한 것처럼 몰리는 혼자 있으면서 에너지를 충

전해야 사람들과 어울릴 수 있다. 사람이 많은 곳에 있다 돌아오면 거기서 있었던 일을 내게 말해 주기 전에 얼마간 혼자서 조용히 시간을 보내야 하는 타입이다. 그래서 "오늘 학교에서 뭐했어?"라고 물어서는 성공한 적이 없었다. 이것을 알고 난 뒤 나는 몰리에겐 혼자 있을 시간을 존중해 줘야 한다는 기준을 따로 만들어 두었다.

간혹 깜빡 잊어버리고 성급히 하루에 대해 물어보면 그는 못마땅한 듯 눈을 굴리며 "그냥 그랬어"라고 답하지만, 그것을 나에 대한 공격이나 무례한 행동이라고 생각하지 않는다. 내가 의식적으로 세운 기준에 따르면 그 정도 행동은 있을 수 있다. 그저 그 행동을 눈감아 주면서 잠시 아이에게 혼자 있을 시간을 주면 된다. 그렇게 하면 대부분 아이는 잠시 후에 다시 내게 다가와서 시시콜콜 있었던 일을 들려주었다.

전이되기

만일 내가 '아이들은 무슨 일이 있어도 항상 어른에게 공손해야 한다'는 행동 **기준**에 따라 아이를 키웠다면, 그리고 몰리를 키울 때도 그 기준을 그대로 적용했다면, 학교에서 어땠냐는 질문에 아이가 눈을 굴릴 때마다 폭발버튼이 눌렸을 것이다. 그리고 아이가 학교에서 돌아올 때마다 힘겨루기를 벌였을 것이다. 나는 다음과 같은 가설을 가지게 되었을지도 모른다.

왜 쟤는 기분 좋게 집에 오는 법이 없을까?
쟤는 늘 저렇게 버릇이 없어. 세상에서 자기가 제일 잘난 줄 아나?
쟤는 존경심이 전혀 없어. 커서 뭐가 되려고 저럴까?

자신의 기준을 의식적으로 조정한 적이 없다면, 아마 어렸을 때부터 접해

왔던 기준이 자연스럽게 이어지고 있을 가능성이 가장 높다. 하지만 무의식적 기준은 우리의 필요를 우선시하며 아이의 행동을 조종하려고 할 때가 많다. '내가 그러라고 했으니 너는 무조건 복종해야 한다' 류의 **기준**은 어렸을 때 과도하게 통제를 당했던 부모가 이제 자신이 통제력을 가지려는 시도의 일환일 수도 있다. 그는 드디어 자기 순서가 왔다고 생각할지도 모른다. 이제는 자신이 부모가 되었고 자신이 모든 것을 통제할 수 있다.

스위스의 심리분석가인 앨리스 밀러 박사는 자신의 획기적인 저서 『천재가 될 수밖에 없는 아이들의 드라마』에서 이렇게 말했다. "부모의 의식적 혹은 무의식적 바람을 이루어 주는 아이는 '착한' 아이라고 불리지만, 그에 따르기를 한사코 거부하거나 부모의 뜻을 거스르며 자신의 바람을 내세우는 아이는 이기적이거나 배려심이 없다고 평가된다. 그러나 부모들은 자신의 이기적 바람을 실현하기 위해 아이를 원하거나 이용하는 것일지도 모른다는 생각은 거의 하지 않는다."

혹은 통제가 심하거나 학대를 당한 어린 시절의 반작용으로 과도하게 방임적인 부모가 될 수도 있다. 이런 부모는 자신에게 필요한 것을 받거나 존재를 인정받아 본 적이 없어서 자신에게 필요한 것이 무엇인지조차 모르는 나머지 '무조건 아이의 필요가 먼저다. 나의 필요는 중요하지 않다'라는 무의식적인 **기준**을 가지고 살아간다. 두 경우 모두 부모의 필요와 아이의 필요가 균형을 이루지 못한 상태이다.

우리를 떠받치지만 아이를 끌어내리거나 아이를 떠받치는 대신 우리 자신을 끌어내리는 기준은 우리 안에 있는 깊은 공허함을 채우고자 하는 시도이다. 하지만 이런 식으로는 아이들이 건강하게 독립하여 성장할 수 없게 된다.

반응하기

'내가 자라며 당했던 일을 내 아이에겐 절대 하지 않을 거야'는 자신의 성장 과정에 대한 반응으로 만들어진 의식적인 기준이다. 하지만 이런 기준은 그저 나에 관한 것일 뿐, 아이나 가족에게 적합하다는 보장은 없다는 문제가 있다. 과거에서 깨끗이 벗어나지 않고, 반응적으로 행동하는 부모는 반항을 되풀이한다. 엘리자베스 피셸은 『가족 거울 : 아이의 삶이 우리에 대해 밝혀 주는 것』에서 이렇게 썼다. "이렇게 저항하려는 부모는 전형적으로 자신의 부모를 부정적인 롤모델로 규정하며 자신은 아이에게 부모가 했던 것과 정반대로 행동하려고 애를 쓴다. … 그러나 이런 차별화는 결국 잘못된 것, 과장과 허세에 불과하다는 것이 밝혀진다. 그 저항은 아주 깊은 무의식 속에서는 결국 전통을 따르려는 태도와 마찬가지로 과거에 매여 있다."

세 아이를 둔 재닛의 아빠는 어릴 적부터 매우 비판적이었고 툭하면 벌을 주는 사람이었다. 재닛은 아빠의 훈육이 극도로 부당하며 특히 여동생만 편애한다고 느꼈다. 그는 어린 시절 내내 아빠가 시키는 것이면 무엇이든 묵묵히 따랐지만, 마음속으로는 절대 저런 부모가 되지 않겠다고 다짐했다. '나는 절대 아이를 때리거나 아이에게 소리 지르지 않을 것이다. 그리고 나는 한 번도 받을 수 없었던 무조건적인 사랑을 아이에게 줄 것이다.' 그래서 그는 아이들이 다치지 않도록 과도한 보호를 했고, 아이들에게 필요한 것을 빠짐없이 챙겨 주기 위해 어디든 붙어 다녔다. 그러나 아홉 살이 된 아들이 규칙을 어기고 친구네 집에서 자전거를 타겠다고 하자, 재닛은 걱정이 된 나머지 자신이 결코 하지 않겠다고 다짐했던 바로 그 행동을 하게 되었다. 불같이 화를 내며 일주일간 외출을 금지한 것은 물론 자전거 타기도 금지해 버린 것이다. 그러나 아들은 자신이 아빠에게는 감히 엄두도 내지 못했던 말을 쏟아 냈다. "엄마는 너무 불공평해. 엄마가 싫어. 엄마는 내가 하고 싶은 걸 하게 해 준 적이 **한 번도** 없어!" 재닛은 그런 신랄한 공격을 참을 수가 없었다. 그는 아빠가 자기에게 소리 지를 때 했던 바로 그 말로 되받았다. "너 엄마한테 그게 무슨 말버릇이야, 이 버릇없는 자식. 네가 하고 싶은 대로 못한 게 어디 있어. 나는 너한테 뭐든지 시킬 수 있고 너는 그걸 무조건 따라야 해." 그는 지금 자신이 무슨 말을 한 것인지 믿을 수가 없었다.

보상받기

때로 우리는 우리가 어렸을 때 갖거나 이루지 못한 것을 은연중에 아이에게 보상해 달라고 한다. 우리 마음 아주 깊은 곳의 바람이 현재의 기준에 반영되곤 하기 때문이다. '내 아들은 유명한 운동선수가 되어 일류 대학에 갈 거야'는 선수가 되지 못한 아빠의 꿈을 보상하려는 **기준**일 수도 있다. 정작 아들은 춤추는 것을 더 좋아한다 하더라도 말이다.

'내 아이는 언제든 자기가 하고 싶은 얘기를 할 수 있게 해 줘야지. 그리고 난 항상 그 말을 귀담아 들어 줄 거야'는 규제만 많을 뿐 완전히 방치되었던 어린 시절을 보상하려는 **기준**일 수도 있다. 그러나 이런 기준을 가지고 있던 부모가 학교 숙제를 놓고 아이와 대립하다 아이가 "제발 참견하지 말고 날 내버려 둬!"라고 소리를 지르며 자기 의견을 표출하면 갑자기 무력감을 느낄 가능성이 높다. 그가 생각했던 표현은 이런 것이 아니었을 것이다. 만일 자기 딸이 통제가 심한 부모에게 반항하고 말썽을 일으키는 식으로 반응한다면, 그는 자기 딸이 자신과 같은 길을 걷게 될까 걱정에 빠진다. 그의 기준은 위태로워지고 자신은 어떻게 해야 할지 진퇴양난에 빠진다. 그는 결국 자기 아빠가 하던 그대로 맞받아치거나, 혹은 아이가 하고 싶은 말은 뭐든 하게 내버려 두면서 상황을 회피할지도 모른다.

아이를 키우는 부부가 서로를 보상하려는 경우도 많다. 남편 자말이 자기 딸에게 너무 엄격한 것 같으면, 칼리는 과도하게 뭐든 허용해 주면서 그것을 보상하려 한다. 자말을 보면 칼리는 자신이 그토록 두려워하던 독재자 아빠를 떠올리게 되고, 그러면 딸도 자신이 그랬듯 불행한 어린 시절을 겪을까 걱정을 하게 된다. 하지만 자말은 아이와 둘만 있을 때는 자신도 별로 엄격하지 않고 사이좋게 잘 지낸다고 해명한다. 그런데 엄마까지 셋이 있으면 뭐든 들어주는 아내를 보상하려 하게 된다는 것이다.

기존의 기준	조정된 기준
내 아이는 반드시 내 말을 잘 듣고 내가 하라는 대로 해야 하며, 군말 없이 즉시 따라야 한다.	나는 내 아이가 내 말을 들어주길 바라지만, 그가 그것을 싫어할 수도 있으며, 자신이 느끼고 싶은 대로 느낄 권리가 있다는 것을 알고 있다. 나는 아이들이 내 말을 곧장 따라 주길 바라지만, 그들에게도 시점을 협상할 권리가 있어야 한다.
언제나 올바른 선택과 결정을 내리는 것이 나의 임무이다.	좋은 선택과 결정을 내리기 위해 최선을 다하겠지만, 나는 완벽하지 않으며 실수를 할 수도 있다는 것을 알고 있다.
아이의 행동은 내 능력을 직접적으로 반영한다.	내 아이는 자신이 한 행동에는 결과가 따르며 그것은 본인의 책임이라는 것을 꼭 배워야 한다.
나는 아이의 감정, 태도, 지적 능력, 학업 성적, 인생에서의 성공을 전부 책임져야 한다.	나는 아이에게 내가 할 수 있는 한 최선의 기회를 마련해 줄 책임이 있다. 그러나 그들의 감정, 생각, 행동을 모두 책임져야 하는 것은 아니다.
내 아이는 오직 다른 사람들이 기분 좋아할 방식으로만 행동해야 한다.	내 아이는 자신의 말과 행동에 책임을 져야 한다. 하지만 다른 사람들을 행복하게 만들어 줘야 할 책임은 없다.
훌륭한 부모는 아이들을 항상 완벽히 통제한다.	훌륭한 부모라고 자신이 해야 할 일을 다 아는 것은 아니다. 그리고 훌륭한 부모는 모든 사람에게 적절한 해결책을 찾기 위해 기꺼이 협상한다.
내 아이는 내가 할 일이 있을 때마다 인내심을 발휘해야만 한다.	나는 내가 원하는 바에 대한 관심사를 가진 것처럼 아이가 자신이 원하는 바에 대해 나름의 관심사를 가지기 기대한다.
나는 아이에게 제일 좋은 것이 무엇인지 늘 알고 있으며, 아이는 내 말을 듣고 납득해야 한다.	자신에게 무엇이 가장 좋은지는 아이가 더 잘 알고 있을 때도 많으며, 그럴 때에는 내가 아이의 말을 들어야 한다.

조앤의 기준

캐런의 엄마 조앤은 '밥을 더 먹지 않으면 캐런은 죽을 것이다' 등 자신의 가설 중 몇몇은 비이성적이거나 근거가 없다는 것을 알게 되었다. 이 사실을 깨닫자마자 그런 가설은 버릴 수 있었다. 그러나 몇몇('캐런은 반항적이고 고마운 줄을 모른다', '그는 병에 걸릴 것이다', '아이에게 밥을 먹이지 못했으니 난 부모로서 실격이다')은 식사 시간마다 번번이 해묵은 비난과 분노의 패턴을 불러내며 계속 문제를 일으켰다. 자신과 아이에 대한 기대 및 기준에 대해 함께 토론한 후, 조앤은 과거에 자신이 만들었던 **기준**을 적어 보았다. '아이에게 음식을 적절히 먹일 줄 아는 것은 엄마의 임무이다.'

"이제 제가 할 수 있는 일이 어디까지인지도 파악하기 시작했고, 식사는 더 이상 문제 삼지 않겠다고 결심까지 했거든요. 그런데 왜 이러는 걸까요? 어쩌다 이렇게 식성이 까다로운 애를 만난 걸까요?" 조앤은 진심으로 혼란스러워하며 물었다.

"혹시 불가능한 과제를 설정하고 있는 것이 아닐까요? 기준을 캐런이 의도적으로 무너뜨리려고 하는 것처럼 보여요. '아이에게 음식을 적절히 먹일 줄 아는 것이 내 임무다'라는 말은 결국 '내가 최선이라고 생각하는 양을 아이에게 먹이는 것이 내 임무다'라는 뜻이 아닐까요? 즉 아이의 식사에 대한 책임과 권위를 전부 당신이 차지하는 거죠. 그것은 당신의 기준이에요. 그리고 의식하고 있든 아니든 당신은 지금 캐런에게 필요한 것을 살피기보다는 자신의 기준을 달성하려고 노력하고 있고요." 내가 말했다.

조앤은 미심쩍다는 듯 물었다. "그러면 아이가 밥을 제대로 먹기 위해 제가 꼭 필요한 것은 아니라는 말씀인가요?"

"영양가 있는 음식을 제대로 받기 위해서는 당신이 필요하지요. 하지만 그 중에서 무엇을 얼마나 먹는가는 아이의 책임이에요." 나는 말했다.

"어우 대단하네요. 그럼 애가 굶어죽을 텐데요." 조앤은 냉소적으로 대답했다.

"당신이 우리 집은 먹는 것으로 고생할 일은 없을 거라고 단정하신 이유는 무엇인가요?" 내가 물었다. 그러자 조앤은 자신이 어렸을 때 가족의 식사 시간이 어땠는지 사람들에게 들려주었다.

조앤의 엄마는 대공황기에 유년시절을 보냈다. 먹을 음식이 턱없이 부족했기에 엄마는 일찍부터 적은 음식을 가지고 창의성을 발휘하는 법을 익혔다. 더구나 전업주부였던 엄마는 요리 실력도 뛰어나서, 조앤과 두 자매, 그리고 아빠에게 하루 세 끼 제대로 된 따뜻한 음식을 차려 주었다. 엄마는 보상적 기준을 적용하여 자신이 겪었던 허기를 자기 가족에겐 절대 물려주지 않겠다고 결심했던 것이다.

그런데 조앤은 식사 시간이 늘 즐겁지만은 않았다. 아빠는 항상 자신을 야단쳤고, 식사 시간을 자신의 행동을 '교정'하는 시간으로 삼았다. 조앤은 앞으로 있을 대화를 걱정하며 입맛을 잃을 때가 많았다. 혹여 먹지 않겠다고 하거나 자기 그릇에 있는 음식을 골라내기라도 하면, 엄마는 낮은 목소리로 조앤의 배은망덕한 태도를 나무랐다. "네가 얼마나 운이 좋은지 모르는구나. 아주 배가 불렀어. 오늘 음식은 그게 다일 줄 알아." 저녁 먹을 때마다 아빠에게 성적과 게으름에 대한 설교를 듣는 것도 모자라 조앤은 이런 말까지 들어야 했다. "나중에 아이를 낳아서 너도 똑같이 당해 봐라. 그럼 내가 하는 말이 뭔지 이해할 거야." 아빠는 격분하여 이렇게 말하곤 했다.

조앤이 입맛을 잃은 것은 엄마의 요리에 감사할 줄을 몰라서 그런 것이 아니라, 오늘은 아빠가 뭘 가지고 야단을 칠까 두려웠기 때문이었다. 그는 저녁 식탁에만 앉으면 자신이 나약하고 무방비하게 느껴졌고 뭘 하든 부족하기만 하다는 생각이 들었다. 자신에게 필요한 것은 무엇인지, 자신이 가진 권리는 무엇인지 찾아볼 기회도 없이, 그는 그저 가족에게 음식을 잘 먹여야 한다는 높은 기준만을 엄마에게서 물려받은 것이다. 이것은 조앤에게 전이 된 기준이다.

실패할 수밖에 없는 조앤의 설정

"당신이 식사를 통제하려 하니, 캐런은 그 통제에 저항하는 거예요. 그 아이에겐 당신의 잔소리가 당신이 아빠에게 듣던 호통과 똑같이 느껴질 거예요. 그래서 당신이 그랬던 것처럼 아이도 입맛을 잃는 것일지도 몰라요." 나는 설명했다.

"어머, 끔찍해라." 조앤은 중얼거렸다.

"당신은 통제하고 야단치면서 자신의 기준을 달성하려고 했지요. 아이에게 밥을 제대로 먹인다는 것은 **당신이 생각하기에** 가장 좋은 음식을 가장 적절한 양으로 먹어야 한다는 뜻이지요. 당신은 그 기준을 달성하지 못하면 엄마로서 실패하는 것일까 봐 두려워하고 있어요."

"음, 맞아요. 하지만 제가 그 기준을 포기하면 제 임무를 포기하는 게 되지 않나요?" 그는 말했다.

"기준을 아예 포기해야 한다는 뜻은 아니에요. 당신과 아이에게 맞게 조정해 보는 거죠. 적정선을 찾는 거예요. 우리에겐 성공적인 기준(우리 아이들이 자신에 대해 좋은 기분을 느낄 수 있게 도와주는 기준)이 필요해요. 그 기준에 도달하지 못하는 순간, 아이들은 당신이 부모님의 기준에 도달하지 못했을 때처럼 좌절감을 느끼게 될 거예요. 아무리 불공평하다고 생각하면서도 아이들은 우리의 기준으로 자신의 일을 가늠하게 돼요. 그런데 기준에 못 미치는 경우가 너무 많죠."

"무슨 말씀인지 알겠어요." 조앤은 생각에 잠겨 말했다. "그럼 캐런을 도

우려면 제 기준을 어떻게 하면 될까요? 지금 하던 대로라도 하지 않으면 아이가 아예 아무것도 안 먹을까 봐 너무 걱정돼요."

"하지만 문제는 대부분 당신에게서 나왔다는 것을 살펴보지 않았나요? 아이는 당신 안에 있는 무언가와 싸우고 있어요. 그리고 당신은 자신이 만든 기준에 매달려 있고요. 맞지 않는 기준을 고수하면 할수록 그만큼 실패할 수밖에 없어요. 그렇게 해야 할 필요가 있을까요?" 나는 물었다.

"그렇지만 그 기준이 없으면 제가 실패할 텐데요?"

"새로운 기준을 만들면 되죠. 당신과 캐런에게 모두 도움이 될 기준을 함께 생각해 봐요."

우리는 '영양가 있는 음식을 만들어 주는 것은 나의 일이고, 무엇을 얼마나 먹을지 정하는 것은 캐런의 일이다'라는 기준을 함께 만들었다. 캐런이 알아서 잘 챙겨 먹을 수 있을 것이라고 믿기란 여전히 어려웠지만, 조앤은 자신이 캐런의 식사를 통제하고 있었으며 캐런은 그 통제에 맞서 싸우고 있었다는 점을 이해했다. 그러나 자신이 다그치지 않으면 캐런이 아무것도 먹지 않을 것이라는 두려움 때문에 끼니때마다 그런 대응이 반복되었다는 사실도 인정했다.

조앤은 거기까지 따라왔지만 여전히 무언가가 마음에 걸리는 듯했다. 우리는 조앤이 새로 만든 기준을 받아들이기가 왜 이리 힘든지, 그리고 자신의 의도가 왜 이리 훼손당한 것처럼 느껴지는지 이유를 찾아야 했다.

● 당신의 기준

내가 아이에게 기대하는 바는 아이들이

1. *내가 뭘 지시할 때에는 내 말을 들어야 한다는 것이다.*

2. _____

3. _____

4. _____

그리고 내 자신에게 기대하는 바는 내가

1. *아이들에게 내 바람을 더 존중해야 한다고 가르쳐야 했다는 것이다.*

2. _____

3. _____

4. _____

아이들과 당신 자신에게 어떤 기준을 가지고 있기에 이런 모습을 바라게
되는지 적어 봅시다.

1. *아이들은 내 말을 잘 들어야 하고, 내가 지시한 대로 곧장(그것도 아주 기꺼이)*
   따라야 한다.

   나는 항상 아이들을 통제해야 한다.

2. _____

3. _____

4. _____

당신의 기준을 적은 뒤 그것의 어조를 느껴 봅시다.

그 기준은 당신이 항상 최선을 다하기를 기대하나요?

그 기준은 성장 과정이나 개인적 특성에 따라 달라질 여지는 거의 없이 아이들이 **당신**이 바라는 대로만 행동하기를 기대하나요?

그 기준은 당신의 가정이 텔레비전 드라마에 나올 만큼 완벽한 모습이 되기를 기대하나요?

그 기준이 당신 어린 시절의 기준과 완전히 정반대이거나 아주 비슷한 가요?

95페이지에서 비현실적인 기준을 보다 적절한 내용으로 수정한 표를 보면 도움이 될 수도 있다.

_____

_____

_____

_____

_____

_____

아이가 내 폭발버튼을 누를 때 내가 가졌던 가설은 *아이가 관심을 요구하며 내게 들러붙을 때마다 온 몸의 기를 다 빨아 간다는 것*이다.

내가 아이에게 기대하는 바는 *이제는 아이도 자립성을 가지고 자기 앞가림을 할 줄 알아야 하며, 사사건건 도와달라며 내게 의존해선 안 된다는 것*이다. 내가 나 자신에게 기대하는 바는 *아이들이 혼자서도 잘 지낼 수 있게 키우는 법을 알고 있어야 한다는 것*이다.

이러한 기대는 *내 아이는 자립적이어야 하며, 사소한 일을 처리하는 것까지 내가 필요해선 안 된다*는 기준으로 번역할 수 있다.

이 기준은 *내 엄마가 자신을 위한 일은 아무것도 하지 않고 오직 우리를 위해 자신의 직장과 삶을 전부 희생했던* 나의 과거에서부터 나왔다.
(어린 시절에 내가 봤던/배웠던 것)

그래서 아이가 *내게 이거 해 달라 저거 해 달라며 의지할* 때마다 나는 *결국 내 엄마처럼 될까 두려운* 기분이 들며, 그래서 *아이에게 난 네 몸종이 아니니 네 일은 네가 알아서 하라고 소리를 지르는 것*으로 반응한다.

내가 가진 이 기준은 *엄마의 삶을 보면서 나는 그렇게 되기 싫었기에 엄마의 그런 답답한 삶을* 보상하거나 그것에 대응하면서 나타난 것이다. 나는 *빨리 내 삶을 되찾지 않으면 영원히 찾지 못할 것 같아* 두려웠다. 이 기준은 *나나 내 아이가 아니라 내 엄마의 삶을 반영하고 있는 것이기* 때문에 부적절하다.

나는 *아이들이 어렸을 때에는 필요한 것을 충족시켜 주는 것이 나중에 자립성을 키우는 데에도 도움이 될 것이며, 나는 그들을 돌보면서도 내 삶을 가질 수 있다는 것*으로 기준을 바꿀 수 있다.

다음 질문들 중 하나 혹은 두 가지 모두에 답해 보세요.

A

아이가 내 폭발버튼을 누를 때 내가 가졌던 가설은＿＿＿＿＿＿＿＿＿＿

＿＿＿＿＿＿＿＿＿＿＿＿＿＿＿＿＿＿＿＿＿＿＿이다.

내가 아이에게 기대하는 바는＿＿＿＿＿＿＿＿＿＿＿＿＿＿＿＿＿＿

＿＿＿＿＿＿＿＿＿＿＿＿＿＿＿＿＿＿이다. 내가 나 자신에게 기대하

는 바는＿＿＿＿＿＿＿＿＿＿＿＿＿＿＿＿＿＿＿＿＿＿＿＿이다.

이러한 기대는＿＿＿＿＿＿＿＿＿＿＿＿＿＿＿＿＿＿＿＿＿＿＿＿

＿＿＿＿＿＿＿＿＿＿＿＿＿＿는 기준으로 번역할 수 있다.

이 기준은＿＿＿＿＿＿＿＿＿＿＿＿＿＿＿＿＿＿＿＿＿＿＿＿＿

(어린 시절에 내가 봤던/배웠던 것)

＿＿＿＿＿＿＿＿＿＿＿＿＿＿했던 나의 과거에서부터 나왔다.

그래서 아이가＿＿＿＿＿＿＿＿＿＿＿＿＿＿＿＿＿＿할 때마다 나는

＿＿＿＿＿＿＿＿＿＿＿＿＿＿＿＿＿기분이 들며, 그래서＿＿＿＿＿＿

＿＿＿＿＿＿＿＿＿＿＿＿＿＿＿＿으로 반응한다.

내가 가진 이 기준은＿＿＿＿＿＿＿＿＿＿＿＿＿＿＿＿＿＿＿＿보상

하거나 그것에 대응하면서 나타난 것이다. 나는＿＿＿＿＿＿＿＿＿＿

＿＿＿＿＿＿＿＿＿＿＿＿＿＿두려웠다. 이 기준은＿＿＿＿＿＿＿＿

＿＿＿＿＿＿＿＿＿＿＿때문에 부적절하다.

나는＿＿＿＿＿＿＿＿＿＿＿＿＿＿＿＿＿＿＿＿＿＿＿＿＿＿＿＿

＿＿＿＿＿＿＿＿＿＿＿＿＿＿＿＿＿으로 기준을 바꿀 수 있다.

B

폭발버튼이 눌렸을 때 당신이 본인이나 아이에게 가졌던 기대를 묘사해 봅시다. 그것은 현실적이었나요? 당신과 아이가 그 기준에 맞게 살 수 있나요? 당신이나 아이가 그 기준에서 벗어나는 행동을 할 때 당신은 어떻게 반응하나요?

이 기대를 당신 자신 그리고/혹은 자녀에 대한 기준을 담은 하나의 진술로 번역해 봅시다. 그것은 당신의 어떤 과거에서 뻗어 나왔나요? 그것은 당신이 자랄 때 있었던 기준에 대한 보상이나 반응으로서 만들어졌나요?

현재의 당신과 당신의 아이들에게 보다 적합한 기준을 새로 만들어 적어 보세요.

6장

어린 시절,
당신의 부모가 심어 둔 믿음

벽장 속의 해골을 없앨 수 없다면,
춤이라도 가르치는 편이 낫다.
─조지 버나드 쇼

어렸을 때, 부모님은 특정한 말과 행동을 하면서 우리 자신에 대한 어떤 믿음을 심어 주었다. 우리는 부모님의 어조, 감정, 바디랭귀지를 해석하여 마음속에 담아 두고, 이를 통해 우리가 어떤 사람인지 판단한다. 부모가 전해 주었다고 생각한 가치가 곧 우리가 우리 자신에게 적용하는 가치가 된다.

어린 시절의 메시지

어린 아이들은 부모의 말이나 행동에 의문을 갖지 않는다. 대신 자기 자신에 대해 의문을 품는다. 엄마가 "너 지금 너무 못되게 굴잖아"라고 말할 때, 어린 아이는 "엄마는 나에 대해 잘못 알고 있어. 난 못되게 굴고 있는 게 아니야. 그냥 너무 갖고 싶어서 저 트럭을 가져온 것뿐이라고"라고 생각하지 않

> "아이들은 부모를 권위자 혹은 신이라고 생각하기 때문에, 당신이 아이를 대하는 방식이 곧 자신이 받아 마땅한 대우라고 생각한다. '당신이 나에 대해 한 말이 바로 내 모습이에요'가 당신 아이에게만큼은 진실인 것이다."
> ─스테파니 마스턴, 『격려의 마술 : 아이의 자존감 키우기』 중

는다. 엄마가 시키는 대로 트럭을 돌려주든 아니든, 아이는 자신이 못됐다고 생각하게 된다. 엄마는 그런 메시지를 전달할 의도가 전혀 없었다 하더라도 틈을 건너 전달된 메시지는 그것이다. 엄마가 자기를 못됐다고 하는 것은 옳지 않다고 느껴서 떼를 쓰며 불쾌감을 드러낼지도 모르지만, 그럼에도 어쨌든 아이가 그 말을 믿게 될 가능성은 아주 높다.

부모 탓하기

이쯤에서 당신은 자신을 이렇게 힘들게 만든 부모를 탓하고 싶은 유혹에 빠질 것이다. 그러나 그 역시 과거에 감정적으로 얽매여 있는 것이기 때문에 결국은 부모의 낡은 패턴을 받아들여 반복하는 것과 다르지 않다. 비난의 원천을 정확히 찾기란 불가능하다. 당신의 부모도 자신이 처한 상황과 구할 수 있던 지식을 가지고 할 수 있는 최선을 다했다. 아마 그들의 원래 의도도 당신이 받은 메시지와는 상당히 달랐을 것이다. 당신의 부모를 탓하는 것은 당신 자신과 자신의 성장에 대한 책임을 피하려는 일종의 핑계이다.

의식적이든 무의식적이든 특정 기준이 아이보다는 부모의 필요를 채우기 위해 만들어졌다면, 그리고 아이가 지키기에는 너무 까다롭다면, 아이는 이것을 부모의 문제가 아니라 자신의 문제라고 받아들인다. 그는 자신이 잘못했거나 나쁘다고 믿으며 그 믿음을 자신의 무의식 깊이 묻어 둔다. 그러고는 기질적으로 적응력이 있거나 쉽게 조종당하는 성격의 아이라면 다음에는 더 잘 해 보려고 할 것이고, 자기주장이 강한 성격의 아이라면 저항할 것이다.

수년간, 우리는 부모님, 친척들, 선생님, 친구들로부터 나 자신에 대한 것을 배워 차곡차곡 쌓아 왔고, 모종의 자기 이미지(자신에 대한 일군의 믿음)를 가지고 어른이 되었다. 운이 좋았다면, 어린 시절을 거치며 내가 강인하고 유능하며 중요하고 무조건적 사랑을 받을 가치가 있는 사람이라는 것을 알게 되었을 것이다. 하지만 안타깝게도 자기 가치를 확인할 수 없는 메시지를 무수히 받은 사람도 많다. 시간이 지나면 다 사라지기를 바라며, 우리는 그 메시지들을 무의식의 다락방에 쌓아 둔다. 그러나 그것은 완전히 방심하고 있을 때 갑자기 튀어나와 우리를 놀라게 한다.

우리가 가진 믿음의 효과

긍정적이든 부정적이든 우리 자신에 대한 **믿음**(나는 중요하지 않다, 나는 예쁘다, 나는 바보 같다, 나는 뭐든지 잘 한다, 나는 뚱뚱하다, 나는 무능하다, 나는 그저 여자애다, 나는 웃긴다, 나는 이기적이다)과 우리 부모에 대한 믿음(부모님이 시키는 대로 해야 한다, 엄마는 자녀를 위해 희생해야 한다, 아빠는 항상 우리 곁에 없다)은 우리의 무의식 속에 강력하게 자리 잡고 있다. 그것들은 우리의 **기준**에 영향을 끼치고 우리의 경험을 형성하며 우리의 행동을 좌지우지하고 자기 자신 및 다른 사람에 대해 세웠던 **가설**을 불러낸다. 우리의 자동적 **반응**은 이러한 **믿음**에 단단히 뿌리박고 있다.

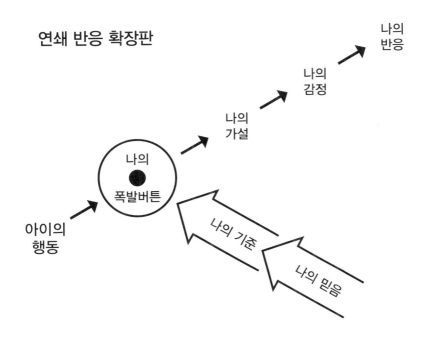

연쇄 반응 확장판

마음 깊은 곳의 믿음이 직접적으로 작용하여 부적절한 혹은 비현실적인 기준이 세워지면, 거기서 당신의 폭발버튼도 만들어진다. 아이가 그 버튼을 누르면 당신의 기준이 위협받게 되고, 당신은 자신의 믿음을 들키지 않게 보호하려는 반응을 보이게 된다.

무슨 메시지를 들었든 우리는 그것을 '믿게' 된다. 우리가 그 말을 순순히 받아들이든 그것이 틀렸다는 것을 보여 주기 위해 일생을 바쳤든 상관없이 말이다. 이 프로그래밍 과정을 일단 의식하면 우리가 주체적으로 새 프로그램을 만들어 우리의 경험을 바꿀 수 있다. 그러면 낡은 믿음은 차츰 힘을 상실하고, 우리는 현재 자신에게 유용하고 효과적인 기준을 새로 만들 수 있다.

내 무의식 속에 '나는 능력 있고 가치 있으며 쓸모 있는 사람이다'라는 **믿음**이 있다면, 아이와의 경계를 분명히 세우고 자신과 아이의 필요를 균형 있게 돌볼 가능성도 높다. 그러나 '나는 많이 부족하다, 나는 결정을 내리지 못한다, 내게 무엇이 필요하든 중요하지 않다'라고 믿고 있다면, 나는 건강한 경계를 만들고 한계를 설정하기 어려워하거나 아이가 부적절한 행동을 할 때 그들의 마음을 미처 헤아리지 못하기 쉽다. 언젠가는 폭발버튼이 눌릴 수밖에 없는 상태가 되는 것이다.

이렇게 어린 시절의 믿음은 우리를 지배할 수 있는 잠재력을 품고 있다가 아이들이 폭발버튼을 누르면 갑자기 나타난다. 우리가 의식적으로 자신과 아이에게 적합한 기준을 마련했다 하더라도, 있는지도 몰랐던 무의식적 믿음으로 인해 그것이 훼손되면 처음의 좋은 의도까지 어긋나 버릴 수도 있다. 이유가 무엇인지도 모르는 즉각적 반응이 속수무책으로 튀어나오기 때문이다.

뽀얀 먼지와 거미줄로 뒤덮인 다락방에 숨어 어릴 적부터 우리를 따라다니던 부정적 믿음을 갑자기 바꾸기란 좀처럼 쉽지 않다. 이제 이런 생각은 내게 맞지 않으니 다른 말을 믿어야겠다고 결심한다고 되는 일이 아니다. 그러나 그것이 무엇인지 분명히 알아 두면(다락방에 들어가서, 거미줄을 걷어 내고 잘 보이는 곳으로 가지고 나오는 것) 그것이 우리에게 미치는 영향력도 확실히 줄어들 수 있다.

내 믿음을 반박하지 마!

앞서 살펴봤던 것과 같이, 우리는 대개 우리의 믿음과 맞아떨어지는 정보만 받아들인다. 나는 똑똑하지 않다는 말을 일단 믿으면, 다른 사람이 아무리 그렇지 않다고 말해도 받아들이지 않을 것이다. 심지어 절박하게 그 말을 믿고 싶다 하더라도 말이다. 내가 얼마나 똑똑한지를 증명해 보려고 과장된 행동을 하기도 하지만, 뭔가를 해냈다 해도 그것은 자신의 성취라기보다는 운이 좋았던 덕이라고 생각하기 쉽다. 그러나 어떤 사람이 나를 똑똑하지 않다고 생각하는 듯하면, 폭발버튼이 눌려 그것을 감정적으로 받아들이면서도 한편으로는 그 말을 믿을 것이다. 최소한 마음 한 구석으로는 그 말을 믿고 있기에 나는 방어적으로 반응하게 된다. **우리의 믿음을 바꾸기는 어렵지만 키우기는 정말 쉽다.**

우리의 믿음이 우리의 기준과 상충될 수도 있다

'가족 모두의 필요를 존중하며 채워 주고자 하는 것이 중요하다'처럼 우리 가족에게 적합한 **기준**을 의식적으로 선택할 수도 있다. 그렇게 하면 저녁을 하는 중에 딸이 자기랑 놀아 달라며 떼를 쓸 때에도, 저녁을 해야 한다는 나의 필요와 아이의 짜증을 동시에 존중할 수 있다. 내 기준을 지키는 차원에서 우리는 합의점을 찾아갈 수 있다. 저녁을 먹고 씻으러 가기 전에 같이 놀자고 약속을 할 수도 있고, 저녁을 30분 정도만 미룰 수도 있다. 둘 다 어렵다면, 아이의 짜증을 달래 주면서 엄마가 너무 바빠서 같이 놀 시간이 없다는 것 때문에 실망한 아이의 마음에 공감해 줄 수도 있다. 그러면 아이와 내가 모두 존중되는 것이다.

그러나 내가 '나의 필요는 중요하지 않다'고 **믿고** 있다면, 딸아이가 **지금 당장** 놀아 달라고 조를 때 좌절과 분노를 느낄 것이다. 결국 나는 늦어진 저녁에 정신이 팔린 채로 툴툴거리며 아이와 놀아 주거나, 저녁을 차릴 수 있도록 아이를 방으로 쫓아 버리거나, 가만히 좀 있으라고 소리를 지를 것이다. 세 경우 모두, 자신의 폭발버튼이 눌리는 것은 물론 자신은 중요하지 않다는 건강하지 못한 믿음까지 딸에게 물려주게 된다.

내가 세운 기준을 왜 지키지 못한 걸까? 그것이 내 믿음으로 교묘하게 훼손되었기 때문이다. 나는 내 필요를 아이의 필요보다 우선시하면서, 내 말을 따르라고 아이를 다그치면서, 혹은 나의 필요는 제쳐 두고 아이의 필요만 우선시하다 남몰래 아이를 원망하는 과거의 패턴으로 돌아가면서 상처를 치유하려고 했을지도 모른다. 어떤 쪽이든 **아이를 키울 때 내가 품고 있는 믿음은 내가 정한 기준보다 더 강력하다.**

때로는 자기 자신과 타인에 대해 비현실적인 기준을 세운 뒤, 나는 내가 생각하는 그런 사람이 아니라는 것을 증명하려 하기도 한다. 만일 아빠가 한 번도 내 의견, 내 입장을 말할 기회를 주거나 내 말이 맞다고 인정해 주지 않았던 것에 화가 났다면, 그러면서도 내 의견은 전혀 중요하지 않다고 믿게 되었다면, 무의식적으로 아빠가 그랬던 것과 비슷하게 통제적인 기준을 세우는 반응을 보일 수도 있다. 내 의견도 중요함을 보여 주겠다는 욕심에 아이들이 내 말을 잘 듣고 따르게 만들려 하는 것이다. 하지만 아이들은 그렇게 엄격한 기준을 따르지 못할 것이며, 그러면 나는 또다시 내 의견은 아무 가치가 없음을 확인하며 좌절하게 된다.

충분히 높은 기준을 설정하면, 밖에서 보기에도 근사하고 사람들도 내가 아이를 아주 잘 키운다고 생각해 줄 것으로 기대한다. 나 자신을 납득시키지 못한 나머지 세상을 설득하려 하는 것이다. 그래서 다른 사람들이 나에 대한 진실을 찾아내지 못하도록, 마음속 깊은 곳의 믿음을 감출 수 있는 기준을 만든다. 그러나 그걸 증명하느라 정작 내 아이들을 과거에 내가 있었던 무력한 위치에 끌어 앉히는 것이다. 나의 **믿음**이 나의 **기준**을 방해하면서 내 행동 역시 내 의도와는 정반대의 상황을 만들게 된다.

조앤의 믿음 해석하기

"아빠의 인정을 제대로 받지 못했거나 자신의 어린 시절을 보상하려는 엄마의 마음을 채워 주지 못했다는 느낌 때문에 '나는 배은망덕하고, 가치가 없으며, 배려심이 없다'는 믿음을 만든 것 같아요." 나는 말을 꺼냈다. "그런 상황에 있는 어린 아이로선 완벽한 사실이라고 느껴졌을 거예요. 꼭 해야 할 것만 같은 일을 하지 못했다는 죄책감을 느꼈겠죠. 그것은 당신 잘못이 아니라는 것을 몰랐으니까요."

"그러면 저는 왜 결국 이렇게 부모님이 제게 하던 끔찍한 말을 똑같이 하게 된 걸까요? 달라지기 위해 그토록 노력했는데, 어렸을 때 더없이 두려워하던 말들을 어느 순간 저도 그대로 하고 있어요." 조앤은 분에 못 이겨 말했다.

"당신 자신에 대한 무의식적 믿음이 부모님과 다르게 아이를 키우겠다는 의식적인 노력보다 더 강력하기 때문이에요. 그 믿음이 당신의 기대를 끌어내고 캐런에 대한 가설을 만드는 거죠. 아이가 밥을 먹지 않겠다고 하면, 면전에서 무시를 당한 기분일 거예요. 당신이 가지고 있던 배은망덕함에 대한 믿음이 건드려지는 거죠. 어린 조앤은 절대 음식을 거부해선 안 된다고 알고 있었어요. 어린 조앤이 감사할 줄 모르거나 배려심을 보이지 않는다는 것은 있을 수 없는 일이었죠. 그러니 그가 보기에 캐런은 말이 안 되는 거예요. 벌떡 일어나 캐런을 비난하며 마땅히 해야 할 일(감사히 밥을 먹는 것)을 하라고 소리 지르는 사람은 바로 어린 조앤이에요."

캐런이 밥을 거부하면 조앤의 폭발버튼이 눌리면서 나는 하찮은 존재라는 **믿음**이 들춰진다. 그는 권위와 통제력을 동원하여 본인의 **기준**을 엄격하게 강요하면서 자신의 가치를 지키려고 방어적으로 반응했다. 그래서 결코 그러고 싶지 않았는데도 불구하고 결국 먹는 것은 문제가 되었다.

자신의 **기준**이 위협받는다고 느낄 때마다 그는 화를 내거나 비아냥거리는 식으로 반응했다. 조앤은 자신의 권위(음식에 담긴 권위)에 복종하라고 요구하면서, 무의식적으로 캐런을 이용해서 자신의 오래된 상처를 치유하려 한 셈이다. 하지만 역설적으로 조앤은 거절당하고 무시당하는 그 익숙한 감정을 계속 되풀이하게 되었다. 오랫동안 품고 있던 자신에 대한 **믿음**에 더 이상 휘둘리지 않겠다고 결심할 때까지 이 악순환은 계속되었다. 그래도 캐런이 엄마에게 그 계기를 마련해 주었고, 어떤 문제부터 시작해야 할지도 정확하게 짚어 주었다.

나는 조앤에게 어린 시절 저녁 식탁에 앉아 있을 때 떠오르던 생각을 써 보라고 했다. 그는 이렇게 썼다. '내 앞에 놓인 음식은 반드시 먹어야 한다. 그리고 엄마에게 정말 맛있다고 말해야 한다. 그러나 마음이 너무 불편하고 긴장돼서 별로 먹고 싶지 않다. 착하게 굴지 않으면 아빠가 호통을 칠 텐데, 아빠가 뭘 원하는지 알 수가 없다. 아빠의 말은 맨날 바뀌기 때문이다. 아빠가 또 소리를 지를까 봐 너무 무섭다.'

그러고 나서 나는 그런 생각을 바탕으로 어린 조앤은 자신이 어떤 사람이라고 믿고 있는지 써 보라고 했다. '나는 제대로 하는 게 하나도 없다. 나는 이기적이고 고마운 줄을 모르며 배려심이 없다. 내가 하는 일은 다 부족

하고, 내 입장이라는 건 존재하지도 않는다. 나는 입만 열면 틀린 소리를 한다.'

"당신의 믿음이 어떻게 당신의 기준을 깎아내리는지 아시겠나요? 당신이 제대로 하는 것이 하나도 없다면, 이기적이고 배려심이 없다면, 자신의 입장이 없다면, 감히 어떻게 당신이 아이에게 밥을 제대로 먹일 수 있을 거라고 생각하겠어요?" 내가 물었다. 조앤의 눈에 눈물이 고였다. "하지만 당신은 **제대로 할 수 있다**는 것을 보여 줘야만 했어요. 그걸 보여 주기 위해 당신의 기준을 내세워서 캐런에게 복종을 요구해야 했던 거고요." 조앤은 깜짝 놀랐다. 그는 캐런이 누를 수밖에 없는 폭발버튼을 스스로 만들어 놓고 있었다는 것을 깨달았다.

"캐런의 행동이 당신의 권위를 위협하면, 당신은 자신의 기준이 위협받는다고 생각하며 그것을 더 강하게 밀어붙이려 했어요." 나는 설명했다. "그래도 통하지 않으면, 당신은 자신이 또 실패하고 있다고 단정해 버리면서 자신에 대한 오래된 믿음을 다시금 강화하는 거지요. 캐런의 건강은 아이가 당신의 기준을 제대로 따를 때까지 통제를 합리화하기 위한 구실이고요."

"어머 세상에. 제가 그렇게까지 생각했는지는 잘 모르겠지만, 그것 참 엉망인 엄마가 자기 딸까지 망쳐 놓는 이야기네요. 희망이 없어 보여요." 조앤은 기어들어가는 목소리로 말했다.

"전혀 그렇지 않아요." 나는 그를 안심시켰다. "누구나 이런 패턴에 빠지곤 하니까요. 당신은 그것을 알아차렸을 뿐이에요. 패턴을 찾기 위해 지금까지 나눈 이야기를 충분히 이해하는 데다 그것을 바꿔야겠다고 생각하고 있잖아요."

"물론이에요. 하지만 어떻게 해야 할지 전혀 감이 안 잡혀요."

초점을 옮기고 의식적으로 행동하기

나는 완벽한 엄마가 되기 위해 자신이 정한 임무에 신경을 쏟는 대신, 캐런에게 좀 더 초점을 맞춰야 한다고 설명했다. 그래야 조앤도 자신의 기준을 자기 딸에 맞게 **조정**할 때 필요한 다양한 근거(캐런이 학교에서는 밥을 잘 먹는다, 아빠하고 있을 땐 밥을 잘 먹는다, 문제없이 잘 크고 있다)를 받아들일 수 있다. 나는 캐런은 어린 조앤이 아니라는 점을 지적했다. 그들이 같은 기준이나 같은 양육 방식을 따라야 할 이유는 없다.

자신의 삶을 지배하고 있던 자멸적 믿음을 몇 가지 더 알게 되자, 조앤은 풀이 죽은 채로 물었다. "하지만 그걸 그저 없애 버릴 수는 없어요. 어떻게 해야 하죠? 그냥 제 부모님이 틀렸다고 되뇌면 되나요?"

"음, 맞기도 하고 틀리기도 해요." 나는 대답했다. "그들은 당신의 다락방을 차지하고 앉아 지금까지 몇 년이고 당신의 관심사에 영향을 끼쳤지요. 그들이 하루아침에 사라지기를 바랄 수는 없어요. 사실 그것이 사라지길 바라지 않아야 해요. 대신에 그들과 친구가 되는 거죠."

"무슨 말씀이세요? 지금까지 그 믿음이 얼마나 저와 딸의 관계를 망쳐 놓는지에 대해 말씀하셨잖아요. 그런데 이제는 그것과 친구가 되라고요?"

"당신이 어린 아이였을 때, 당신은 살아남기 위해, 착하게 굴기 위해, 부모님의 사랑을 얻기 위해 할 수 있는 일은 다 했어요. 당신의 믿음은 그 노력을 위한 것이었지요. 실제로 당신은 부모님과 싸우기보다는 그들의 뜻에 동의했던 거예요. 그것은 참 기특한 일이죠. 부모님을 기쁘게 하기 위해 최선을 다해 애쓰던 어린 조앤에게 안쓰러운 마음이 들지 않나요?"

"무슨 말씀을 하시려는 건지 알 것 같아요." 조앤은 말했다. 하지만 여전히 혼란스러운 표정이었다.

나는 문화인류학자 안젤레스 아리엔의 논의 중 나와 아주 생각이 잘 통하는 부분을 수업 시간에 들려주었다. 그는 누구나 머릿속에 가지고 있는 나만의 재판관(언제라도 서슴지 않고 우리가 뭘 잘못하고 있는지 말해 주는 사람)에 대해 말했다. "당신의 재판관이 찾아와 당신의 문을 두드릴 때, 그를 돌려보내지 마세요. 반갑게 안으로 들이세요. 하지만 그를 손님방으로 안내하세요. 그가 집 전체를 장악하게 하지 마세요."

"조앤, 이제 당신이 할 일은 그 믿음을 없애려고 하는 것이 아니에요. 그것을 손님방에 두고 당신 삶 전체를 휘두르지 못하게 해야 해요. 이제 그 믿음이 무엇인지 알았으니, **그 믿음**이 주도권을 쥐고 있던 무의식에서 **당신**이 주도권을 잡고 있는 의식으로 데려오는 거죠. 어린 아이였던 당신에게는 그 믿음이 소중한 방패였다는 것을 이해하고 당신이 어쩌다 그것을 믿게 되었는지 공감할 수 있다면, 그것은 과거의 일일 뿐 이제는 필요하지 않다고 스스로에게 말할 수 있을 거예요."

조앤의 폭발버튼 해제 과정

이제 조앤은 캐런의 식습관을 개인적 공격으로 받아들이지 않을 수 있게 되었다. 또한 그것이 자신의 가치 없음으로 곧장 연결되는 것이 아니라는 사실도 알게 되었다. 식사 시간에 대한 관심사를 결정하는 데 자신의 **기준**과 어린 시절의 **믿음**이 큰 영향을 끼쳤다는 점도 이해했다. 뿐만 아니라 캐런의 관심사는 따로 있으며, 주로 엄마가 자신에게 참견하지 못하도록 하는 데 초점이 맞추어져 있다는 것도 이해했다.

물론 이 과정에서 조앤이 뒷걸음질을 치기도 했다. 오래된 믿음을 워낙 단단히 지키고 있던 터라 통제하려는 태도를 버리기까지는 시간이 걸렸다. 하지만 그럴 때마다 자신의 반응을 꾸준히 지켜보며 자신이 인식한 바와 실제로 벌어진 일을 적어 두었다. 처음에는 그런 상황이 닥치면 감정이 너무 격해져서 자제하기가 힘들었다. 하지만 시간이 어느 정도 지나자 잠시 자리를 떠나 심호흡을 하고 진정될 때까지 자기 대화를 할 수 있게 되었다.

조앤의 자기 대화

그 악순환의 실체와 그에 대한 자신의 책임을 잘 알게 될수록, 조앤은 그 순간에 감정을 자제하거나, 그렇지 못했더라도 마음이 진정되고 나서 있었던 일을 곰곰이 되짚어 볼 수 있었다. 또한 그동안 배운 모든 단계를 밟아가는 내내 자기 대화를 빼놓지 않았다.

좋아, 시작해 보자. 캐런은 샌드위치가 '구리다'고 생각하고 있어. 나는 너무 화가 나서 비명이라도 지르고 싶다. 쟤는 나한테 왜 저러는 걸까? 아냐, 가만있자. 아이가 나한테 **저러는** 게 아냐. 그건 그냥 내 **가설**일 뿐이지. 나는 저러다가 아이가 죽을 거라는 두려움에서 나온 반응을 보이고 있지만, 그것은 사실이 아니야. 아이는 죽지 않을 거야. 최악의 경우라 해도 아픈 정도겠지. 내가 예전에 그랬다고 캐런도 반드시 밥을 감사히 먹어야 하는 것은 아니야. 내가 그랬던 것처럼 스트레스 때문에 밥을 안 먹는 것일지도 몰라. 나는 지금 **내 기분**을 좋게 만들기 위해 아이에게 너무 심한 압박을 가하고 있어. 그건 내 문제지. 한 발 물러서서 아이가 스스로 책임을 질 수 있게 해 줘야 해. 아이가 밥을 안 먹겠다 하더라도 여전히 나는 좋은 엄마야. 아이에게 영양가 있는 음식을 만들어 주는 역할을 충실히 하고 있으니까. 아이가 항상 나의 권위를 무시하는 것도 아니야. 먹고 안 먹고는 본인이 결정할 일이야. 내 임무는 아이를 받아들이고 키우는 거야. 그리고 지금 바로 그 일을 하고 있고.

조앤은 캐런을 반항적이고 불손한 아이가 아니라 그저 식성이 까다로운 아이라고 가설을 바꿔 보기로 했다. 캐런이 아무것도 먹지 않겠다고 하면, 조앤은 마음을 다잡고 "그래, 나중에 배고프면 말해"라고 답했다. 캐런이 "그거 먹으면 배 아파"라고 말하면 조앤은 "그래, 그럼 다음에 먹자"라고 답하며 내버려 두었다.

마지막 수업에서 조앤이 소식을 전해 주었다. 사람들이 앉자마자 조앤은 "그거 알아요? 저 아무래도 성공한 것 같아요. 어제 제가 캐런이 좋아하는 음식 몇 가지를 점심으로 차려 줬어요. 아이는 곧잘 그러듯 불평을 했고요. 그런데 제가 그걸 공격으로 받아들이지 않았어요! 저는 그저 '그럼 먹고 싶은 것만 먹고 나머지는 그냥 놔두렴' 하고 말한 뒤 설거지를 하러 갔을 뿐 더 이상 아이에게 참견하지 않았어요. 5분쯤 지나자 아이는 '알았어, 그럼 갈게'라고 말하고 자리를 떠나더군요. 접시를 보니 아이는 밥을 거의 먹지 않았지만, 저는 제 자신에게 '그래도 괜찮다, 이건 나에 대한 공격이 아니다'라고 말했어요. 그런데 오늘은 아이가 웬일로 불평을 하지 않는 거예요. 밥도 전보다 좀 더 많이 먹었어요. 아이가 의자에서 내려오면서 말했어요. '엄마, 나안 죽어, 알지?' 그래서 저도 '응, 나도 알지. 너도 지금 충분히 잘 하고 있어'라고 답했어요. 그리고 우리는 서로를 꼭 껴안았답니다."

조앤은 캐런에게 효과적으로 대처하기 시작했다. 이제 캐런도 엄마의 통제가 아니라 자기 자신에 초점을 맞출 수 있게 되었다. 조앤은 캐런이 자기가 바라는 만큼 밥을 **먹지 않는다 하더라도** 엄마로서 자신감을 가질 수 있게 되었다.

마침내 조앤은 원래 바라던 바를 이루게 되었다. 드디어 자기 집에서 먹는 것이 문제가 되지 않았기 때문이다. 더구나 이번에는 적절하고 현실적인 식사란 무엇인가에 대한 실질적인 인식까지 갖추게 되었다. 때때로 캐런은 아무엇도 먹지 않으면서 엄마의 새로운 접근 방식을 시험해 보았다. 그러나 캐런은 그저 새로운 기준을 시험해 보는 중이며 이를 통과하기 위해서는 확고한 일관성이 꼭 필요하다는 것을 알고 있었기 때문에, 식사 시간이 일촉즉발의 긴장으로 가득 차는 일은 없었다. 엄마의 기대가 바뀌었다는 것을 마침내 캐런이 확실히 신뢰하게 되자, 아이는 자기가 먹고 싶은 만큼 먹을 수 있는 자유를 누릴 수 있었다.

당신의 제한적 믿음

어린 시절 경험을 통해 갖게 된 자신에 대한 부정적인 믿음이 있다면 적어 봅시다. 지금 당신이 자신을 어떻게 생각하는지 살펴보는 것부터 시작해 볼 수 있습니다. 그런 뒤 어릴 적에는 자신에 대해 어떻게 생각했었는지 떠올려 보세요. 그런 생각들이 어떻게 바뀌어 지금까지 지니고 있는 믿음이 되었나 요? 이것은 당신이 쭉 감춰 오던 부끄러운 생각일 가능성이 큽니다.

내가 어렸을 때 가지고 있던 나에 대한 생각은

1. _____

2. _____

3. _____

지금 가지고 있는 나에 대한 생각은

1. _____

2. _____

3. _____

아마도 이 믿음은 다음과 같은 일이 있었을 때 생겨났을 것이다.

_____

_____

_____

_____

아이가 *일부러 내 말에 저항할 때*, 혹은 내 말을 듣지 않을 때, 나는 *아이에게 소*
(폭발버튼을 누르는 행동)
*리를 지르거나 외출 금지를 시키는 것*으로 반응한다. *아이가 권위를 존중하고 그*
것을 따르는 법을 끝까지 배우지 못하여 나중에 큰 문제를 겪게 될까 두려웠기
(최악의 시나리오)
때문이다.

아이의 행동은 내가 어렸을 때, *엄마에게 욕을 했다가 호되게 뺨을 맞아 충격과*
(있었던 일이나 느꼈던 감정을 서술)
*굴욕감을 느꼈던 일*을 떠올리게 했다.

그래서 나는 *또 맞게 되지 않기 위해 부모님이 시키는 일이라면 무엇이든 하는*
*것*으로 반응했다. 그럴 때마다 나는 *내가 하고 싶은 일은 결코 할 수 없을 것 같아*
외로움을 느꼈다. 왜냐면 *아무도 내 말은 들어 주지 않을 것*이기 때문이다.

나는 자신에 대해 *나는 의미 없는 존재이며, 내가 하고 싶은 일은 모두 한심하거*
*나 중요하지 않은 일*이라고 생각했다. 그리하여 나는 지금까지도 *나의 필요는 중*
*요하지 않으며, 먼저 다른 모든 사람을 돌봐야 한다*라는 믿음을 갖고 있다. 이로
인해 나는 *딸이 예전 내가 했던 것처럼 하지 않을 때마다 소리를 지르게* 되었다.

부모님이 나에게 다르게 해 주었으면 하고 바라는 게 있다면, *내 이야기를*
들어 주고 내가 하고 싶은 것을 할 수 있게 해 주거나, 최소한 때리거나 벌을 주는 대신
(당신의 부모에게 바라던 당신의 상상)
*나와 말싸움을 하는 것*이다.

그랬다면 나는 *자신을 좀 더 중요한 존재라고 생각하며 자신감을* 느꼈을 것이
다. 그런 느낌을 가질 수 있었다면, 아마도 나는 *딸이 나와 논쟁을 할 때도 더 잘*
*들어 줄 수 있었을 것*이다.

연습문제 7 나의 믿음

다음 질문들 중 하나 혹은 두 가지 모두에 답해 보세요.

A

아이가_____을/할 때,

(폭발버튼을 누르는 행동)

나는_____으로 반응한다.

_____두려웠기 때문이다.

(최악의 시나리오)

아이의 행동은 내가 어렸을 때,_____

(있었던 일이나 느꼈던 감정을 서술)

_____을 떠올리게 했다.

그래서 나는_____되지 않기/되기 위해_____

으로 반응했다. 그럴 때마다 나는_____

을 느꼈다. 왜냐면_____것이기 때문이다.

나는 자신에 대해_____라고 생각

했다. 그리하여 나는 지금까지도_____라는 믿음을

갖고 있다. 이로 인해 나는_____하게 되었다.

부모님이 나에게 다르게 해 주었으면 하고 바라는 게 있다면,_____

_____이다.

(당신의 부모에게 바라던 당신의 상상)

그랬다면 나는_____을 느꼈을 것

이다. 그런 느낌을 가질 수 있었다면, 아마도 나는_____

_____수 있었을 것이다.

B

어린 시절에 부모님이 화를 내거나 당신을 야단쳤던 사건을 묘사해 봅시다. 당신은 할 수 없거나 하기 싫은데도 부모님이 당신에게 바랐던 것이 있다면 무엇이었나요? 그들이 한 말은 무엇이었는지, 그에 대해 어떤 기분이 들었는지, 그로 인해 자신에 대해 어떤 믿음을 갖게 되었는지 설명해 봅시다.

당신은 아직도 이 믿음을 가지고 있나요? 그것이 현재에도 당신에게 영향을 끼치나요? 그것이 자녀를 키우는 데에도 영향을 끼치나요?

7장

아이가 당신을 꺾으려고 그러는 것이 아니다

하지만 내 말이 당신에게 상처를 주고 있는 것이 아니다.
내 말은 단지 당신이 지닌 상처를 건드렸을 뿐이다.
—돈 미겔 루이스, 『네 가지 약속』

"쟤는 그냥 내 신경을 긁으려고 저러는 거야. 정말 귀신같이 사람을 조종한다니까. 쟤는 순전히 내 관심을 끌려고 저러는 거야. 관심이라면 아주 못하는 짓이 없어."

익숙한 말들인가? 이따금 우리는 우리 아이들이 오직 우리를 골탕 먹여서 우위를 차지하고 가정을 좌지우지하기 위한 수를 쓰고 있다고 생각한다. 하지만 이 가설이 사실인 경우는 매우 드물다.

우리는 약점을 들켜 위협당했다는 느낌이 들면 자녀의 행동을 개인적 공격으로 받아들이곤 한다. 개인적인 공격으로 느껴졌다는 것은 아픈 곳을 찔렸다는 뜻이다. 그곳만은 건드려지고 싶지 않기 때문에, 우리의 초점은 **우리 자신**에게, 즉 아이가 **우리**에게 한 일에 맞춰진다. **우리**는 무시당하고 싶지 않다, **우리**는 조종당하거나 휘둘리기 싫다, **우리**는 조용하고 평화로운 것을 원한다, **우리**는 우리의 관심사가 불편해지기를 원치 않는다. 이런 식의 편향적 관점으로는 틈을 건너 그들의 문제나 그들의 고통에 초점을 맞출 수(도움을 줄 수) 없다. 우리는 이미 스스로를 방어하고 우리의 기준과 우리의 믿음을 지키느라 정신이 없다.

안나, 제프, 사라

안나와 제프는 막다른 상황에 몰려 있었다. "더 이상 참을 수가 없어요. 희망이 없는 것 같아요. 이렇게는 더 이상 못 살겠어요. 저희는 심지어 사라를 다른 집에 보내는 것까지 얘기하고 있어요." 어느 날 밤 그들은 부모교실에서 털어놓았다. 한 아이가 집안 전체, 그것도 아주 근사한 가정에 그렇게까지 지배력을 행사하다니 놀라운 일이었다. 심지어 이것은 열여섯 살 청소년의 거센 반항도 아니었다. 사라는 겨우 만 여섯 살이었다. "이 아이는 우리의 하루를 완전히 망가뜨려요. 아침에 일어나면 우리는 입도 뻥긋하지 않고 가만히 있어요. 그러면 아이가 시작하죠."

처음부터 사라의 기질은 부모가 감당하기 어려운 편이었다. 그는 극도로 고집이 세며 공격적이고 주장이 강했다. 부모가 사라의 행동을 누그러뜨리기 위해 반응하면, 더욱 더 강력한 고집이 돌아올 뿐이었다. 그들은 온갖 벌을 다 시도해 봤고, 심지어 몇 번 때리기까지 해 봤지만, 자신들이 상처와 충격을 받을 뿐이었다. "그런다고 아이가 조용해지는 게 아니에요. 자신이 한발 물러나서 협조해야만 우리도 친절하게 허락해 줄 수 있는 거라고 납득시킬 수도 없었고요."

안나와 제프는 충분히 좌절할 만했다. 그리고 그들은 사라가 한 살배기 동생 다니엘에게 나쁜 영향을 끼치진 않을까 걱정했다. "그 아이는 무례하고 요구하는 게 너무 많은 데다 성격이 아주 불같아요. 게다가 심하게 독단적이고 자기 행동에 전혀 거침이 없고요. 도대체 우리한테 왜 그러는 걸까요?" 안나는 혼란에 빠진 채 자리에 앉았다.

"사실 오늘 아침에도 아이가 저에게 '멍청이'라고 소리를 지르며 '꺼져 버려'라고 말해서 아이를 방에 가둬 두었어요. 온 집이 아이에게 휘둘리고 있어요." 그는 말했다. "다음에는 또 무슨 일을 벌일지 전혀 알 수가 없어요. 오늘 저는 아이를 학교에 보내고 난 뒤 차를 끌고 나가 악을 쓰고 울면서 이렇게는 못살겠다고 외쳤어요." 정말 안 된다. 그 누구도 여섯 살 아이의 독재 치하에서 살아서는 안 된다.

학교에서는 사라의 평가가 아주 좋았다. 그는 선생님에게 표창도 받았다. 선생님에 따르면 사라는 벌써 4학년 수준의 글을 읽고 있었고, 다른 아이들에게 단어 읽는 법을 참을성 있게 가르쳐 주기도 한다고 했다. 안나는 선생님이 자기 딸을 다른 아이로 착각하고 있다고 생각했다. 이걸 보니 사라는 강인하고 유능하며 아직 많이 어긋나지는 않은 것 같았다. 다만 건강하지 않은 방식으로 사람을 조종하는 기술을 잔뜩 익혀 집에서 써먹고 있을 뿐이다. 만일 그대로 놔뒀더라면 사라도 열여섯 살쯤엔 반항심에 못 이겨 가출을 하게 되었을지도 모른다.

다음 주에 안나는 수업에서 놀라운 이야기를 들려주었다. "제가 다니엘에게 젖을 먹이려고 거실로 나왔어요. 사라는 이미 거기서 담요를 뒤집어쓰고 놀고 있었지요. 우리가 걸어 들어가자, 사라가 고개를 빼꼼 내밀고 저희를 쳐다보더니 비웃으며 말했어요. '멍청이들 저쪽으로 꺼지시지.' 전 눈이 뒤집혀서 아이에게 소리를 질렀죠. '지금 당장 네 방으로 올라가, 잘난 아가씨.' 그렇게 듣기 거북한 말을 잔뜩 듣고 나서야 사라는 자기 방으로 올라갔어요, 물론 그러다 다시 내려와 소리를 더 질렀지만, 결국은 올라갔지요."

나중에 안나가 위층에서 새로 페인트를 칠하기 위해 미리 긁어 놓은 벽지 조각을 치우고 있을 때였다. "사라가 테이블에 놓인 금속 스크래퍼를 보더니 제가 방금 치운 곳의 벽지를 더 긁기 시작하는 거예요. '엄마한테 일거리를 더 만들어 주자!' 하는 노래까지 부르면서요. 제가 그만두라고 했더니 이제는 계단 쪽으로 가서 나무로 된 난간을 스크래퍼로 긁기 시작했어요."

"그런데 그때 이상한 일이 일어났어요." 안나가 이어서 말했다. "저는 제 마음이 차분하고 초연한 곳으로 옮겨 가는 것이 느껴졌어요. 분명히 아이가 하는 짓에 신경을 쓰고 있었지만 그렇지 않은 것 같더라고요. 제가 화를 내면 사라의 행동을 더 악화시킬 뿐이라는 데 생각이 미쳤어요. 결국 아무에게도 득이 되지 않는 거죠. 그럼 제가 완전히 자제력을 놓아 버리든 아니면 그냥 자리를 뜨든 둘 중 하나를 택해야 하겠더라고요. 그래서 저는 자리를 떠나 아래층으로 내려갔어요. 그래서 헝겊과 흠집 제거제를 가지고 위층으로 올라가서 사라에게 건네주며 차분하게 말했죠. '난간 흠집은 네가 지우렴.' 그러자 아이가 헝겊을 받아들더니 시키는 대로 했어요!"

안나가 자신의 감정에서 벗어나자 객관적인 시각을 가질 수 있게 되었다. 이 새로운 관점을 통해 그는 선택지를 발견했다. 자리를 뜬다는 선택지는 권위를 유지해야 한다는 생각에 매여 있는 부모에게는 무력하고 유약하게 느껴질 수도 있다. 하지만 자리를 뜨느냐 싸워서 지느냐를 비교해 보면, 자리를 뜨는 쪽이 분명히 힘을 가지고 있다. 그리고 사라도 그것을 알고 있었다.

그들 각각의 관심사

사라가 엄마에게 "멍청이들 저쪽으로 꺼지시지" 하고 소리를 질렀을 때, 안나의 관심사는 해결되지 못한 채 계속 쌓였고 결국 폭발버튼이 눌려 버렸다. 딸의 행동에 대한 그의 기대, 분노의 감정, 이런 아이는 앞으로 어떻게 될까에 대한 두려움, 자신은 엄마로서 실격이라는 가설이 전부 "지금 당장 네 방으로 올라가, 잘난 아가씨!"라는 지시에 담겼다. 안나는 폭발 측정기에서 4단계까지 올라갔고, 딸에게 무례하게 말하면 안 된다는 것을 가르쳐 주겠다는 의도는 그 가설로 인해 뒤틀려 버렸다. 안나에게 보였던 것은 오직

126

사라의 행동뿐 그의 관심사는 안중에 없었고, 그래서 아이는 부모의 말에 귀를 닫아 버렸으며 틈은 한정 없이 벌어졌다. 결국 전하려던 메시지는 온데간데없이 전쟁이 계속된다.

틈 저편에서 사라는 분명히 이런 말이 들렸을 것이다. "넌 너무 나쁜 애야. 넌 나를 기쁘게 해 준 적이 없어. 다니엘은 착한데. 넌 제대로 하는 게 하나도 없어." 사라는 자신에게 남은 얼마 안 되는 존엄을 지키고 방으로 올라가라는 명령에 저항하기 위해, 기운이 다할 때까지 엄마에게 소리를 지르며 자신을 방어했다. 그리고 잠시 후 에너지가 다시 생기자마자 다음 복수의 기회를 잡아, 깨끗한 바닥에 벽지를 긁어 놓고 난간에 흠집을 내고는 엄마를 비웃었다.

그러나 안나는 잠시 자리를 피하면서, 사태를 개인적 공격으로 받아들이는 것에서 가르침을 주는 것으로 자신의 초점을 옮겼다. 꾸지람이 쏟아졌다면 사라도 자신을 방어하며 맞서 싸울 테지만, 비난이 사라지면 아이가 자신을 방어할 필요도 없어진다. 아이도 자신의 행동이 잘못됐다는 것은 알고 있다. 오히려 엄마가 자신을 말려 주기를 바라고 있었을지도 모른다. 이때 "난간 흠집은 네가 지우렴"이라는 명료한 지시는 얼마든지 제대로 전달되고 실행될 수 있다. 이것을 하지 않을 이유는 없기 때문이다.

하지만 안타깝게도 이것은 어쩌다 한 번 성공한 것일 뿐, 안나가 이 깨달음을 다른 상황에까지 적용하지는 못했다. 싸움은 여전히 계속되었다.

"쟤는 나를 괴롭히려고 저러는 거야!"

"사라는 당신의 스승이에요."

내가 안나에게 말했다.

안나는 내가 완전히 정신이 나갔다고 생각하는 듯한 표정이었다. 나는 사라가 자신을 벼랑 끝으로 내몰 때마다 '여기서 내가 배워야 할 것은 무엇일까? 사라는 지금 나에게 무엇을 가르치려고 하는 걸까?'라고 스스로에게 물어볼 것을 권했다.

나는 다니엘을 안고 거실에 들어가자 사라가 험한 말을 내뱉었을 때 즉각적으로 떠올랐던 가설을 정확히 설명할 수 있겠냐고 물었다. 안나는 망설임 없이 대답했다. '쟤는 버르장머리가 없는 애야. 지금 나를 괴롭히려고 저러는 거야. 저러다 언젠가 큰 사고를 치고 말거야.'

"사라가 당신을 괴롭혀서 어쩌려는 걸까요?"

내 질문에 안나는 잠시 당황하는 듯하더니, 곧 대답했다.

"저를 괴롭혀서 화나게 만들려는 거겠죠."

"그러면 아이에게 뭐가 좋을까요? 당신을 화나게 하는 것이 아이에게 무슨 도움이 될까요?"

"사라는 마치 칼 같아요. 그 아이랑 같이 있으면 제 살이 베이는 것 같아요."

교실 전체가 조용해졌다.

"그 애는 제 힘을 다 뺏어 가요. 제가 그렇게 된다는 걸 그 애도 알아요. 얼마나 교묘하게 사람을 조종하는지 몰라요."

안나는 자신의 모든 행동을 사라가 계산하고 있다고 확신하고 있었다. 그는 사라가 자신을 공격하려고 그런 행동을 한다는 생각에 완전히 사로잡혀 있었다.

"저는 왜 사라가 당신의 힘을 뺏어 가려 하는 것일지 궁금해요."

내가 말했다.

"저를 그렇게 쓰러뜨리고 나면 자신이 힘을 얻게 된다는 것을 알기 때문이죠."

"아이가 당신보다 힘이 더 세다고 느끼는 걸 좋아한다고 생각하시나요?"

안나가 단호하게 그렇다고 대답하자, 나는 아이들은 자신이 부모보다 힘이 더 세다는 것을 별로 달가워하지 않는다고 알려 주었다. 부모가 통제력을 상실한 것 같아 위협이 느껴지면 아이들은 자신이 통제를 맡아야 한다고 생각한다. 하지만 대부분의 아이들에게 그것은 사실 아주 무서운 일이다.

나는 사람들에게 그렇다면 사라는 왜 엄마를 이겨 먹으려고 하는 것 같은지 물었다.

"엄마가 약해지면 무슨 일이 생길지도 모른다고 생각한 거 아닐까요." 어떤 엄마가 말을 꺼냈다.

"사라는 무슨 일이 생길 거라고 생각한 걸까요?" 내가 물었다.

"모르겠어요. 선생님이 말씀하신 대로 사라가 정말 저 분의 스승이라면, 급소를 공격해서 안나가 일단 무너졌다가 어떤 식으로 바뀌기를 기대했던 것 아닐까요. 자신이 최대한 충격을 주면 안나가 자기 얘기를 들어 줄 거라고 생각했을지도 몰라요. 자기에게 필요한 것을 받지 못하다 보니 더 못되게 굴면 안나가 관심을 가져 줄 거라고 생각했을 수도 있을 것 같아요."

나는 안나의 반응을 살폈다. 그는 곰곰이 생각하고 있었다. "아이가 제게 더 바라는 게 뭘지 잘 모르겠어요." 안나가 낙담하며 말했다. "그 애는 제 진을 다 빼놔요. 기운을 다 빼 가서 이제 남은 것도 없어요. 그런데 거기서 뭘 더 바랄 수가 있나요?"

"사라는 당신의 진을 빼 갈 의도가 아니었다면 어떨까요?" 내가 물었다. "만일 당신이 사라의 관심사를 잘못 이해한 것이었다면 어떨까요? 당신은 아이가 당신을 괴롭히려 저런다고(자신이 힘을 차지하기 위해 당신의 진을 빼 간다고) 생각했는데, 아이는 전혀 그런 일을 의도한 것이 아니라서 당신과 아이 사이에 거대한 틈이 벌어진 것이라면 어떨까요? 지금은 양쪽 다 관심사가 해결되지 못하고 쌓여만 있어요. 어떻게 해야 이 틈을 좁힐 수 있을까요?"

"모르겠어요. 아이에 대한 내 생각이 틀릴 수도 있다는 것을 알아 두자?"

"그것도 아주 좋은 출발점인 것 같아요." 내가 이렇게 말하자 교실의 다른 사람들도 응원의 미소를 띠었다. 그러나 그것이 결코 쉽지 않을 것이라는 사실도 우리는 알고 있었다. 아직도 안나는 들키고 싶지 않은 상처가 많이 있었다.

불쑥불쑥 나타나는 안나의 과거

사라를 보면 누가 떠오르냐고 안나에게 물었을 때, 그는 머리를 번쩍 들며 "아, 제 언니요. 언니는 까다롭고 짜증이 많은데다 늘 불평을 달고 살아요. 그리고 항상 아슬아슬하고요. 꼭 사라 같아요. 사라가 신생아 때 배앓이를 많이 했었거든요. 그걸 보더니 저희 엄마도 바로 '얘는 꼭 네 언니 같구나' 하고 얘기했었어요."

안나의 부모는 남미에서 이민을 왔다. 그들은 안나가 미국식으로 행동하거나 영어를 편하게 사용하고 공부에 욕심을 내는 것을 못마땅해했다. 그는 책을 읽으면 꾸지람을 들었고, 부모님의 반대를 무릅쓰고 대학에 가기 위해 고군분투해야 했다. 그래서 그는 항상 '나는 늘 부족해. 제대로 하는 것이 하나도 없어'라고 생각했다.

안나의 엄마는 그와 언니를 모두 신체적으로 학대했는데, 안나가 책으로 도망쳐 그저 못마땅한 눈길 정도만 받았다면, 언니는 정면에서 피해를 입었다. 하지만 학대는 의존적 관계로 이어지기 쉬운 만큼, 결국엔 언니와 엄마는 아직까지도 바로 길 건너에 살고 있을 정도로 아주 밀접한 관계가 되었다. 그들은 늘 입을 모아 사라의 흉을 보거나 안나가 아이를 더 혼내야 한다고 비판했다. 안나와 제프가 고향을 떠나고 부모님과 언니도 플로리다로 떠나자, 안나는 외로움과 우울함을 느꼈다. 그는 사라에게서 거리감을 느끼기 시작했고, 엄마와 언니가 자신에 대해 쏟아 놓던 신랄한 평가를 점차 '믿게' 되었다. 지금 그에겐 자기편이 되어 줄 가족이 필요했다.

모든 것을 한데 모으기

"사라와 가까워지면, 저는 우리 가족과 떨어져야 해요. 사라도 엄마가 저와 언니를 키웠던 것처럼 키워야 인정을 받을 수 있을 테니까요." 그는 자신의 생각을 이야기했다. "만일 제가 사라를 편들면, 엄마는 저를 경멸하고 비난할 거예요."

안나는 엄마의 인정을 받고자 안간힘을 쓰느라 딸의 자존감을 엄청난 위기에 몰아넣고 있었다. 사라가 부적절하게 행동할 때마다 안나는 자기 엄마와 언니가 어떻게 생각할까를 신경 쓰고, 그들의 인정에 집착하는 자신의 의존적 마음에서 나온 두려움에 시달리느라 본인의 관심사를 제대로 해결하지 못했다. 그는 자신이 사라와 굳건히 관계를 맺으면 너무나 익숙하던 예전 관계는 놓쳐 버릴 거라고 단단히 믿고 있었다. 그래서 사라가 밀려났던 것이다.

자신의 선택을 변호하기 위해 안나는 사라를 탓해야만 했다. 그러나 안나가 택한 방법은 아무래도 부실할 수밖에 없었고, 사라는 거기에 맞서 맹렬히 싸웠다. 아이는 엄마의 방어를 깨기 위해 안간힘을 썼고, 엄마가 자신의 필요를 볼 수밖에 없도록 몰아세웠다. 그러나 안나가 자신의 불안정한 상태에만 집중한 나머지 사라의 행동을 이해할 겨를이 없었던 것이다.

자신에게 너무 집중하느라 안나는 사라의 저항을 절박한 도움 요청이 아니라 '자신을 괴롭히기 위해 하는 짓'으로 받아들였다. 그래서 그는 사라의 행동을 사람을 조종하기 위한 것이라고 단정했고, 그 가설에 따라 사라는 반드시 통제되고 처벌받아야 한다고 생각했다.

사라는 엄마의 스승

딸의 행동이 과거와 연결된 자신의 상처를 들추고 있다는 것을 안나가 기꺼이 인정했다면, 자신의 기준이 사라보다는 자신의 과거와 연관되어 있다는 점을 더 제대로 볼 수 있었을 것이다. 자신이 바라 마지않던 방식으로 사라를 대하면서(자신의 과거를 보상하려 하는 것이 아니라 사라에게 무엇이 필요한지 이해하는 방식으로) 사라와 안나는 둘이 함께 성장하고 가까워질 수 있었다. 자신이 받지 못했던 것을 주면서 그는 사라뿐만 아니라 자신에게 필요한 것도 채워 줄 수 있었다. 사라가 그 방법을 가르쳐 준 것이다.

어떻게 해야 할까

사라가 놀던 방으로 안나가 들어갔을 때, 그가 비난하고 벌주는 쪽으로 반응한 것도 이해는 할 만하다. 만일 사라가 요구한 대로 '꺼져' 주었다면, 그는 사라의 무례하고 거친 말을 인정하는 셈이 되었을 것이다. 그러나 어느 쪽이든 사라의 필요(아이의 부적절한 행동의 기저에 놓인 상처와 분노)는 돌봄을 받지 못하고, 안나의 권위는 손상되었을 것이며, 사라는 자신에게 필요한 것을 알리려면 다음엔 더 요란하고 더 맹렬하게 덤벼야 한다고 생각했을 것이다.

사라도 자신이 무조건적인 사랑과 수용이 필요해서 말썽을 일으키고 있다는 것을 명확히 알고 있지는 못한다. 아이는 그저 말썽을 부리는 것 말고는 엄마에게 "엄마는 내게 정말로 필요한 것이 뭔지 전혀 모르고 있어"라고 어떻게 말해야 하는지 몰랐다. 게다가 아이는 탐탁지 않은 엄마의 요구를 잠자코 따르며 협조할 만큼 적응력이 있는 기질이 아니었다. 사라가 그런 성격이었다면, 아이의 필요는 끝까지 돌봄을 받지 못한 채 마음 깊은 곳에서 곪아

나중에 문제를 일으켰을 것이다.

안나가 먼저 자신의 관심사를 분명히 파악하고, 틈을 건너 딸에게 필요한 것(자신에게 진심으로 받아들여지는 것)을 볼 수 있었다면, 본인도 의도대로 메시지를 전달할 수 있었을 것이다. 안나가 사라의 말 속에 숨겨진 상처를 볼 수 있었다면, 아이의 말을 자신에 대한 공격으로 듣지 않을 수 있었다면, 미래에 대한 파국적 두려움에서 빠져나올 수 있었다면, 사라에게 중요한 가르침을 줄 수도 있었을 것이다. 이때 해결의 열쇠는 자신의 초점을 '너는 나한테 왜 그러는 거야?'에서 좀 더 객관적으로 '네게 무슨 문제가 있구나. 어떻게 도와줘야 할까?'로 바꾸는 것이다.

"여기서 놀고 있는지 몰랐네. 혼자서 놀고 싶다는 뜻은 알겠어. 하고 싶은 말을 좀 더 예의 바르게 말해 주겠니?" 이런 식으로 대답하면 사라도 방금 자기가 한 말은 용납될 수 없지만, 혼자 놀고 싶다는 바람은 존중되었다는 것을 알 수 있다. 그러면 아이도 자신의 필요는 무시당한 채 방으로 쫓겨나면서 자기 행동에 대한 책임에서도 풀려나는 대신, 그 무례함에 대해 곧바로 책임을 지게 될 것이다.

만일 사라가 계속 무례한 말을 한다면, 안나가 사라의 정서적 상황을 일러 줘야 한다. "화가 많이 난 것 같네. 상대방한테 그렇게 말하면 안 돼. 하지만 무슨 일이 있었는지, 왜 그렇게 화가 나는지를 말해 주는 건 괜찮아." 그렇게 하면 사라가 좀 더 자세히 말을 하게 될 **수도 있다.** 자신의 말을 귀담아 들어 주고 함부로 판단하지 않을 것이라는 믿음이 있으면, 아주 어린 아이라도 자신의 마음을 표현할 수 있다.

만일 사라가 표현하지 못한다면, 안나가 지난 경험을 바탕으로 몇 가지 추측을 해 봐야 한다. "혹시 내가 다니엘이랑 시간을 너무 많이 보내서 화가 났니? 네가 하고 싶은 일을 하려고 할 때마다 다니엘이 방해를 하는 것처럼 느껴졌을 수도 있어."

당신이 짐작하는 아이의 생각이 아마도 맞을 것이다. 부모들 중에는 아이에게 말할 내용을 일러 주기를 두려워하는 사람도 많지만, 혹시 당신이 틀렸더라도 아이는 기꺼이 고쳐 줄 것이다. 거기에서부터 대화를 시작해 가면 된다. 이렇게 하면 비난하거나 평가, 추궁하는 것에 비해 소통의 문을 열 수 있을 가능성이 훨씬 높다.

다니엘이 젖을 달라고 자지러지게 운다 해도 젖을 먹이는 동안 사라를 불러 이야기를 나눌 수 있다. 그래도 소용이 없다면, 당장 반응을 하는 것보다는 안나가 마음을 조금 더 진정할 수 있도록 젖을 다 먹일 때까지 기다리는 편이 좋다. 사라를 자기 방으로 쫓아 보내는 편이 훨씬 쉽겠지만, 그러면 다음 복수를 벼르는 것 외에 아이가 배울 수 있는 것은 없다.

아이가 당신을 '괴롭히려' 하는 이유는 오직 당신의 관심을 끌어 지금까지 채워지지 못한 자신의 필요나 바람을 보게 만들기 위해서이다. 그러기 위해 아이가 할 수 있는 행동이 오직 당신의 폭발버튼을 누르는 일뿐이었던 것이다. 아이의 행동에 당신이 엄한 벌로 대응하면, 아이는 다음엔 더 심하게 밀어붙여야겠다고 생각할 뿐이다. 그러나 아이의 의도는 자신의 필요를 충족하는 것이지 당신을 괴롭히는 것이 아니다. 당신이 아이의 필요를 알아 주면, 더 이상 폭발버튼을 누를 필요가 없어진다.

벌을 주거나 뭐든 받아 주면서 부모가 의도한 결과를 얻을 수 없다. 벌어진 틈이 소통은 전부 삼켜 버리고, 아이는 그저 '나는 제대로 하는 게 하나도 없어. 내가 아무리 노력을 한들 소용이 없어'라는 믿음만을 가지게 된다. 아이의 행동을 나에 대한 공격으로 받아들인다는 것은, 나 자신과 나의 필요만을 살필 뿐 아이의 필요는 무시하는 사고방식이라는 점을 잊지 말아야 한다.

말은 쉽고 행동은 어렵다

안나는 자신의 행동 패턴에 완전히 빠져 있던 터라 벗어나기가 쉽지 않았다. 그래도 어떻게든 변해야 한다는 사실을 인정하기 시작했다. 기존의 방식을 고수할 핑계도 얼마든지 있었다. "그런 건 사라 같은 애한테는 절대 안 통해. 상황이 얼마나 안 좋은지 잘 몰라서 그래. 이제 철이 들어서 우리에게 공손하게 굴 때도 됐잖아. 그렇게 인생을 공짜로 살려고 하면 안 되지." 아이의 잘못이 무엇인지만 찾다가 우리가 만든 문제를 찾는 것으로 초점을 옮기기는 쉽지 않다. 안나가 그랬듯 우리도 변하지 않을 핑계는 아주 많다. 다음 장에서 그 이유를 살펴볼 것이다.

아이가 *버릇없이 내게 소리를 지를* 때 나는 아이가 *나를 괴롭히고 짓누르면서 자신이 원하는 것을 얻기 위해* 저런다고 생각한다.
<small>(아이의 동기에 대한 당신의 생각)</small>

그 행동을 개인적 공격이라고 생각하는 이유는 내가 오직 *조용히 혼자 있거나 공손한 대우를 받고 싶어* 하는 나의 필요에만 관심을 쏟았기 때문이다.

만일 내가 아이의 행동이 아니라 필요에 초점을 맞췄다면, 아이에게 필요한 것이 *자신의 뜻이 전달되고 자신이 받아들여지는 것이었다는 사실, 그런데 아이는 자신이 바라는 바를 전할 다른 방법을 몰랐다는 사실*이라는 것을 알아챌 수 있었을지도 모른다.

따라서 내가 그 행동 뒤에 숨겨진 필요를 알아차렸다면, 나는 *아이가 버르장머리 없이 나에게 무례하게 굴고 가족을 제멋대로 휘두르는* 것이 아니라 *아이가 속으로 상처를 받고 있으며 그저 원하는 바를 전하기 위해 못된 행동을 하는* 것이라고 생각할 수 있었을 것이다.

이렇게 생각을 바꾸면 반사적으로 반응하지 않고 적절히 대처할 수 있다. 그래서 아이가 *내게 소리를 지르며 관심을 강요할* 때, 나는 *그런 식으로 말하지 말라고 억누르려* 하는 대신 *그 밑에 깔린 감정을 찾아* 아이의 기분이 어땠을지 짚어 줄
<small>(아이의 행동)</small>
수 있을 것이다.

그렇게 하면 아이가 행동 방식을 바꿀 수 있도록 가르치는 데 더 좋은 효과를 거둘 수 있다.

연습문제 8 개인적 공격으로 받아들이기

다음 질문들 중 하나 혹은 두 가지 모두에 답해 보세요.

A

아이가_____ 때 나는 아이가

_____ 저런다고 생각한다.
　　　　　　(아이의 동기에 대한 당신의 생각)

그 행동을 개인적 공격이라고 생각하는 이유는 내가 오직_____

_____하는 나의 필요에만 관심을 쏟았기 때문이다.

만일 내가 아이의 행동이 아니라 필요에 초점을 맞췄다면, 아이에게 필요

한 것이_____

_____라는 것을 알아챌 수 있었을지도 모른다.

따라서 내가 그 행동 뒤에 숨겨진 필요를 알아차렸다면, 나는_____

_____것이 아니라_____

_____것이라고 생각할 수 있었을 것이다.

이렇게 생각을 바꾸면 반사적으로 반응하지 않고 적절히 대처할 수 있다.

그래서 아이가_____할 때, 나는
　　　　　　　　　　　　　(아이의 행동)

_____하는 대신

_____수 있을 것이다.

그렇게 하면 아이가 행동 방식을 바꿀 수 있도록 가르치는 데 더 좋은 효

과를 거둘 수 있다.

B

아이가 당신의 폭발버튼을 누를 때 당신이 어떻게 반응하는지 살펴봅시다. 당신의 개인적 관심사는 무엇인가요? 아이가 당신에게 그런 행동을 하는 이유는 무엇일까요?

당신에게 필요한 것을 설명해 봅시다. 아이가 당신에게 어떻게 행동하기를 바라나요? 그 이유는 무엇인가요?

아이의 관심사를 설명해 봅시다. 아이가 추구하는 바는 무엇일까요? 그리고 그 행동 속에 숨겨진 아이의 필요는 무엇일까요?

당신의 초점을 당신의 필요에서 아이의 필요로 옮기면, 아이에 대한 당신의 생각을 어떻게 바꿀 수 있을지 적어 봅시다.

8장
오래된 습관은
끈질기게 살아남는다

> 우리의 가장 깊은 두려움은 우리가 부족하다는 데 있는 것이 아니다.
> 우리에게 잴 수도 없을 만큼 엄청난 능력이 있다는 데 있다.
> 가장 두려운 것은 우리의 어둠이 아니라 우리의 빛이다.
> —마리안느 윌리암슨, 『사랑의 기적』 중

당신이 다르게 키워졌으면 어땠을지 궁금해 본 적이 있는가? 만일 당신의 부모님이 당신의 감정을 지지해 주었다면, 당신의 사정을 존중해 주었다면, 당신도 중요한 가족 구성원으로 인정해 주었다면 어땠을까? 아니면 부모님이 당신의 문제를 대신 해결해 주거나 벌만 받으면 상황에서 빠져나가게 해주는 것이 아니라 진정으로 책임을 지게 했다면 어땠을까?

당신은 잘하고 있다고 말해 줄 사람이 필요한 편인가? 본인의 능력에 자신감을 가지고 있는가? 다른 사람이 가치 있다고 생각하든 말든 당신이 하고 싶은 일을 할 수 있는가? 당신의 잠재력을 최대한 발휘할 수 있도록 자신에게 잘 맞는 다른 일을 찾아갔기를 바라는가?

우리 중에는 어릴 적에 받아들였던 믿음에 매달려 평생을 비틀거리는 사람도 많다. 어렸을 때 생각했던 자신의 모습에 기반하여 직업과 배우자와 키우고 싶은 자녀의 모습을 선택하지만, 결국은 (그럴 수만 있다면) 그저 오래전부터 있었던 공허함을 채우려고 했던 것임을 깨달을 뿐이다. 이런 믿음은 더이상 우리에게 맞지 않는다는 판단을 내린 뒤, 자신을 다시 한 번 솔직히 살펴보면서 책임감 있게 변화를 만들어 내지 않는 한, 해묵은 패턴과 습관에서 벗어나기는 쉽지 않다.

이렇게 말할 수도 있다.

"저는 잘 지내고 있는데요. 그게 뭐가 그렇게 나쁜가요?"

그렇다. 채우고 싶은 공허함이 한두 군데 정도 없는 사람은 드물 것이다. 그러나 우리는 차츰 거기에 적응해 가면서 자신의 역할을 만들어 간다. 그 과정에서 (최소한 잠깐 동안이라도) 공허함을 채우려 하다가 어떤 버릇이나 중독이 생기는 사람도 많다.

당신은 괜찮았다 생각하더라도 자신이 키워졌던 방식으로 자녀를 키우는 것이 아이에게는 좋지 않을 수 있다. 그러나 우리는 계속 같은 방식을 따르게 된다. 방법을 바꾸기란 너무 어렵기 때문이다.

오래된 습관은 끈질기게 살아남는다 : 그럼에도 다른 방법을 선택하기

인간의 본성은 변화를 싫어한다. 심지어 우리의 삶이 바뀌길 간절히 바라고 있을 때에도 마찬가지이다. 이제 당신은 아이에 대한 반응 방식을 바꾸기 위해서는 먼저 자신의 가설을 바꿔야 한다는 원칙을 잘 알고 있다. 더불어 당신의 생각을 결정하는 자신의 관심사와 기준, 믿음을 재평가해야 한다. 또한 가설이 당신에게 미치는 영향을 바꾸기 위해서는 우선 그것이 당신이 순간순간 내리는 결정이 모여 만들어진다는 사실을 알아야 한다.

어렸을 때 '나는 아빠의 인정을 받기엔 너무 부족하다'고 믿었다면, 여전히 그 믿음이 어떤 식으로든 남아 있을 가능성이 많다. '나는 다른 사람의 기준, 심지어 내 자신의 기준에도 미치지 못한다. 난 별로 똑똑하지 않아서 그런 직업을 가질 수 없을 것이다. 항상 꿈꾸던 사람이 되기엔 내가 너무 부족하다. 난 아직도 인정을 받으려면 멀었다.' 하지만 나도 이제는 성인으로서 이런 믿음을 가려내고 다른 선택을 찾아볼 힘을 가지고 있다. 우리의 어린 시절을 바꿀 수는 없지만, 지금의 나는 어렸을 때 생각하던 그 사람이 아니라고 판단할 수는 있다.

우리는 왜 어렸을 때 가졌던 믿음을 계속 지키려 하는 걸까? 대개는 그것에 너무 익숙해져 있기 때문일 것이다. 그것은 습관이다. 그것은 이미 우리 자신이자, 우리가 익히 알고 있는 자신의 모습이다. 이미 우리의 삶 속에 자리 잡은 패턴과 스스로에 대한 믿음을 바꾸지 않기 위해 우리는 수단과 방법을 가리지 않을 것이다.

- **우리는 자신에 대해 믿고 있는 바가 진실이라고 생각한다.** 만일 우리가 다르게 생각한다면 자신에게 거짓말을 하는 셈이 된다.
- 새삼스레 우리의 행동을 변화시킨다고 우리가 원하는 결과를 얻는다는 **보장이 없다.** 괜히 바꿨다가 모든 것이 더 나빠질지도 모른다.
- 우리의 생각은 진자 운동을 한다. 우리가 떠올릴 수 있는 대안은 오직 정반대의 믿음뿐이다.
- **달리 뭘 해야 할지 모른다.** "할 수 있는 건 다 해 봤는데 아무것도 소용이 없었어"라는 핑계는 사실 우리가 이미 알고 있던 것만 시도해 봤다는 뜻이다.
- **시간이 없다.** 우리는 빨리 해결되기를 바란다. 그리고 당장 결과가 나오길 바란다. 우리는 이미 스트레스가 너무 심하다.
- 생소한 생각은 **의심스럽다.** 수 세대에 걸쳐 활용되어 온 유서 깊은 방식인데, 왜 검증된 방법을 굳이 바꾸어야 하는가.
- **책임을 지고 싶지 않다.** 내 문제는 다른 사람의 잘못 때문이지 나 때

문이 아니다.

- **자신을 믿지 않는다.** 실제로든 상상 속에서든 친구와 친척들이 우리를 평가하고 양육에 참견하면서 계속 우리를 구속한다.

만일 …라면 어땠을지 궁금해한 적 있나요

"더 이상은 못 참겠어요." 빌이 수업에서 불만을 털어놓기 시작했다. "월라의 행동은 도저히 용납할 수가 없어요. 제정신인 사람이면 애가 그런 일을 하는 걸 보고 그냥 둘 수 없을 거예요. 그 아이는 정말 행동거지를 고쳐야 해요. 제가 할 수 있는 건 다 해 봤어요."

빌은 세 딸을 키우는 싱글대디이다. 그중 첫째가 열세 살 월라이다. "그 애는 자신이 한 열여섯 살쯤 되고 모든 것을 다 안다고 생각해요. 외출 금지를 시켜도 몰래 빠져나가지를 않나, 한번은 친구네 집에 간다고 하길래 허락해 줬더니 거짓말을 하고 파티에 갔더라고요. 동생들에게도 얼마나 못되게 구는지 몰라요. 저를 대하는 태도는 무례하다는 말로 모자라고요." 부모들 중에는 너무 오랫동안 싸우며 지낸 나머지, 무엇이 폭발버튼을 누르는 행동인지 구분하지 못하는 경우도 많다. 그 모든 것이 한데 뭉쳐서 커다란 문제가 되고, 그 뒤로도 거침없이 커져만 간다.

빌에게 큰딸이 어렸을 때에는 어땠는지 묻자 그는 이렇게 말했다. "그 애는 항상 걸어 다니는 지뢰였어요. 무슨 짓을 할지 알 수가 없었죠. 방금 전까지는 천사였다가도 갑자기 아무 이유 없이 동생을 때리는 식이에요. 그 애를 어떻게 대해야 할지 아무도 감을 잡지 못하는 데다, 애들을 저 혼자 키우다 보니 큰애는 거의 자기가 하고 싶은 대로 다 할 수 있었죠. 이제는 완전히 통제 불능이 되어서 자기가 하고 싶으면 뭐든 해도 된다고 생각하는 것 같아요. 결국 얼마 안 있어 임신을 하거나 감옥에 가게 될까 걱정이에요."

나는 빌에게 이제는 진정한 내면 탐구를 시작하는 동시에 부녀지간에 마음을 터놓을 때가 온 것 같다고 제안했다.

"저한테 제대로 말을 안 하는데 어떻게 그런 걸 하나요?" 빌이 물었다.

"당신이 10대일 때 부모님에게 크게 혼나고 나서 그들이 준 벌이 너무 부당하다고 생각해 본 적이 있나요?"

"그럼요!" 빌이 웃었다. "하지만 제가 했던 일을 딸에게 말해 주는 것이 바람직할지는 잘 모르겠어요. 안 그래도 딸이 그 비슷한 일을 할까 걱정이거든요."

"바로 그거예요." 내가 말했다. "당신은 자신이 했던 일을 아이에게 알려 주면 아이가 그런 일을 해도 된다는 말이 될까 봐 두려워하고 있어요. 바로 그 두려움이 당신과 딸의 관계를 가로막고 있는 거죠. 그리고 아이에게 문제가 생기지 않게 막는 것이 본인의 임무라고 생각하시고 있는 것 같아요." 그는 고개를 끄덕였다. "그래서 자신의 임무를 다하기 위해서는 아이에게 복종을 요구할 수밖에 없고요." 그는 또 고개를 끄덕였다. "문제는 당신의 기준에 맞는 방법 딱 한 가지를 빼고는 윌라와 소통할 수 있는 길이 막혀 있다는 거예요. 아이와 소통을 하지 못하면 아이에게 아무 영향도 미치지 못해요. 여기서 따라야 할 규칙을 더 늘리기엔 너무 늦었지만, 아이와 새로 관계를 만들어 가기에는 늦지 않았어요. 당신도 아이를 이해한다는 것을 보여 주는 차원에서 당신의 어릴 적 모습을 조금 공개할 생각이 있으신가요?"

"어려울 것 같은데요." 괴물이라도 나타난 듯 나를 쳐다보며 빌이 답했다. "전 딸의 친구가 아니에요. 아빠라고요. 딸은 저를 존경해야죠."

"저도 완전히 같은 생각이에요. 그러면 그 존경은 어떻게 얻게 될 거라고 생각하시나요?"

"음, 저는 선생님이 더 효과적으로 벌주는 방법 같은 걸 알려 주실 줄 알았어요. 그런 식으로 행동하면 안 된다는 걸 아이도 배워야죠. 내가 농담하는 게 아니라는 걸 알면 아이도 절 존경할 거예요."

"존경인가요, 복종인가요?" 내가 물었다.

"차이가 있나요?" 그가 되물었다.

"큰 차이가 있죠. 당신은 부모님께 복종했었나요?" 내가 다시 물었다.

빌은 자기 아버지는 자식들을 통제하기 위해 벨트로 때리기도 했다고 말했다. "우린 누가 윗사람인지 확실히 알고 있었죠. 그리고 해도 되는 일은 뭐고 안 되는 일이 뭔지도 분명히 배웠고요. 때리지 않는 아빠를 만났으니 제 딸은 얼마나 운이 좋은 겁니까. 가끔은 때렸어야 하나 하는 생각이 들기도 하지만요."

"두려움에 따른 복종이었군요. 두려움에 기반한 관계는 그렇게 좋은 관계는 아니지요. 우리는 흔히 아이를 위해서라면 관계를 희생하는 것도 감수해야 한다고 생각하곤 하지만, 관계가 없으면 궁극적으로 아이에게 우리의 가치도 전달할 수 없어요."

빌은 자신도 부친을 존경하는 마음이 거의 없을뿐더러 소통은 더더욱 없다고 고백했다. 그리고 우리는 빌이 자기 직장을 싫어하지만 안정을 위해 어쩔 수 없이 다니고 있는데다 자신의 삶에 만족한 적이 없으며, 두 번의 이혼을 거치는 동안 너무 힘들었다는 사실을 알게 되었다.

나는 그가 진솔하게 윌라에게 이런 이야기를 조금 들려주면, 아이는 그야말로 열렬한 관심을 보일 거라고 말했다. 아빠도 딸이 인생의 좋은 기회를 전부 놓쳐 버릴까 두려웠다는 점을 털어놓을 수 있고, 그런 두려움이 부당한 처벌로 이어진 것에 대해 사과할 수 있다. 나는 두 사람의 필요를 모두 존중할 수 있도록 윌라와 함께 문제를 해결하는 방법을 제안했다. 나는 관용적이었던 그의 양육 방식이 갑자기 독단적으로 바뀌었으며, 윌라의 행동에 대한 기대에 일관성이 없다 보니 딸의 협력을 얻을 수 없었다는 점을 지적했다. 물론 시간과 노력이 필요하겠지만, 딸과의 관계를 만들기 위해서라면 절대 아깝지 않을 것이라고 믿었다.

빌은 나의 제안이 무조건 기준을 낮추고 자신의 임무를 포기하라는 뜻이라고 받아들였기에, 그런 방법은 통할 리가 없으며 이때다 하고 윌라가 주도권을 낚아챌 뿐이라고 굳게 믿었다. 그는 어떻게 해야 딸의 협조를 이끌어낼 수 있는지 이해하지 못했을뿐더러, 자신의 훈육 방식이 어떻게 딸의 행동을 망치는지도 깨닫지 못했다. 그동안은 자신이 너무 만만해 보였으니 이제는 정말로 '꽉 잡아야' 한다고 다짐할 뿐이었다. 다른 많은 부모들이 그랬듯, 빌도 아직 마음을 단단히 먹고 자신의 책임을 정면으로 받아들이거나, 무의식적으로 딸을 밀어내고 있는 자신의 믿음을 찾을 때까지 파고 들어갈 준비가 안 된 상태였다.

우리의 믿음이 어떻게 작용하는가

우리의 행동을 바꿀 수 없는 가장 결정적인 이유는 너무 오랫동안 그 방식을 따라왔기 때문이다. 그것은 마치 아주 편안한 낡은 신발과 같다. 실제로 예전 믿음을 고수하면서 얻는 것도 있다. 당신은 이렇게 말할지도 모른다. "문제만 만들고 있는데 뭘 얻는다는 거지?" 그것은 바로 친숙함이다. 같은 것이 늘 반복되는 데에서 오는 편안함 말이다.

어렸을 때 우리는 필요한 것(수용과 인정)을 얻을 수 있다고 예상되는 방식으로 행동했다. 나름대로 똑똑하게 행동하느라, 우리는 가능한 한 부모님이 우리에게 바란다고 짐작되는 모습에 맞추려고 했다. 그래서 우리는 허구의 자신을 만든 뒤, 그다지 바람직하지 않아 보이는 자아를 감추거나 과장했다.

아빠가 당신은 중요하지 않은 존재라는 생각을 심어 줬다면, 아빠에게 맞서 싸우기보다는 그 말에 따르는 편이 당신에게 훨씬 안전할 것이다. 그래서 당신은 자신이 중요하지 않다고 믿게 된다. 당신은 자기 의견을 당당히 주장하지도 않고, 어차피 성공하지 못할 것 같은 일에는 아예 도전하지도 않는다. 그리고 당신과 아빠의 관계도(부정적인 관계일 테지만) 아마 그것을 통해 형성되었을 것이다. 언니가 아빠에게 맞섰다가 어떻게 됐는지를 보고 당신은 절대 그러지 말아야겠다고 다짐했을지도 모른다. 아빠를 믿으면서 최대한 거기에 맞추는 것이 현명한 일이었을 것이다.

당신도 함께 맞서 싸웠을 수도 있다. 집안의 골칫거리나 희생양이 됨으로써 당신이 채워 줄 수 없는 기대에 강력하게 반발했을 수도 있다. 하지만 그역시 가족의 기대에 의해 강요된 역할을 맡게 되는 셈일 뿐이다. 아빠의 기대를 순순히 따르기엔 기질 상 당신의 의지가 너무 강해서 아빠가 당신을 밀쳐 냈을 수도 있다. 하지만 여전히 아빠에게 당신의 가치를 증명해 보이려애를 쓰다 결국 당신도 만족할 수 없는 삶을 살게 된다. 그러다 당신은 가치가 없다는 믿음이 온 마음을 지배하면 더 이상 무슨 시도를 하든 별다른 성공을 거두기 힘들다.

어느 쪽이든 당신의 말은 전해지지 않고 필요한 것은 채워지지 않는다. 끊임없이 공허함, 불만, 상처를 만들어 내는 이 거짓 자아를 키워 가기 위해 당신은 자신의 일부를 포기해야만 한다. 이 거짓 자아와 함께 30~40년을 사는 동안, 당신은 그것과 적당히 맞춰 살아가는 법을 터득했을 것이다. 약간의 약이 도움이 되었을 수도 있다. 그 믿음을 바꾸기로 결심한다 해도 갑자기 당신을 **중요한 존재**라고 생각하는 일은 쉽지 않다. 그 결정에 이르기 위해서는 많은 준비(아마도 당신의 인생에 중요한 의미가 있는 어떤 일을 하는 것)가 필요하다.

같은 행동 패턴을 지속하면 자신이 어떤 사람인가에 대한 믿음도 계속 강화된다. 설령 그 믿음이 부정적이거나 우리가 싫어하는 반응을 불러일으킨다 해도 말이다. 하지만 정반대의 믿음을 만들기보다는 '난 실패작이야, 난 추한 인간이야'라고 계속해서 믿는 편이 훨씬 쉽다. 지금까지 살아오면서 했던 행동이 전부 이 믿음을 증명해 주었기 때문이다.

안드레아는 딸 중 하나가 "…를 못하겠어"라고 말할 때마다 폭발버튼이 눌렸다. 그 말은 딸들이 스스로를 부족하고 무능하게 여긴다는 신호로 들렸기 때문이다. 이것은 '내 딸은 절대로 자신이 하고 싶은 일을 못한다고 생각하지 않게 할 거야'라는 안드레아의 기준에 완전히 어긋났다.

안드레아의 부모는 너는 여자라서 혹은 능력이 없어서 그 길로 나갈 수 없다며 자신의 꿈을 꺾어 왔다. 부모교실을 다니며 안드레아는 자신이 '난 여자라 별로 똑똑하지 못해'라는 믿음을 가지고 살아왔다는 것을 깨닫고, 자기 딸들은 절대 그런 생각을 하지 않게 하겠다고 결심했다. 그래서 그저 아이들이 별 뜻 없이 "신발끈을 못 묶겠어"라고 하는 말에도 그의 폭발버튼은 요란하게 작동했다.

수업 중에 안드레아는 그 폭발버튼의 원천을 찾아냈다. 그는 자신이 어떤 일을 끝내주게 잘할 정도로 똑똑하지 않다고 믿었다. 그래서 자주 직업을 바꾸며 한 가지 일에 정착하지 못했다.

나는 안드레아에게 자신이 별로 똑똑하지 않다는 믿음을 통해 무엇을 얻었냐고 물었다.

안드레아는 혼란스러워하다 "얻은 건 아무것도 없는데요"라고 외쳤다. "방금 그것 때문에 지금까지 한 가지 일을 진득하게 하지도 못하고 잘하지도 못했다고 말씀드렸잖아요."

"네, 맞아요. 하지만 그 믿음을 지키면서 당신이 얻은 것은 무엇인가요? 어떤 이득이 있었나요? 아니면 어떤 것을 피할 수 있었나요?" 내가 말했다.

"아, 무슨 말씀이신지 알겠어요." 그가 질문에 대해 골똘히 생각하더니 천천히 대답했다. "내가 뭘 얻었을까? 선생님은 제가 별로 똑똑하지 않다고 계속 믿어야만 했던 이유가 있었을 거라고 말씀하시려는 것 같아요."

"그리고 계속 그렇게 믿는 것이 당신에게 왜 중요했을까요?"

이윽고 내가 묻고자 했던 바에 생각이 미치자 안드레아는 눈물을 글썽였다. "제가 얼마든지 똑똑하다고 믿었다면 그것을 어떤 식으로든 보여 줘야 했겠죠. 평생을 바칠 일을 찾아서 그것을 위해 노력해야 했을 거예요. 그런데 거기서 실패한다면 어떻게 됐을까요? 그러면 결국 저는 정말로 똑똑하지 않았다는 것을 **증명**하게 되고, 결국 우리 부모님이 이기게 되었겠죠."

"그게 당신의 보복인가요? 별로 똑똑하지 않다는 그 믿음을 살려 두면 당신이 계속 부모님을 미워할 수 있으니까요." 나는 물었다.

"네, 제가 하고 싶은 일을 못하게 만든 건 바로 제 자신인 것 같네요. 그 믿음을 버리면, 저는 **똑똑하고 유능하다**는 사실을 받아들여야만 하는 불안한 처지가 되겠죠. 그럼 일생을 걸 만한 일을 찾아서 최선을 다해야 하는 거예요. 어휴, 그건 정말 무섭네요." 그는 눈물을 참으며 조용히 대답했다.

딸들에게 자신감과 유능함의 모범을 보여 주려면 안드레아가 자신에 대한 믿음을 바꿔야 했다. 딸들은 "못하겠어"라고 말할 때마다 폭발버튼을 누르면서 그 길을 보여 줬다. 그들의 말에 반사적으로 반응하지 않으려고 노력하자, 안드레아의 눈에도 마침내 그들에게 무엇이 필요한지 보이기 시작했다. 그는 "못하겠어"는 그저 순수하게 자신의 관심이나 도움을 요청하는 말이었다는 사실을 곧 알아차렸다. 대개는 단순히 세 살배기가 "코트의 지퍼를 못 채우겠어" 혹은 열 살짜리가 "이 수학 문제를 못 풀겠어"라고 했던 것뿐이다.

다음 주 수업에서 안드레아는 멋진 성공 스토리를 풀어놓았다. 밤 아홉 시쯤 열 살짜리 소피가 안드레아의 침대에 풀썩 눕더니 "엄마, 이 수학 문제 좀 가르쳐줘. 나는 못 풀겠어"라고 말했다. 자기 직전까지 숙제를 미루지 않았다면 충분히 할 수 있었을 거 아니냐고 성급하게 소피를 야단치는 대신 안드레아는 솔직히 말했다. "사실 그 문제는 나도 어떻게 도와줘야 할지 모르겠어." 여느 때라면 안드레아가 분통을 터뜨렸을 답답한 표정으로 소피가 칭얼거렸다. "수학 너무 싫어. 난 못하겠어."

안드레아는 마음 저편에서부터 솟아오르는 절망감이 느껴졌지만, 재빨리 자기 대화를 활용하여 감정을 추슬렀다. 그는 깊이 심호흡을 한 뒤 말했다. "그 문제 때문에 정말 고생했겠구나."

소피는 말했다. "복잡한 나눗셈이 너무 싫어."

안드레아가 말했다. "맞아. 나도 싫어해. 큰 수로 나누는 건 어렵지."

"그래서 이 문제는 답이 뭐야?"

"나도 몰라."

소피가 말했다. "이걸로 이걸 나누는 건가?"

안드레아가 답했다. "그렇지."

"선생님이 계산기를 써도 된댔어. 그럼 가져와야겠다." 숙제는 금방 끝났고, 그날 밤 그들은 둘 다 꽤 자신감을 느끼며 잠들 수 있었다. 안드레아는 환하게 웃으며 말했다. "저 엄청 잘 해냈어요! 소피의 좌절감이 곧바로 제가 느꼈던 비참한 감정과 같지는 않다는 사실을 깨달았어요. 사실 그것은 그저 소피의 좌절이죠. 제 감정은 아니었던 거예요."

결론은 두려움

변화를 피하기 위해 구구절절 동원하는 변명은 결국 두려움에서 나온다. 두려움은 중요한 감정이다. 그것은 다치지 않게 우리를 보호해 주곤 한다.

그러나 두려움이 자기 변화에 끼어들면 자신의 마음을 진솔하게 들여다볼 수 없어진다. 뿐만 아니라 아이들과 관계를 형성하는 데에도 걸림돌이 된다. 우리는 자신의 두려움을 직시하고 잠시 옆으로 밀어 두어야 한다. 부정하거나 회피하는 것이 아니라 옆으로 밀어 두는 것이다. 믿음의 낡은 패턴을 깨뜨리기 위해서는 용기가 필요하다. **오늘을 살면서 아이를 키워야지, 어제에 대한 반응으로 아이를 키워선 안 된다.**

변화를 거부하고 익숙함을 유지하는 것은 인간의 기본적 조건 중 하나이다. 우리는 안정을 좋아한다. 그러면 안전하다고 느껴지기 때문이다. 그러나 변화 역시 인간의 조건 중 하나이다. 열쇠는 한 번에 한 걸음씩 나아가는 것이다. 흔히 생각하는 것처럼 완전히 새로 태어나야 할 필요는 없다. 이제 와서 잃을 것이 무엇이겠는가? 소리 지르고 비명 지르고 분노에 차서 비난하고 아이를 탓하는 것? 통하지도 않는 힘겨루기와 엄한 훈육? 이렇게 생각하면 낡은 방식을 고수하는 것이 더 이상하게 느껴지지 않는가?

나는 *내 욕망을 포기하면 엄마의 인정을 받을 수 있다*고 자신을 옭아매는 믿음을 가지고 있었다는 사실을 발견했다.

엄마가 항상 내가 하고 싶은 일을 하기보다는 나보다 어려운 사람을 도와야 하며, 도움이 필요한 사람이 있는지 늘 살펴야 한다고 가르쳤기 때문에 이런 믿음을 가지게 되었다.

이로 인해 오늘날 내가 아이를 키울 때에도 *해 달라는 것을 절대 거절하지 못하고 아이가 하고 싶은 일이 있을 땐 무조건 발 벗고 나서면서, 너무 많은 일을 떠맡게* 되었다. 그로 인해 나는 *가족들과 함께 시간을 보내며 편히 쉬거나 내 자신을 돌볼* 수 없었다.

이 믿음을 고수하며 내가 얻은 것은 *내가 사람들에게 인정받을 수 있다는 사실을 계속 확인하는 것이다.*
(이 믿음이 내게 어떤 이득을 주는가)

그러면 내가 *좋은 사람이라고 계속 믿을 수 있다.*
(당신이 지속할 수 있는 것 혹은 피할 수 있는 것)

이 믿음을 포기하면 *나의 진짜 모습, 사람들에게 모든 것을 해 주고 싶지는 않은 이기적인 성격*을 직면해야 할까 봐 두렵다.
(나에 대한 것)

그러면 내가 *직장을 구해 일을 열심히 하는 등 다른 방식으로 나를 입증해야 한다*는 것이 두렵다.
(그와 관련하여 내가 해야 하는 일)

이 상황을 바꾸고 싶다면, *항상 다른 사람들을 챙기지 않아도 나는 좋은 사람이며 사랑받을 자격이 있다는 사실*을 깨달아야 한다.

이 믿음을 접어 두면 나도 *아이들과 좀 더 적절한 경계선과 규칙을 정하고 나 자신을 위한 일도 해 가며 더 좋은 엄마와 아내가 될* 수 있을 것이다.
(당신의 양육을 어떻게 바꿀 수 있는가)

다음 질문들 중 하나 혹은 두 가지 모두에 답해 보세요.

A

나는_____고

자신을 옭아매는 믿음을 가지고 있었다는 사실을 발견했다.

_____때문에 이런 믿음을 가지게 되었다.

이로 인해 오늘날 내가 아이를 키울 때에도_____

_____하게 되었다. 그로 인해 나는_____수 없었다.

이 믿음을 고수하며 내가 얻은 것은_____
(이 믿음이 내게 어떤 이득을 주는가)

_____.

그러면 내가_____ 수 있다.
(당신이 지속할 수 있는 것 혹은 피할 수 있는 것)

이 믿음을 포기하면_____
(나에 대한 것)

_____을 직면해야 할까 봐 두렵다.

그러면 내가_____이 두렵다.
(그와 관련하여 내가 해야 하는 일)

이 상황을 바꾸고 싶다면,_____을

깨달아야 한다.

이 믿음을 접어 두면 나도_____
(당신의 양육을 어떻게 바꿀 수 있는가)

_____ 수 있을 것이다.

B

자신을 옭아매는 믿음을 가지고 있다면 그것을 묘사해 봅시다. 그리고 그것이 당신과 아이의 필요를 어떻게 가로막고 있는지 적어 봅시다.

그것을 믿음으로써 당신이 얻는 것은 무엇인가요? 그 믿음으로 인해 당신이 계속 할 수 있는 일이나 계속 피할 수 있는 일은 무엇인가요? 그 이유는 무엇인가요?

그 믿음을 놓아주면 무슨 일이 일어날까 두려워하고 있나요?

당신에 대한 그 믿음을 접어 둔다면, 당신의 양육에는 어떤 변화가 생길까요? 당신 자신에 대해서는 어떤 다른 믿음을 가지게 될까요?

2부

폭발버튼의
여덟 가지 다른 얼굴들

9장
폭발버튼
누르는 이야기

아이가 당신의 버튼을 '누를' 때, 사실 아이는 자신을 주장하는 법을
배워 가는 당신의 고된 여정에 한 발 다가가는 것입니다.
—메리 쉬디 커신카, 『아이와의 기싸움』 중

우리는 모두 고유한 사람이고, 우리의 이야기도 각기 다르다. 당신은 뚜렷
하고 눈에 확 띄는 폭발버튼을 하나 찾았을지도 모른다. 그러나 자신이 맺고
있는 관계의 여러 영역에서 폭발버튼을 여러 개 가지고 있는 부모들도 많다.
당신의 폭발버튼이 무엇이든, 그것은 어릴 적부터 지녀 온 믿음으로 만들어
진 비현실적 혹은 부적절한 기준과 연결되어 있다. 우리가 자녀에게 방어적
으로 반응한다는 것은 그 기준을 고수하고 그 믿음을 지키겠다는 뜻이다. 이
는 충분히 자연스럽고 타당한 태도이다. 그로 인해 무엇이 위험해지는지 알
게 되기 전까지는 말이다.

다음 장은 각각의 특성을 잘 드러내는 이야기를 통해 여덟 가지의 폭발버
튼을 보여 준다. 폭발버튼을 해제하기 위해서는 먼저 그것이 무엇인지를 정
확히 파악해야 한다. 이 이야기들은 매우 다른 여러 부모들이 매우 다른 여
러 상황(악의 없고 흔한 상황부터 심각하고 어쩌면 위험할 수도 있는 상황까지)에서
경험하는 폭발버튼을 상세히 보여 준다. 여러 가지 버튼에 공감할 수도 있
고, 여러 버튼을 부분적으로 가지고 있다는 사실을 깨달을 수도 있다. 한 이

야기에 두 개 이상의 버튼이 등장하는 경우도 있다. 예를 들어 책임감 버튼이 있는 부모에게 해결 버튼이 있을 수도 있기 때문이다. 하지만 일단 각 이야기는 그 이야기에서 가장 뚜렷한 주제와 연결되는 버튼과 짝지어 두었다.

존재할 수 있는 모든 폭발버튼이나 버튼의 조합이 여기에 담겨 있는 것은 결코 아니다. 다만 이 이야기들을 통해 당신의 버튼을 찾아내고 살펴볼 수 있게 되기를 바란다.

몇몇 이야기는 성공으로 끝나지만 또 몇몇은 그렇지 않다는 것을 당신도 보게 될 것이다. 부모가 꾸준히 노력해야만 진전이 생긴다. 그저 문제를 발견하고 약간의 지식을 얻는 것만으로 성공하는 경우도 있지만, 더 깊은 이해와 부단한 노력이 필요한 경우도 있다. 막 문제를 겪기 시작한 부모에 대한 이야기도 있고, 아주 오랫동안 문제를 겪어 온 부모들의 이야기도 있다. 각각의 성공 스토리는 단지 한 가지 사건에 대한 것이다. 따라서 이 성공으로 좌절이 온전히 끝났다고 말할 순 없다. 그러나 한 번이라도 성공해 보는 것은 큰 진전이다. 이것은 열심히 노력하면 성과를 낼 수 있다는 증거가 되어 준다. 각각의 성공을 통해 다음을 향한 자신감을 쌓아 갈 수 있다. 어떤 이야기는 폭발버튼의 기원을 찾기 위해 부모의 어린 시절까지 파고들고, 어떤 이야기는 가설을 바꾸는 것만으로도 결과가 달라진다는 것을 보여 준다.

자동적으로 떠오르는 생각

폭발버튼에 대한 이야기를 읽다 보면, 자녀의 행동에 반응할 때 부모들이 '자동적으로 움직인다'는 사실을 알게 될 것이다. 우리가 가지고 있는 기질과 경험에 따라 자동적 행동은 대개 두 가지 방식으로 나타난다. 하나는 **밖으로 폭발**하는 것이다. 화를 내거나, 과도하게 통제하고 보호하려 하거나, 아이들을 교묘히 조종하거나, 우리에게 생긴 문제와 불편에 대해 아이를 탓하는 것이 여기에 해당한다. 또 하나는 **속으로 곪는** 것이다. 포기하거나, 굴복하거나, 자책하거나, 회피하거나, 원망하거나, 자멸의 어둠 속으로 파고드는 것이 여기에 해당한다.

독재적인 부모는 아이에게 자동적으로 '안 된다'고 말하는 경향('내가 윗사람'이라는 점을 확인시키기 위해)이 있는 한편, 방임적 부모는 아이가 뭘 요구할 때 자동적으로 '된다(혹은 하고 싶다면 뭐든 하라)'고 말하는 경향이 있다. 된다고 말하기 어려워하는 독재적인 부모는 아이와의 관계에서 자신이 권력과 통제력을 지켜야 한다고 느낀다. 그들은 된다고 말하면 자신의 권력이 아이에게 넘어가 윗사람이라는 역할을 놓치는 것이 아닐까 두려워한다. 자기 부모의 무시무시한 권력 아래 위축되어 지내면서 부모의 역할은 독재라고 배웠는지도 모른다. 아니면 어렸을 때 너무 심한 통제를 받은 나머지 통제에 매달리게 되었을 수도 있다. 이제는 '내가 윗사람이다'라는 정체성을 가지게 되었기 때문이다.

좀처럼 안 된다고 말하지 못하는 방임적 부모는 한계를 설정하고, 행동의 결과를 책임지고, 경계선을 확립하고, 자녀와 거리를 두면서 아이들 스스로 해 볼 수 있게 맡기기를 어려워한다. 그들은 아이에게 거부당할까 봐, 혹은 자신이 사랑과 돌봄을 충분히 주지 못한다고 보일까 봐 두려워하는 것일 수도 있다. 안 된다는 말은 냉정하게 거부하며 창피를 주는 것과 다름없다고 생각할 수도 있고, 자신의 부모가 안 된다고 할 때 본인이 그런 느낌을 받았던 것일 수도 있다. 혹은 자라면서 안 된다는 말을 거의 들어 본 적이 없어서 적절히 안 된다고 하는 법을 배울 기회가 없었을 수도 있다.

우리는 그때그때의 기분과 상황에 따라 이 두 가지 모습 사이에서 갈팡질팡하곤 한다. 방임에서 독재까지 펼쳐진 스펙트럼의 가운데쯤에서 균형을 잡는 것이 당신의 목표였다고 생각해 보라. 그런데 폭발버튼이 눌리면 당신의 자동적 사고가 신속하게 작동하여 독재의 극단이나 방임의 극단으로 움직이게 된다. 당신의 반응을 살펴보면 자신의 지배적인 패턴을 찾는 데 도움이 될 것이다.

부모의 기질

개개인의 기질은 우리의 반응에 아주 큰 영향을 끼친다. 가령, 매우 정돈을 잘하고 꼼꼼한 기질의 부모는 정돈을 잘 못하는 부모에 비해 자녀가 집을 어지르는 상황을 훨씬 받아들이기 어려워한다. 깔끔하고 정리정돈에 능한 부모가 통제도 더 엄격하고 안 된다는 말을 더 자주 할지도 모른다. 반면에 느긋하고 유연한 부모는 아이의 요구를 쉽게 들어주면서 아이에게 굴복하는 경향이 있을 수도 있다. 앞으로 볼 이야기에서도 기질이 자주 언급될 것이다. 이는 아이에게 필요한 것을 파악하는 데에도 매우 결정적인 부분이다. (메리 쉬디 커신카의 책 『아이를 바꾸려 하지 말고 긍정으로 교감하라』를 통해 당신과 아이의 기질적 특성에 대해 더 많은 것을 배울 수 있다.)

당신은 어떤 스타일인가요?

다음의 질문에 답하며 폭발버튼이 눌리면 당신은 어떤 방향으로 움직이는지 파악해 보자.

1. 자동적인 반응이 튀어나올 때, 나는 밖으로 폭발하는/속으로 곪아가는 경향이 있다. (해당하는 말에 동그라미)
2. 내가 밖으로 폭발할 때, 나는＿＿＿＿＿＿＿＿행동을 한다.
3. 내가 속으로 곪아갈 때, 나는＿＿＿＿＿＿＿＿행동을 한다.
4. 나는 아이에게 된다고/안 된다고 말하는 경향이 강하다. (해당하는

말에 동그라미)

5. 주로 된다고 말하는 쪽이라면, 나는_____가 두려운
나머지 안 된다고 말하기가 힘들다.

6. 주로 안 된다고 말하는 쪽이라면, 나는_____가 두려
운 나머지 된다고 말하기가 힘들다.

다음의 폭발버튼 이야기를 읽으며 부모가 폭발하는지 곪아 가는지, 된다
와 안 된다 중 어느 쪽을 더 편하게 여기는지 파악해 보라. 각각의 상황에서
부모와 자녀의 관심사는 각각 무엇인가? 그 관심사는 좌절되었는가?

그런 감정과 반응을 일으키기까지 각 부모가 세운 가설은 무엇인가? 자기
자신, 자녀, 상황에 대해 부모가 기대하던 바는 무엇이었을까? 이러한 기대
가 어떻게 부모가 가지고 있던 기준으로 이어지는지 알아볼 수 있는가? 그리
고 일부 이야기에서 부모가 어린 시절에 갖게 된 믿음이 현재의 기준에 어떻
게 영향을 끼치고 있는지 찾을 수 있는가? 부모의 기준과 관심사가 자녀와
유대를 맺거나 보다 효과적으로 행동하는 데 어떤 식으로 방해가 되는가? 부
모의 원래 의도는 무엇이었는지, 그것이 어떻게 잘못 전달되는지, 그리고 아
이에게 어떻게 받아들여지는지 살펴보라. 부모와 자녀 사이에는 틈이 얼마
나 넓게 벌어져 있는가? 그 틈을 더 벌리거나 좁히는 상황은 무엇인가?

성공을 했다면, 부모가 바꾸거나 떠나보낸 가설은 무엇인가? 가지고 있던
기준은 어떻게 조정했는가? 관계를 쌓기 위해 부모가 한 일은 무엇인가?

10장
인정 버튼 :
"사람들 앞에서 망신 주지 마."

자기 아이를 자신의 분신이라고 생각해 본 적이 한 번도 없는 부모는 드물다. 마트에서 어떤 행동을 하는가에서 어떤 대학에 진학하는가까지, 인정에 목마른 부모는 아이를 보는 다른 사람들의 이목을 예민하게 의식하며 아이에게서 눈을 떼지 못한다. 압박은 점점 거세지고, 아이가 자신의 기준에 따라 행동하지 않으면 자신이 창피를 당하게 될까 두려워한다. 세상은 그가 실패했다고 단정할 것이며, 가슴에는 자신이 그토록 두려워했던 엉터리 부모의 낙인이 찍힐 것이다.

인정에 목마른 부모는 자신의 수치심을 피하기 위해 다음과 같은 말을 한다. "존스 씨에게 안녕하세요 해야지", "내가 입으라고 한 거 입어", "아빠 망신 좀 그만 시켜!" 그들은 바깥세상으로부터 인정 도장을 확보하기 위해 이런 식으로 아이들을 조종한다. "그렇다면 과연 '최우수 부모상'은 누구에게…?"

자기 부모에게 인정을 받으려고 애를 쓰는 부모도 많다. 그들은 아직도 부모에게 단단히 매여 있다. 자기 부모의 마음이 어떨지를 짐작하느라 아이의 마음은 뒷전으로 밀려나는 경우도 많다. 부모는 자신이 중간에 끼었다고 느끼며 해묵은 패턴만을 되풀이하는 동안, 아이의 필요는 방치된다.

폭발버튼이 눌리면, 인정에 매달리는 부모는 자신이 사람들의 눈총을 받으며 창피를 당했다고 느낀다. 아무 흠도 잡히지 않는 것이 그들에겐 궁극적인 방어이다. 인정에 목매는 부모의 자녀들은 대개 자신감이 없고, 사랑받지 못한다고 생각하며, 창피함을 자주 느끼고, 자신은 늘 부족하다고 믿는다.

아이들이 인정 버튼을 누를 때 그들은 "다른 사람들 생각 좀 그만하고 부모님과 나에게 필요한 것이 무엇인지를 살펴봐요"라고 말하는 것이다.

"저는 지금 사면초가예요."

엘리너와 시드니(8세)

엘리너는 스트레스가 잔뜩 쌓인 채 완전히 지친 젊은 엄마이다. 이미 기진맥진이지만, 이걸 어떻게 해야 할지 결정하지도 못한 상태이다. 그는 딸 시드니와 그의 남동생이 지금까지 했던 모든 일에서부터 앞으로 할 모든 일까지 전부 자신이 책임져야 한다고 생각했다. 엘리너는 "그들을 행복하게 하는 것이 내 책임이야"라고 늘 다짐했다. 아이들의 행동은 부모인 자신의 능력을 직접적으로 반영한다고 생각했기 때문에, 그는 절대 문제가 생기지 않도록 최선을 다했다. 여기에 온 신경을 집중하느라 기력을 다 소진할 정도였다. 그는 쉴 새 없이 급한 불을 끄듯 그들이 벌인 문제를 해결해야 한다고 말했다. 그는 수업 시간에 다음과 같은 이야기를 들려주었다.

엘리너의 엄마 에이드리언이 시드니의 소프트볼 결승전 날 방문했다. 지난 두 경기에 빠졌기 때문에 그날 경기는 시드니에게 특히 중요했다. 경기장으로 향하기 직전 엘리너가 시드니에게 장비를 모두 챙겼는지 물었다. 시드니는 글러브를 못 찾겠다고 말했다. 엘리너는 더 잘 찾아보라고 했지만, 시드니는 의자에 드러누워 "못 찾겠어. 엄마가 찾아 줘"라고 칭얼거렸다. 엄마

앞에서 버릇없게 구는 딸을 보고 당황하여 엘리너는 네가 찾으라고 단호하게 받아쳤다. 그러나 시드니는 계속 고집을 부리며 칭얼거렸고, 결국 엘리너는 아이가 칭얼거리기를 그치고 기분이 나아지길 바라며 직접 글러브를 찾기 시작했다.

예전부터 에이드리언은 시드니는 버릇이 없으니 언제 한번 제대로 엉덩이를 맞아야 한다고 잔소리를 하곤 했다. 엄마의 간섭을 불편해하던 엘리너는 지금도 엄마는 분명 그 생각을 하고 있을 거라고 짐작했다. 어렸을 때부터 엄마는 자신이 하고 싶어 하는 일을 곧잘 '한심하다'며 야단쳤고, 그렇다고 불평하거나 칭얼대면 엉덩이를 때렸었다는 것이 떠올랐다. 엘리너는 엄마에게 인정받기 위해 학교에서 공부도 열심히 했지만, B를 받으면 A가 아니라고, A를 받으면 A+라 아니라고 꾸지람을 들었다.

사라진 글러브를 찾아 집의 위층, 아래층, 안, 밖을 모두 뒤졌다. 시드니는 엄마가 가는 데마다 졸졸 쫓아다니며 투정을 했다. 그러다 어느 순간 화가 난 시드니가 뒷마당에서 엘리너에게 소리를 질렀다.

"엄만 바보야! 왜 아직도 못 찾아? 이제 출발해야 된단 말이야."

엘리너는 말문이 막혀 작작 좀 하라는 눈빛으로 시드니를 쏘아봤다. 아니나 다를까 이윽고 에이드리언이 엉덩이를 때려야 한다고 중얼거리기 시작했다. 혼잣말이었지만, 엘리너가 늘 그래왔듯 역시 나는 부족하다는 기분에 휩싸일 수 있을 정도로는 충분히 잘 들렸다. 어른이 되어서까지 자신은 제대로 하는 일이 없었다.

부글부글 끓어오르는 화를 느끼며 엘리너는 마지막으로 다시 한번 위층을 살펴보았다. 시드니도 쫄래쫄래 따라왔다. 엘리너가 책장을 뒤지는 동안, 그때까지 찾는 일을 전혀 돕지 않던 시드니가 문득 옷장 바닥에 떨어져 있던 잠옷을 들어 올리더니 그토록 찾던 '보물'을 찾아냈다. 기쁨의 비명을 지르며 의기양양한 얼굴로 시드니가 외쳤다.

"엄마, 이거 봐. 내가 글러브 찾았어!"

엘리너는 화를 꾹꾹 눌러 참을 수밖에 없었다. 시드니의 환한 표정을 보면서, 그는 아이가 방금 전까지의 일은 전부 잊어버리고 이제는 완전히 경기장으로 향할 마음이 되었다는 것을 느꼈다.

엘리너는 발이 떨어지지 않았다. 그는 "네가 어떻게 감히 우리 엄마 앞에서 나를 망신 줄 수 있어?" 하는 눈초리로 시드니의 반짝거리는 눈을 노려보며 침대에 앉아 조용히 있으라고 무섭게 말했다. 그는 비틀비틀 복도로 나가 부엌 쪽으로 내려가는 계단에 주저앉아 손으로 머리를 감쌌다. 이럴 수도 없고 저럴 수도 없었다. 위층에서는 딸이 서럽게 울고 있었고, 아래층에서는 엄마가 초조하게 서성거리며 못마땅한 눈길로 계단을 쳐다보았다. 엘리너가 가장 두려워하던 상황이었다.

결국 에이드리언이 이겼다. 엘리너는 시드니를 곤경에서 빼내 주려면 일단 엄마에게 버릇없는 망나니를 키웠다고 비난을 받아야 한다는 사실을 알고 있었다. 그래서 그는 시드니에게 무례하게 행동했으니 오늘은 경기장에 못 간다고 말했다. 그리고 "그러는 게 어딨어!" 하는 아이의 비명소리를 뒤로 한 채, '말도 안 되게 버릇없는 시드니의 행동'에 대한 엄마의 비난을 듣기 위해 아래층으로 내려갔다.

분명 시드니의 관심사와 엄마의 관심사는 달랐다. 아이는 경기에 출전해서 이기고 그걸 보며 엄마가 자기를 자랑스럽게 여겨 주길 바랐다. 지난 두 경기에 빠진 상황에서 오늘 자신의 경기가 엄마에게도 중요하다는 것을 잘 알고 있었다. 그래서 꼭 경기에 가야 했다. 이번에도 또 나가지 못하면 같은 팀 친구들이 속상해할지도 몰랐다. 시드니는 늘 그랬듯 엄마가 글러브를 찾아 줄 것으로 철석같이 믿고 있었다. 엄마는 원래 그래야 하는 것 아닌가?

그런데 엄마가 글러브를 찾지 못하자, 시드니는 초조해졌다. 놀랍게도 자신이 글러브를 찾아낸 순간, 아이는 자신감에 가득 차 의기양양해졌다. 그는 엄마도 자신을 자랑스럽게 생각해 줄 거라고 생각했다! 하지만 아니었다. 저 비난조의 무서운 눈초리로 무슨 말을 하려는 거지? 평소의 엄마와는 전혀 달랐다. 이게 지금 무슨 상황일까?

시드니는 아무 경고("너도 같이 글러브를 찾지 않으면…" 혹은 "무례한 행동을 그만두지 않으면 경기장에 못 갈 줄 알아")도 받지 못했다. 이는 매우 익숙한 시나리오였다. 이제껏 시드니는 잃어버린 물건은 자신이 책임져야 한다는 말을 들어 본 적이 없었다. 오늘이라고 왜 달라야 했던 걸까? 시드니는 할머니가 엄마에게 얼마나 막대한 영향을 끼치는지 전혀 알지 못했다.

자녀의 행복을 최우선으로 삼으면서 사실 엘리너는 시드니가 자신을 무례하게 대하게끔 만들었다. 그는 몇 년이고 시드니에게 자신의 물건은 엄마가 다 책임져 준다고 생각하도록 가르쳤다. 그래서 엄마가 그동안 자신이 기대하던 방식과는 다르게 행동했을 때, 시드니는 화가 났다. 적절한 반응은 아닐지라도 논리적인 반응이긴 하다. 엘리너는 이 상황에서 어디까지가 자신의 책임이고 어디부터 시드니의 책임인지 분간하지 못했다. 그는 이러지도 저러지도 못한다고 느끼다 결국은 엄마의 인정을 받는 길을 택했다.

에이드리언이 아니었다면, 엘리너는 아마 아무리 화가 나더라도 딸의 행복을 우선에 두면서 잠자코 시드니를 경기장에 데려갔을 것이다. 말 그대로 엘리너는 엄마의 인정과 딸의 행복 사이에서 진퇴양난의 상황이었던 것이다.

엘리너가 자신이 무능하고 가치 없는 사람이라고 믿고 있다면, 자신의 자존심도 자녀의 행동에 크게 좌우될 것이다. 자녀가 행복하게 지내며 공손히 행동하면, 자신도 마음을 놓을 수 있다. 그러나 시드니가 거칠고 버릇없게 행동하자 자신의 믿음이 발동되었고 곧장 위협을 느꼈다. 일단 그는 화를 내는 것으로 반응했지만, 이 상황에서 제대로 균형을 잡을 방법이 무엇인지는 감도 잡히지 않았다. 아이를 행복하게 해 주어야 한다는 자신의 필요가 절박한 상태에서 시드니에게 자신의 행동을 책임지게 하기란 너무 어려운 일이기 때문이다. 하지만 그날은 엄마의 인정을 받아야 한다는 자신의 필요가 모든 것을 눌러 버렸다. 자신을 빤히 지켜보고 있는 엄마 앞에서 무능함의 패턴으로 돌아가기란 너무 쉬운 일이다. 그러면 엄마와의 관계는 무사히 지킬 수 있지만, 딸과의 관계는 심각한 위험에 빠진다. 하지만 엄마와의 관계가 딸과의 관계보다 훨씬 길다.

엘리너가 자기 능력에 좀 더 자신이 있었다면, 시드니와 함께 규칙을 명료하게 정할 수 있었을 것이다. 일단 폭발버튼이 사라지면 감정적인 위기 없이도 이렇게 말할 수 있다.

"시드니, 일단 네가 10분 동안 글러브를 찾았으면 좋겠어. 그러고도 찾지 못하면 나도 도울게. 그런데 얼른 찾기 시작하는 게 좋을 거야. 30분 안에는 출발해야 하니까."

만일 시드니가 거절하더라도 엘리너는 다음처럼 차분하게 말할 수 있을 것이다.

"10분 동안 찾아보고 찾았는지 알려줘. 찾고 싶지 않으면, 경기에 가고 싶지 않다는 뜻으로 알게."

그러고 나면 글러브를 찾을지, 경기에 빠질지는 시드니가 결정해야 할 문제가 된다.

"사람들 앞에서 망신 주지 마."

레슬리와 브라이언(6세), **베스**(8세), **피터**(12세)

레슬리는 꽤 정신이 없는 상태로 '당신의 자녀가 폭발버튼을 건드릴 때'

교실에 찾아왔다. 아들의 담당교사가 아이에게 주의력 결핍 과잉 행동 장애 (ADHD) 검사를 해 봐야 할 것 같다고 권했기 때문이다. 그는 브라이언이 학교에서 내내 꼬리표를 달고 다니기를 원치 않았다. 아직 방법은 정확히 모르지만 자신이 충분히 아이를 다룰 수 있다고 굳게 믿었다.

브라이언은 레슬리의 세 자녀 중 막내로, 자신의 폭발버튼을 가장 심하게 누르는 아이였다.

"그 애는 항상 눈에 거슬려요."

그는 이렇게 털어놓았다. "그 애는 그만두는 법이 없어요. 저는 정말 기운이 다 빠졌어요. 아이가 10대가 되고 나서는 말할 것도 없고 10대가 될 때까지도 어떻게 버텨야 할지 모르겠어요!" ADHD 꼬리표까지 붙게 될까 두려운 나머지 레슬리는 아이에 대해 진지하게 생각해 보기로 결정했다. 수업을 몇 번 들은 뒤, 그는 다음의 이야기를 들려주었다.

어느 날, 장을 보는 동안 레슬리는 엄마들이 가장 두려워하는 사건을 겪었다. 아이들과 호수에 가겠다고 약속한 날이었는데 가는 길에 잠시 볼일이 두 가지 있었다. 먼저 마트에 들러 간단히 몇 가지를 사 오는 동안 아이들은 차 안에서 기다리고 있었다. 그가 돌아왔을 때 브라이언은 기분이 아주 엉망이었다. 아이는 너무 덥다고 불평하며 "마실 건 하나도 안 사왔어?"라고 칭얼거렸다. 늘 듣던 말투였지만 레슬리에겐 너무 거슬렸다. 그래서 그는 짜증스럽게 대꾸했다.

"네가 덥고 목마를지 내가 어떻게 아니? 호수에 도착할 때까지 기다려."

다음은 아이들 양말을 사러 쇼핑몰에 들러야 했다. 브라이언은 계속 따라가겠다고 우기면서 또 화를 돋웠다. 그는 브라이언이랑 가게에 들어가는 것을 싫어했다. 최대한 빨리 양말만 사서 나오려고 했지만, 브라이언은 계속 그에게 매달려 큰 소리로 호수에 가자고 떼를 쓰고 목이 마르다고 투정을 부렸다. 그는 부디 아무도 보지 않기만을 빌었다.

아이에게 팔을 놓으라고 하기 위해 돌아선 순간, 어떤 할머니가 나타나서 브라이언을 손가락으로 가리키며 매섭게 말했다.

"그렇게 떼를 쓰면 네 엄마만 힘들게 하는 게 아니라 여기 있는 모든 손님들을 괴롭히는 거야!"

레슬리는 겁에 질려 그 사람을 쳐다봤다. 너무 놀라서 말도 나오지 않았다. 그 사람은 두 사람 모두를 향해 진저리가 난다는 듯 고개를 저은 뒤 여성복 코너 너머로 사라졌다.

레슬리는 완전히 당황했다. 다른 사람들이 어떻게 생각할지 걱정하던 모든 것을 그 할머니가 한꺼번에 보여 줬기 때문이다. 레슬리는 소리쳤다.

"너 때문에 다른 사람들이 얼마나 괴로운지 알았어? 이제 그만하라고 하면 말 좀 들어!"

그는 어떻게 하려나 빤히 지켜보고 있는 사람들을 의식하며 큰 소리로 윽박질렀다. 그래도 브라이언은 호수 타령을 멈추지 않았다.

싸우던 그 순간에는, 브라이언에겐 그만의 특성이 있기에 그에 맞는 특별한 양육이 필요하다고 일러 주던 레슬리의 작은 목소리가 사라져 버렸다. 대신 인정받을 만한 아이를 키우지 못했다고 질책하는 크고 가혹한 목소리가 들렸다. 브라이언은 정말 ADHD인 것 같다는 두려움이 점점 확실해졌다. 역시 자신은 분명 아이를 키우는 데 적합하지 않은 사람이었고, 그 할머니의 말이 완전히 맞았던 것이다.

레슬리는 자신이 브라이언에게 그렇게 즉각적으로 반응한 이유가 통제 불능의 아이나 키우는 나쁜 엄마로 보이게 되어 아주 당황했기 때문이라는 사실을 나중에서야 깨달았다. 오래지 않아 그는 그 할머니의 갑작스런 지적이야말로 아주 실례였다는 것을 깨달았다. 레슬리는 생전 처음 본 사람의 비난을 철석같이 믿으며 곧바로 아이의 편을 떠났다. 실은 자신의 아이를 배신한 것이다.

레슬리의 기준에 따르면 '아이들은 좋든 싫든 부모님의 말에 무조건 따라야' 했다. 첫째와 둘째 때에는 자신의 기준이 충분히 옳은 것 같았다. "통화할 일이 있어서 첫째와 둘째에게 방에서 나가라고 말하면 당연히 나가거든요. 그런데 브라이언에게 나가라고 하면, 무슨 핑계를 대서든 나가지 않으려고 하면서 자기에게도 전화를 바꿔 달라고 떼를 써요." 그는 신물 난다는 듯이 말했다. 레슬리의 기준은 기질이 다른 아이에 대한 고려가 없었다. 붐비는 상점에서 쇼핑을 하는 도중에 아이가 나가자고 하면, 그는 '난 지금 이걸 사야 돼. 그리고 내가 그렇다면 너는 무조건 따라야 돼' 하는 태도를 보였다. 아이가 소음과 과도한 자극을 견디기 힘들어한다는 것을 알면서도 말이다. 레슬리는 브라이언의 기질을 이해하기보단 혼란스러워했다. 그는 브라이언도 첫째와 둘째처럼 말을 잘 듣도록 가르쳐야 한다고 생각했다.

수업에 참여하고 나서, 레슬리는 그 일이 있던 순간 자신은 자신의 관심사만을 생각했다는 점을 깨달았다. 아이가 거기에 맞춰 주지 않을 때 아무리 이를 악물고 침착하려 해도 아이는 이미 엄마의 신경이 날카로워졌다는 것을 감지하고 있었다. 아이는 엄마가 사람들 앞에서는 자신이 엄마 말을 잘 따르기를 바란다는 것을 알고 있었다. 하지만 브라이언에게 엄마가 바라는 대로 행동하기란 너무 힘든 일이었다. 자신이 엄마의 기대에 미치지 못하고 있다는 것이 느껴질 때마다 그는 더 고집을 부렸고, 그의 말썽은 점점 심해졌다.

여러 번 수업을 듣고 나서 레슬리도 마침내 성공담을 가져왔다. 브라이언의 진료를 위해 세 아이를 모두 치과에 데리고 간 날이었다. 레슬리는 브라이언의 누나를 데리고 크리스마스 쇼핑을 갈 계획이었다. 방 반대편에서 장난감 상자를 뒤지던 브라이언이 고개를 들더니 "나도 따라갈 거야!"라고 말하며 울기 시작했다.

"안 돼, 베스만 데려갈 거야. 너하고는 여러 번 다녀왔잖아. 이번엔 누나 차례야."

비록 아이가 어떻게 나올지 걱정이 되긴 했지만, 그래도 레슬리는 자신이 얼마나 차분하고 분명하게 대처했는지를 느끼고 깜짝 놀랐다고 말했다. 대기실에 아무도 없었던 것이 큰 도움이 되었다고 덧붙였다.

브라이언은 자신이 얼마나 쇼핑을 싫어하는지도 잊어버린 채 계속 울었다. 그의 관심사는 그저 엄마와 누나를 따라가는 것이었다. 브라이언이 투정을 부리면 레슬리가 들어주는 경우가 많았고, 그래서 딸은 브라이언이 따라올 때마다 골을 부렸다. 그런데 이번엔 레슬리가 다시 한 번 차분하게 말했다.

"소리를 지르고 싶으면, 코트 보관실에 들어가는 게 어떻겠니?"

놀랍게도 그는 순순히 코트 보관실로 들어갔다. 거기서 몇 번 소리를 지르는 둥 마는 둥 하더니 다시 쿵쾅거리며 대기실로 돌아와 의자에 털썩 앉아 코트를 머리 위로 뒤집어썼다. 레슬리는 다른 두 아이에게 읽어 주던 책으로 돌아갔다.

몇 분이 지나자 브라이언이 코트를 젖히고 똑바로 앉아 똑똑히 말했다.

"엄마 말이 맞아. 코트 속에서 생각해 보니 나는 엄마랑 특별한 일을 많이 할 수 있어. 그러니까 괜찮아. 이번엔 베스랑 같이 가."

나는 레슬리가 브라이언의 처음 반응을 야단치지 않았다는 점을 지적했다. 그는 아이가 자신의 짜증을 어떻게 처리하면 좋을지 알려 주었고, 필요한 만큼 할 수 있게 해 주었다. 사람이 없는 대기실은 레슬리가 새로운 기술을 연습하기에 알맞은 장소였다.

브라이언이 사람 많은 곳에서 자신을 민망하게 만드는 행동을 하면, 레슬리는 '아이들은 좋든 싫든 부모님의 말에 무조건 따라야 한다'는 자신이 기준이 위협당했다고 느꼈다. 하지만 그는 일단 다른 사람이 어떻게 생각할지는 신경 쓰지 않기 위해 노력했다. 처음에는 브라이언이 무례한 행동을 해도 무조건 혼내지 말라는 뜻일까 걱정했지만, 오래지 않아 그는 공공장소에서 자신의 기준만을 위해 신경을 곤두세우면 덩달아 브라이언의 신경도 매우 날카로워지면서 무례한 행동으로 이어질 수밖에 없다는 점을 이해했다. 다행히 치과 대기실에서는 전혀 신경이 곤두서지 않았기에 그는 전처럼 즉각적으로 대응하지 않고 아이의 행동 밑에 숨어 있는 생각을 헤아리며 대응할 수 있게 되었다.

"사람들이 뭐라고 생각하겠어?"

바버라와 릴리(3세)

'애 때문에 사는 게 너무 힘들어. 난 완전 망했어. 이 애는 버릇이 너무 없어.' 바버라는 이 가설을 머릿속에서 떨칠 수가 없었다. 그는 수업을 같이 듣는 사람들이 자신을 최악의 엄마라고 생각하지 않을까 심하게 걱정했다. 물론 몇 주간 그의 말을 들어 본 바로는 전혀 그렇지 않았다. "다른 사람들이 저를 어떻게 생각할지 정말 걱정했었어요."

자신이 겪고 있는 문제가 얼마나 흔한지 알게 된 후 그가 말했다. 이제는 바버라도 자신을 얼마나 나쁜 엄마라고 생각하는지 좀 더 마음 편히 털어놓을 수 있게 되었다. 그는 직장과 주장이 아주 강한 세 살배기 딸 사이에서 균형을 잡기 위해 안간힘을 쓰고 있는 스무 살의 싱글맘이었다.

"왜 자신이 나쁜 엄마라고 생각하세요?"

내가 물었다.

"릴리가 제 말을 듣게 만들지 못하니까요. 그 애는 밥도 안 먹고, 화장실에 가라고 해도 안 가요. 그저 나를 괴롭히려고 그러는 거죠. 얼마든지 화장실에 갈 수 있으면서도 매번 큰일을 꾹 참고 있어요. 변기에 앉히려고 하면 무조건 도망가고요. 어린이집에서는 착하게 군다는데 그게 더 열 받아요. 다른 사람 말은 듣는데 내 말은 안 듣는 거잖아요. 어느 날 애가 한밤중에 일어나 바지에 응가를 했다고 말했을 때에는 완전히 폭발했어요."

"왜 그게 당신 잘못이라고 생각하나요?"

수업을 듣는 누군가가 물었다.

"제가 화장실 교육을 못 시킨 거니까요. 도대체 저는 뭐가 문제일까요?"

바버라는 눈물을 글썽였다. "제 친구들이 와서 '아직 화장실 교육 안 했어? 저게 웬일이야?'라고 하면 너무 속상해요. 그럼 남편이랑 헤어져서 이렇게 오랫동안 일을 해야 하는 저를 탓하죠. 모든 일을 저 혼자 해야 하니까요." 그는 잠시 말없이 고개를 떨구고 있다가 다시 말을 이었다. "그런데 제일 끔찍한 건 제 아빠예요. 아빠는 전남편에 대해 '그러게 내가 뭐랬냐'라는 얼굴로 한심해할 뿐 전혀 도와주질 않아요. 제가 저지른 일이니 제가 책임져야 한다는 거죠. 그러면서 릴리가 사고를 칠 때마다 (당연히 부모님 집에 찾아갈 때마다 그래요) 그 표정으로 저를 쳐다봐요. '넌 대체 왜 그러니? 엄마 노릇마저 제대로 못하는구나'라고 말하는 거죠. 전 제대로 하는 게 없어요."

어렸을 때 아버지가 바버라에게 실제로 야단을 친 적은 없었다. 그렇지만 "인정할 수 없다는 기운을 뿜어냈"기 때문에 무슨 말을 하려는지 충분히 알 수 있었다. 바버라는 청소년기에 '약간' 반항적이긴 했지만 대개는 아빠의 '도끼눈'을 피하기 위해 '착한 딸'로 지냈다고 말했다.

"바로 그 표정이요. 딱 그 표정만 지으면 돼요. 그럼 저는 이제 큰일 났다는 것을 알아차렸죠."

"어떤 큰일이 났나요?"

내가 물었다.

"그게 좀 웃기긴 한데요, 사실 우리가 실제로 엉덩이를 맞거나 외출 금지를 당한 적은 한 번도 없어요. 그냥 그 표정으로 우리가 잘못했다는 말을 들을 뿐이었죠. 그 얼굴이 떠오르기만 하면 아직도 등골이 오싹해요. 저녁 식사 시간에 늦든, 아빠가 싫어할 말을 하든, 아빠가 사 주고 싶지 않은 것을 갖고 싶다고 하든, 뭐든지 말예요. 그럼 저는 말도 못할 죄책감을 느꼈어요."

그는 말했다.

아버지는 인정을 해 주지 않는 것으로 바버라와 그의 여동생을 꼼짝 못하게 만들었다. 아빠의 침묵과 굳은 표정은 실망과 불만의 신호였다.

"그 표정을 보면 제가 무슨 벌레만하게 쪼그라드는 기분이었어요. 그럼 어떻게든 만회를 해야 했죠. 저를 보고 다시 웃어 주실 때까지 아빠에게 온갖 일을 다 하며 기분을 맞춰 드렸어요. 때로는 얼굴이 풀리기까지 며칠이 걸리기도 했죠. 그러곤 다음 사건이 터질 때까지는 살얼음을 걷듯 위태로운 거예요. 정말 효과가 끝내줬죠."

그 '효과'는 결국 바버라가 어디에 가서든(심지어 세 살배기 릴리에게조차) 인정을 받으려고 애를 쓰게 되는 상황으로까지 이어졌다.

"릴리가 말을 잘 들으면(화장실에도 잘 가고, 밥도 잘 먹고, 사람들 앞에서도 귀엽고 착하게 굴 때에는) 제 자신이 얼마나 자랑스러운지 몰라요. 마치 아이가 '참 잘했어요' 도장인 것만 같아요."

바버라는 약간 쑥스러워하며 털어놓았다.

바버라의 아빠는 어찌 됐든 딸들이 자신이 바라는 대로 행동하도록 만들었다. 하지만 부작용도 엄청났다. 자기 딸을 이렇게 만들려고 좀처럼 인정해 주지 않는 태도로 일관한 것은 절대 아니었겠지만, 결국 그의 딸은 무슨 일에 도전하든 자신감을 가지지 못했다. 심지어 자기 아이를 키우면서도 말이다.

"그렇지만 릴리를 보면 제가 엄마로서 완전히 실패했다고 느끼는 일이 다

반사예요."

바버라는 말했다.

"마치 자신 없는 부분을 아이가 전부 찾아내서 코앞에 들이미는 것 같아요."

"어쩌면 그럴 수 있는지 놀랍지 않나요?"

내가 말했다.

"우리 아이들은 어김없이 우리의 가장 큰 단점을 찾아내요. 그리고 상처에 소금을 뿌려대죠! 그렇게 당신에게 말하고 싶은 것이 뭐라고 생각하시나요?"

"무슨 말씀이신지 모르겠어요."

바버라는 혼란스러워했다.

"릴리가 밥을 먹지 않겠다고 하거나 화장실에 가지 않겠다고 할 때, 아이는 당신의 폭발버튼을 누르죠. 그렇게 버튼이 눌리면 당신은 아이가 버릇도 없고 당신을 괴롭히기만 한다고 생각하게 돼요. 그럼 당연히 화를 내는 반응이 튀어나오겠지요."

바바라가 고개를 끄덕였다. "하지만 아이가 폭발버튼을 누를 때에는 당신에 대해 무언가를 말하려고 하는 거예요. 아이가 화장실을 가지 않아서 당신도 엄마로서 실격이라고 생각한다면, 당신은 아이의 행동을 자신의 가치를 평가하기 위한 척도로 사용한다는 뜻이죠. 즉 아이가 실패하면 당신도 실패하는 거예요. 말하자면 당신은 아빠에게 바라던 것을 아이에게 받으려 하는 셈이에요."

"와, 그럼 아빠가 저를 인정해 줬더라면, 제가 릴리를 더 잘 다룰 수 있었을까요?"

그가 궁금하다는 듯 물었다.

"음, 당신이 스스로에 대한 자신감을 키운다면, 아이의 행동을 그렇게 개

176

인적으로 받아들이지 않을 수 있을 거예요. 아이가 식사나 화장실을 거부할 때에는 힘을 얻으려는 시도일 가능성이 높아요. 아이는 당신이 얼마나 나쁜 엄마인지 말하려는 것이 아니에요. 아빠가 당신의 양육을 나무라는 모습을 의식하며 당신이 그것을 릴리에게 투사하는 거죠."

릴리가 폭발버튼을 누르면, 인정을 받아야 한다는 바버라의 필요가 전부 올라와 얼굴을 정통으로 가격하는 것이다. 그는 자신이 얼마나 나쁜 딸/나쁜 엄마인지 생각하고 싶지 않았기에, 방향을 돌려 릴리를 탓하기로 했다. 이제 바버라가 얼마나 좋은 엄마인지 증명해야 한다는 압박은 릴리에게 쏟아진다. 하지만 릴리는 엄마의 스승이다. 그 버튼은 본인이 만든 것이지 릴리가 만든 것이 아니라는 사실을 엄마가 배울 때까지 아이는 끈질기게 저항할 것이다.

자신에게 힘이 없다고 느끼면, 아이는 궁극적으로 자신이 통제할 수 있는 영역인 화장실 가기, 밥 먹기, 잠자기 등의 영역에서 부모에게 분풀이를 한다고 바버라에게 말해 주었다. 우리는 릴리에게 선택권을 주고, 그의 관심사를 적극적으로 고려하면서, 설령 바버라의 마음에 들지 않더라도 그의 감정을 인정해 주는 등 일상에서 아이에게 통제력을 나눠 줄 수 있는 다양한 방법을 함께 찾아보았다.

수업을 같이 듣던 워킹맘 한 명이 혹시 릴리가 엄마가 오랫동안 회사에 있는 것 때문에 화가 났다고 생각하지는 않는지 바버라에게 물었다. 바버라는 딸을 늦게까지 어린이집에 둔다는 죄책감이 너무 큰 나머지 좀처럼 그에 대해 이야기하기를 힘들어했다. 그러나 다른 엄마들이 자신의 죄책감은 물론 적절한 대처 요령에 대해 이야기 나누는 모습을 보며 차츰 용기를 내기 시작했고, 마침내 하루 종일 엄마랑 떨어져 있는 것이 얼마나 싫었을지 릴리와 이야기해 보기로 결심했다. 그래서 매일 놀이터에서 노는 시간이 끝날 때쯤 바버라가 데리러 오고, 그렇게 집에 도착하고 나면 30분 동안 둘이서 뭘 하며 놀지는 릴리가 정하기로 제안해 보기로 했다.

"그럼 화장실 교육은 어쩌죠?"

바버라가 물었다.

"열쇠는 아이가 화장실에 가야 당신의 가치를 인정받을 수 있다고 생각하지 않는 거예요. 그런 부담을 떨쳐 버리면, 릴리에게도 너그러워지고 당신도 여유를 찾을 수 있을 거예요. 아빠의 인정은 받을 수 없었을지 몰라도, 당신이 릴리가 화장실을 가든 못 가든 무조건적으로 인정해 준다면 릴리도 결국 당신을 좋은 엄마라고 인정해 줄 거예요. 릴리의 말을 귀 기울여 들어 보세요. 아이는 당신이 자녀를 통해 인정을 받으려고 하는 것이 아니라, 자녀를 인정해 주는 엄마가 될 때까지 계속 당신을 몰아붙일 거예요. 아이가 그 말을 직접 해 주진 못해요. 하지만 당신이 자신을 제대로 인정할 수 있도록 기회를 만들어 줄 순 있지요."

바버라는 부모교실이 끝나갈 때쯤까지도 계속 고전했지만, 그래도 천천히 발전하고 있다는 점은 분명히 알 수 있었다. 그의 새로운 기준인 '딸의 몸은 딸이 스스로 책임지는 것이다. 그리고 아이가 문제를 일으킨다 해도 나는 아이를 인정해 줄 것이다'만 보더라도, 바버라의 관점이 바뀌었다는 것을 알 수 있었다. 그는 이전에 문제가 있던 영역에 대해서는 릴리가 스스로 책임질 수 있게 하는 것이 중요하다는 사실을 분명히 이해했다. 자신이 아빠에게 그토록 바라던 것을 릴리에게 줄 때, 바버라는 릴리뿐만 아니라 자기 자신도 구제할 수 있을 것이다.

11장
통제 버튼 :
"내가 하라는 대로 해."

통제 버튼을 가지고 있는 부모는 통제권을 아이에게 뺏길지도 모른다며 끊임없이 걱정한다. 그들은 통제력을 유지하기 위해 아이들에게 복종과 완벽함을 요구한다. 통제하려는 부모는 자신이 통제력을 잃으면 그동안 감추고 있던 부족함이 드러나면서 결국 모든 것이 엉망진창이 되어 버릴까 두려워한다. '못난' 부분을 감추기 위해 반드시 우두머리가 되어야 하는 것이다.

통제하려는 부모가 힘겨루기에서 '이기'면 그들은 권위와 통제력을 지켰다는 착각에 빠지지만, 사실은 정반대일 경우가 대부분이다. 이런 부모들은 그 승리로 인해 아이들이 반항과 앙갚음의 태세를 취하게 되고 결국 다음 힘겨루기의 빌미가 만들어진다는 사실을 외면한다. 한편, 좀 더 느긋하고 적응력 있는 아이가 오직 부모의 분노를 피하기 위해 그 통제에 기꺼이 복종하면, 부모는 자신이 이겼다거나 잘하고 있다고 생각할 수 있다. 그러나 아이는 자신이 보이지도 들리지도 않는 존재라고 느낄지도 모르며, 급기야는 나중에 타인의 인정에 의존하는 사람이 될 위험도 있다.

폭발버튼이 눌리면, 통제하는 부모는 격분한다. 그런 부모의 아이들은 대개 자신은 중요하지 않고, 잘못된 점이 많으며, 받아들여지지 못하고 있고, 제대로 하는 것이 없다고 생각한다.

통제 버튼을 누르는 것은 아이가 "마음을 편히 가지고 언제나 당신이 옳아야 한다는 생각을 놓아 버리세요. 저랑 힘을 나누면 더 큰 힘을 발견할 수 있을 거예요"라고 말하는 한 가지 방식이다.

"내가 하라는 대로 해."

매슈, 루스와 신디(15세)

매슈와 루스는 겁에 질려서 내게 전화를 했다. 딸 신디가 집을 나갔기 때문이다. 이번이 처음도 아니었다. 그들은 혼비백산한 상태로 화가 나서 어찌할 바를 몰랐다.

신디는 부모님이 안 계실 때 집에 친구를 데려오면 안 되었다. 전에도 멋대로 친구들을 집에 불러 몰래 약이나 술을 꺼내 간 적이 있었다. 이번에도 또 규칙을 어겨 외출 금지를 당했는데, 그날은 신디가 창문으로 집을 나가 버린 것이다. 루스는 겁에 질려 걱정을 했고, 매슈는 그저 분통을 터뜨렸다.

"걔는 지 친구들이랑 몰려다니다 다 같이 아무 짝에도 쓸모없는 약쟁이가 될 거야!" 그는 호통을 쳤다. "그래 약을 하든가 섹스를 하든가 맘대로 하는데, 내 집에서는 안 돼. 걔들은 이미 내 돈, 내 약, 내 술을 훔쳐 갔어. 아주 입만 열면 거짓말이야. 거짓말은 절대 안 된다고 내가 분명히 말했는데. 다음번엔 경찰을 부를 거야."

당장 어떻게 대처해야 할지 도와주는 것이 시급한 상황이었지만, 일단 신디가 예전에는 어땠는지를 좀 더 물었다. 매슈는 신디가 자존감이 낮다는 말부터 꺼냈다. 그래서 일단 그것을 단서로 삼아 보았다.

"왜 신디의 자존감이 낮다고 생각하시나요?"

나는 물었다.

"큰 애 둘은 잘 컸거든요. 그런데 신디는 늘 인기 있는 두 언니의 그늘에 가려 지냈어요."

루스가 거들었다. 매슈가 이어갔다.

"그 애는 뭐가 문제인지 모르겠어요. 곱게 말을 듣거나 시키는 대로 하는 법이 없어요. 우리가 집에 있을 때에는 친구를 데려와도 된다고 분명히 말을 했어요. 그런데 걔네들은 항상 어디 딴 데를 가요. 차라리 잘된 거지만요."

"신디가 왜 친구들을 집으로 데려오지 않았을까요?"

내가 물었다. 매슈가 코웃음을 쳤다.

"친구를 데려와도 된다고 하면 그 애는 그저 눈알을 굴리며 '어련하겠어요, 아빠'라고 말해요. 그때 바로 한 대 때려 줬어야 하는데."

"아이의 입장에서 생각해 보세요." 내가 제안했다. "지금 바로 신디가 되어서 부모님이 자기 친구들을 어떻게 생각하는지 말해 볼까요?"

"걔네들은 다 쓸모없는 바보들이죠."

매슈는 망설임 없이 답했다.

"그럼 당신이 있을 때 왜 친구를 집에 데려오고 싶겠어요?"

그는 헛기침을 했다.

루스가 끼어들었다.

"신디는 우리가 골라 준 친구를 절대 사귀는 법이 없어요. 그 애는 언니들처럼 쉽게 친구를 사귀질 못해요. 그러다 작년부터 그 애들이랑 어울리기 시작하더니 약에 손을 대는 거예요. 그중 한둘하고 관계도 맺은 것 같아요."

"같아?" 매슈가 벌컥 소리를 질렀다. "확실하지, 같긴 뭐가 같아!"

"어떻게 아세요?" 내가 물었다.

"소파 쿠션 밑에서 콘돔이 나왔으니까요. 그 애는 오랫동안 우리를 속였어요."

그러곤 들릴 듯 말 듯 중얼거렸다.

"그 애는 내 조카랑 똑같아요."

나는 왜 그렇게 생각하는지 물었다.

"내 조카도 제대로 된 게 하나도 없으니까요. 그래서 결국 직장도 잃고, 남편과 아이도 잃고 약물중독자가 됐죠. 우리 형도 이제는 완전히 손을 놨어요. 저도 형이 그럴 만하다고 생각하고요."

"매슈, 당신은 딸을 얼마든지 잃어도 좋은가요?"

"저렇게 계속 약쟁이 친구들이랑 몰려다니면서 범죄 짓거리나 할 거면 그래야죠."

"딸을 사랑하나요?"

내가 물었다.

"물론 사랑하지요. 하지만 그렇다고 그딴 행동을 받아 주진 않을 거예요."

나는 좀 더 파고들어갔다.

"물론 그런 **행동**을 받아 줄 수는 없어요. 하지만 당신은 **그 딸**을 사랑하죠. 당신이 그토록 싫어하는 것은 딸의 행동이에요. 그럼 그 행동이 어디서 나오는지 한번 살펴보아요."

나는 우리가 의도했던 메시지가 아이에게 전해지는 과정에서 길을 잃는 경우가 얼마나 많은지 설명했다. 그리고 신디의 관점에서 보면 아마 자신은 받아들여지지 못한 채 통제만 당한다고 느껴질 수도 있다고 말했다.

"신디는 당신의 눈길을 끌려고 절박하게 노력하는 것처럼 보여요. 그의 행동은 '부모님 때문에 나는 집에서 완전히 소외된 것처럼 느껴져요. 저를 있는 그대로 받아들여 주세요'라고 말하려는 자기만의 방법인 거죠."

루스는 누그러진 목소리로 말했다.

"사실 아이가 그런 말을 하긴 했어요. 엄마 아빠는 자기를 한 번도 이해해 준 적이 없는데 이게 다 무슨 소용이냐고 소리를 질렀죠. 하지만 우리도 아이가 원하는 대로 해 주기 위해 노력을 했어요. 상담사가 권하는 대로 해 보려고도 했지만, 아이가 중간에 상담을 그만두더라고요. 어쨌든 별 도움도 안 됐고요. 물론 외출을 금지하는 것도 전혀 도움이 안 됐지만요."

"당신이 **생각**했던 것이 정말로 아이가 원하던 것은 아니었을지도 몰라요. 아이를 위해 최선을 다한다고 생각했는데 본의 아니게 그들을 밀어내고 유대를 단절시키는 일도 종종 있으니까요."

내가 설명했다.

"지금 신디에게 무엇보다 필요한 것은 부모님에게 받아들여지는 거예요. 그런데 자신을 받아들여 주는 친구들을 발견한 거죠. 그들과 함께 있기 위해서는 반드시 약을 같이 해야 한다고 생각한 거예요. 약은 중요한 게 아닐지도 몰라요. 그렇지만 받아들여지는 건 중요한 문제죠. 그 애들이 딸아이의 삶에서 아이를 받아 준 유일한 사람이 되길 바라세요? 당신이 아이를 받아 줄 수 있으면 그 친구들은 더 이상 필요 없을지도 몰라요. 물론 시간이 걸리겠지요. 당신이 아이를 믿지 않는 만큼 아이도 당신을 믿지 않을 수 있으니까요."

"그럼 지금 당장은 어떻게 해야 하나요?"

매슈가 한층 진정된 목소리로 말했다.

"친구들에게도 전부 전화해 봤고, 경찰에도 연락했어요."

"스스로 집에 돌아오길 바라야죠. 무슨 일이 있어도 당신은 딸을 사랑한다는 것을 알려 주세요. 당신도 실수를 한 적이 있다는 것도 알려 주세요. 당신이 했던 말들 중 어떤 것들은 미안하게 생각한다는 것도요. 아이의 안전이 걱정된 나머지 생각 없이 반응한 것도 실수였다고요. 당신은 아이를 믿고 싶고, 또 아이도 당신을 믿어 주길 바란다고 말해 주세요. 야단은 치지 마세요. 지금 해야 하는 것은 아이와 유대감을 형성하는 거예요. 여기서 규제나 외출 금지나 비난이 더해지면 아이를 더 밀어낼 뿐이에요. 아이를 되찾으려면 아이에게 딸린 것을 전부 함께 받아들여야 해요. 그의 친구들을 받아들이는 것에서부터 시작할 수도 있겠지요."

"그건 못해요!"

매슈가 외쳤다.

"저한테 뭘 바라시는 거예요? 그 애들한테 내 집을 막 털어가도 괜찮다고 말하라고요? 내 집에 와서 약을 하고 내 딸하고 자도 괜찮다고 말하라고요?"

"그들을 받아들이는 것이 그들이 하는 일을 용인해야 한다는 뜻은 아니에요. 그것을 심각한 병이라고 생각해 보세요. 죽어 가고 있는 사람에게 병에 걸릴 만한 일을 하지 말았어야 한다고 혼내는 것은 도움이 되지 않아요."

"그렇죠."

매슈는 인정했다.

"노력해 볼게요. 얌전히 있을 수 있다면 다음 주 수요일에 우리가 집을 비울 때 친구들을 데려와도 된다고 말해 볼게요. 하지만 무슨 사고를 친 게 나한테 걸리는 날에는 그것도 다 끝이에요."

다시 분노가 끓어오르려 했다.

"같은 말씀을 좀 더 긍정적인 말투로 해 보실 수 있나요?"

매슈는 자신을 말을 신중하게 골랐다.

"우리가 없을 때에 친구들을 집에 데려오는 게 더 편하다는 거 안다. 그럼 다음 주 수요일에 학교 끝나고 그렇게 해 보자꾸나. 하지만 집에서 약을 하면 안 된다는 걸 친구들에게 꼭 알려 줬으면 한다."

"그렇게 하실 수 있겠어요?"

내가 물었다. 매슈는 할 수 있다고 했다. 또한 자신의 전제를 '저 애는 내게 거짓말만 한다'에서 '저 애는 자신이 곤란에 빠지지 않게 자신을 보호하고 있는 것이다'로 바꾸는 것에도 동의했다. 나는 아이에게 많은 것을 기대해선 안 된다는 경고도 덧붙였다. 다시 신뢰를 쌓는 데에는 앞으로 어느 정도 시간이 필요하기 때문이다.

그들이 화를 내고 두려워할 만한 일이 많았다는 데에는 나도 동의했다. 신디는 분명 몇 번이고 나쁜 결정을 내렸다. 점점 그들이 가장 두려워하던 것이 현실이 됐다. 모두가 그저 자동적으로 반응하고 있었고, 그 반응은 그들 사이의 틈을 계속 벌릴 뿐이었다. 나는 위기 상태에서는 일단 양육 기준을 보류해야 한다고 설명했다. 지금 유일한 선택지는 유대 관계를 회복하기 위해 노력하는 것이다. 그 관계가 있어야 신디도 체면을 잃지 않고 돌아올 수 있다. 그렇게 되어야만 부모의 말이 효과를 가질 수 있다.

매슈는 자동적으로 떠오른 가설들을 잔뜩 가지고 있었다. '그 애는 약쟁이야. 그 애는 거짓말쟁이야. 그 애는 내 말을 절대 듣지 않아.' 이런 상황에서는 그 가설들이 '그 애는 창녀야. 저러다 죽지 않으면 감옥에 가게 될 거야'와 같은 파국으로 치닫기 일쑤다. 또한 그는 신디를 자신의 조카와 일치시키며 자신의 두려움을 키워 왔다. 그러면 자신의 가설들이 아주 현실적이라고 느껴지게 마련이다. 그러나 내가 매슈에게 '그의 약쟁이 친구들'을 '그의 친구들'로 '그 애는 거짓말쟁이야'를 '그 애는 자신을 보호하려고 하는 거야'로 생각을 바꿔 보자고 제안하자, 그의 말투가 바뀌었고 마음도 조금 열리게 되었다.

아마도 '내 자식들에겐 절대 약물과 섹스 문제가 있어선 안 된다'를 비롯한 매슈와 루스의 기준으로 인해, 신디의 행동에 대한 생각은 더욱 견고하게 굳어져 갔을 것이다. 위기 상황에서는 가설과 인식을 즉각적으로 바꿔야 한다. 일단 이 방법이 통하기 시작하면, 새로운 기준을 만들어 줄 새로운 생각이 떠오르게 되는 경우도 많다.

결국 신디는 그날 집으로 돌아왔고, 부모님들이 관계를 복원해 보려고 시도하는 것을 보며 부정적으로 반응하지도 않았다. 그는 부모님의 제안을 귀담아 듣더니 거기에 동의했다. 깊이 자리하고 있는 패턴을 고치기 위해서는 할 일이 아직 많이 남아 있지만, 매슈와 루스가 기꺼이 신디를 받아 주려 노력하며 과거의 기대를 버리고 현재 신디에게 필요한 것에 맞추어 자신의 기준을 조정한다면, 아이가 늪에 빠지지 않게 도울 수 있는 것은 물론 사랑하는 딸을 잃어버리지 않도록 자기 자신을 구할 수도 있을 것이다.

"내가 그러라고 했는데 무슨 이유가 더 필요해?"

로버트와 켈시(3세)

로버트와 그의 딸 켈시는 항상 부딪친다. 켈시는 활달하고 주장이 강해서 매일같이 아빠의 인내심을 시험했다. 로버트는 여섯 살 아들을 키울 때에는 이런 문제를 겪어 본 적이 없었다. 아들은 정말 사랑스러웠다. 그런데 켈시는 아무리 아빠가 아이의 결단력과 용기를 존중하려 해도, 그의 통제 버튼을 자꾸 눌러 댔다.

로버트는 경쾌한 유머감각을 가진 젊고 멋진 아빠다. 그러나 자기 방식대로 생활하는 것을 좋아했다. 그는 계획이 바뀌는 것을 언짢아했고, 변화에 적응하는 데 익숙지 못했다. 문제가 생기면 그는 자신이 통제권을 잡고 싶어 했다. 그의 문제만이 세상의 중심이고 다른 것은 중요하지 않았다. 가족들도 대개 그가 하고 싶은 대로 하게 해 주었다. 그렇지만 단 한 사람, 켈시만은 그렇지 않았다.

그들의 힘겨루기는 켈시가 신발을 아빠가 시킨 대로 정리하지 않았다는 등 대부분 별로 중요하지 않은 문제를 두고 벌어졌다. 그는 켈시가 자지러질 때까지 계속 야단을 치고 소리를 질러서 결국 승리를 차지했다. 그가 사건의 전형적 흐름을 묘사했다.

"켈시, 신발 신어. 지금 나갈 거야."

"싫어. 난 소꿉놀이 할 거야. 그리고 어맨다는 지금 자러 가야 돼."

"켈시, 당장 신발 신어. 내가 말하잖아."

"싫어. 기다려."

로버트가 아이의 팔을 잡아 신발 옆에 쿵하고 내려놓으면서 외출은 더욱 늦어졌다. 켈시는 울고 발길질을 하며 소리쳤다.

"이러는 게 어딨어? 내가 하고 싶은 걸 하게 해 주는 적은 한 번도 없어."

"그래, 넌 맨날 너 하고 싶은 대로 해야 하지. 한 번쯤은 내가 해 달라는 것도 좀 해 주지 그래? 당장 신발 집어. 안 그러면 일주일간 어맨다는 압수야."

로버트는 종종 아이를 굴복시킬 때 나오는 무서운 목소리로 소리쳤다. 그러나 로버트가 아이를 주저앉혀서 신발을(그는 '꽤 강압적으로'라고 덧붙였다) 신기고 차로 끌고 가는 동안 켈시는 계속 비명을 질렀다.

"이게 우리 집의 전형적인 아침이에요."

로버트가 당당하게 말했다. "제가 뭘 어떻게 해야 하나요? 애가 온 집을 휘두르고 다니고 자기가 하고 싶은 대로 하게 둬야 하나요? 절대 안 되죠! 그 애는 제 말을 듣는 법을 배워야 해요!"

로버트는 자기도 이긴다고 딱히 기분이 좋은 건 아니지만, 그렇다고 질 순 없다고 덧붙였다. 켈시가 '자기가 하고 싶은 대로' 하면, 로버트는 아주 중요한 것을 아이에게 뺏긴다고 생각했다. 그는 "제 통제권이겠죠, 아마도. 제가 최종 결정권을 가지는 거요"라고 정리했다.

부모교실 첫 시간에 로버트가 적어 냈던 자신의 기준은 '내 아이는 자신이 비합리적으로 행동하면 나도 부정적이고 비합리적으로 반응할 수밖에 없다는 현실을 배울 것이다'였다. 그러면 그는 자신이 이렇게 화를 내며 반응한 덕에 아이들이 진짜 세상을 배우고 올바르게 행동할 수 있게 됐다고 합리화할 수 있다.

로버트가 그것을 소리 내어 읽은 뒤 말했다.

"제 생각에 우리 애들은 꽤 부정적이고 비현실적인 것 같아요."

"좀 더 복잡하고 섬세하다고 덧붙이고 싶네요."

내가 웃으며 말했다.

나는 그에게 실험을 한번 해 보라고 제안했다. 로버트는 자신이 세운 계획에 따라 통제하는 것을 아주 좋아했기에 즉시 실험에 착수했다. 나는 일주일 동안 싸우지 말고 켈시가 이기게 해 주면서 상황이 어떻게 되는지 지켜보라고 제안했다. 기간도 정해져 있고, 어차피 자신의 계획에 따라 이기게 해 주는 것이었기 때문에 그는 기꺼이 동의했다.

그는 다음 주에 몇 가지 성공담을 가지고 수업에 왔다. 그중 하나는 켈시가 하루 종일 신발을 반대로 신고 있었던 사건이다. 평소 같으면 로버트가 이성을 잃었을 전형적 시나리오이다. "아이는 별로 신경이 쓰이지 않는 것 같더라고요. 근데 정말 신기하게도, 저도 그랬어요."

그는 웃으며 말했다.

늘 로버트에게 악몽 같았던 잠자리 시간에 관한 이야기도 있었다. 그와 아내는 두 아이를 번갈아 가며 재웠는데, 켈시를 재우는 날만 되면 로버트는 마음이 답답했다. 그러나 이날 밤에는 다시 한번 의도적으로 실험을 해 보기로 했다. 오늘은 그저 켈시가 기저귀를 차고 침대에 누울 수 있게만 하자고 계획을 세운 뒤 나머지는 전부 아이에게 맡긴 것이다.

그들이 욕실에 들어갔을 때 로버트는 말했다.

"좋아 켈시, 양치하고 세수할래?"

켈시는 반항적으로 투덜거렸다.

"싫어!"

아이가 꽤 끈적거리고 더러웠지만 로버트는 자신의 목표를 떠올리며 기꺼이 받아 주었다.

평소에 야간용 기저귀를 채우려면 싫다고 발버둥치는 켈시를 침대 위에 억지로 붙들어 놓아야 했다. 그런데 그날은 그저 떨어져서 지켜보기만 해도 충분했다. 예전 같았으면 자신은 가만히 있으라고 소리를 지르고 아이는 아프다고 불평하다가 결국 고래고래 엄마를 불렀을 것이 뻔했다. 그러면 자신은 또 기저귀를 찰 때까지 아빠는 여기서 꼼짝도 안 할 거라고 아이에게 소리를 질렀을 것이다. 결국 아이는 거의 매번 아빠의 굿나이트 키스를 거부했다.

일단, 그는 아이의 협조를 바라기보다는 자신의 목표에 초점을 맞췄다. 그가 기저귀를 채우는 동안, 아이는 오후에 어떤 강아지가 자기 얼굴을 핥았다는 이야기를 하며 가만히 누워 있었다. 둘은 함께 깔깔 웃었다. 로버트는 놀라지 않을 수 없었다. 기저귀를 순조롭게 갈았을 뿐 아니라, 너무 즐거운 시간을 함께 보내고 있었기 때문이다. 그는 켈시에게 책을 한 권 골라 보겠냐고 물었고, 고른 책을 읽어 주는 동안 아이는 아빠 옆에 기분 좋게 누워 있었다. 책을 다 읽고 나서 그는 아이를 꼭 안아 주며 너무 행복한 시간이었다고 말했다. 그가 잘 자라는 뽀뽀를 해 주려고 몸을 숙이자 켈시가 물었다.

"아빠, 나 지금 이 닦아도 돼?"

로버트는 수업을 듣는 사람들에게 이게 다 진짜 있었던 일이라고 설득해야 할 정도였다.

"정말 신기했어요. 통제를 덜 하려고 할수록 더 바라는 대로 되더라고요."

"만일 켈시가 양치하겠다는 말을 안 했으면 어떻게 하셨을 것 같아요?"

수업을 같이 듣던 부모 중 하나가 물었다. "그럼 그냥 끈끈하고 더러운 채로 자게 두셨을 건가요?"

"네. 그게 제 계획이었으니까요."

로버트가 답했다.

"아이가 이기게 해 주자는 실험이요."

내가 거들었다.

"제 생각에 당신은 본인이 통제를 포기했더니 켈시가 스스로를 통제할 수 있다는 사실을 발견한 것 같아요." 나는 수업을 듣는 사람들에게 말했다. "로버트가 앞으로도 계속 양치나 세수를 켈시에게 맡겨야 한다는 뜻은 아니에요. 결과를 무조건 통제하려 하지 말고 좀 더 물러서야 한다는 뜻이죠. 켈시가 맞서 싸우고 있는 것이 바로 그 통제예요. 한 발 떨어진 곳에 있을 때, 훨씬 효과적으로 주의를 주고 결과를 조정하면서도 켈시의 관점에 공감할 수 있을 거예요."

수업을 몇 번 더 들은 후 로버트는 자신의 반응이 켈시의 행동이 아니라 자기 안에서 나왔다는 것을 깨달아 가기 시작했다. 노력을 해야 했던 건 바로 자기 자신이고, 그러고 나면 딸의 행동이 자연스럽게 따라온다는 것을 이해하기 시작했다. 그가 자신의 새로운 기준을 발표할 때가 되자, 그는 이렇게 썼다.

"아이들이 스트레스를 주거나 내 가슴속에서 끓어오르는 감정을 자극할 때, 나는 감정적으로 한 발 물러서서 상황을 해결할 수 있는 합리적인 방법을 찾아야 한다는 것을 떠올릴 것이다." 비로소 로버트는 제대로 책임을 지게 되었다.

"다시는 나한테 그딴 식으로 행동하지 마!"

보니와 케이시(2세)

첫 아이가 태어났을 때, 나는 완벽한 엄마가 될 것이며 내 아이는 완벽한 자식이 될 것이라고 확신했다. 나는 철저히 준비하면서 몇 년을 기다렸다. 모든 것을 잘 해 나가고 있었다. 다만, 확신이 강했던 만큼 유연성이 있는 편은 아니었다.

어느 날 내 아들 케이시와 나는 뉴욕 시내버스를 타고 어퍼웨스트사이드에 있는 집으로 향하고 있었다. 콜럼버스 서클에서 버스를 탔을 때 차는 거의 비어 있었고, 케이시는 혼자 자리에 앉을 수 있다며 신이 났다. 나는 미리 주의를 주는 것이 '훌륭한 양육'이라는 것을 알고 있었기 때문에, 아이에게 지금은 혼자 앉아도 되지만 버스에 사람이 많이 타면 바로 내 무릎에 앉아야 한다고 분명히 설명했다. 그는 고개를 끄덕였지만, 어른이 된 기분을 만끽하며 목을 쭉 빼고 창밖을 내다보느라 정신이 없었다.

몇 정거장이 지나자 버스가 차기 시작했다. 나는 케이시에게 "이제 엄마 무릎에 앉을 시간이야"라고 말했다.

아이는 "싫어!"라고 말했다. 그는 의자 위에 무릎을 짚고 일어서 창밖 풍경을 구경하고 있었다.

나의 완벽한 아이는 나의 완벽한 지시에 따르지 않았다. 그가 하고 싶은 대로 하게 해 준 적도 있었다. 미리 경고를 한 적도 있었다. 하지만 오직 자기가 하고 싶은 것(자신의 관심사)만 생각하는 두 살짜리의 자기중심적 발달 단계에 대해서는 생각해 본 적이 없었다.

나는 "앉아"라고 말하며 아이를 데리러 갔다.

그는 비명을 지르고 발길질을 하며 내 무릎에서 떨어지려고 발버둥을 치더니, 앞좌석 밑으로 미끄러져 들어갔다. 난 당황했지만 상황을 통제하려고 필사적으로 노력했다. 아이가 지르는 소리가 버스를 가득 채웠고, 차가운 시선, 심지어 무례하게 나를 노려보는 시선이 느껴졌다. 나는 이를 악물고 파고들어가 간신히 케이시의 머리를 찾을 수 있었다.

내 옆에 아무도 앉으려 하지 않은 것은 물론이고, 앞자리와 뒷자리까지도 비어 있었다. 버스가 만원이었는데도 말이다. 나는 케이시의 팔을 잡고 그를 끌어올리려 했지만, 아이는 거의 미식축구 선수 같은 힘으로 의자 다리를 붙들고 버티면서 더욱 심하게 소리를 질렀다. 결국 나는 포기하고 아이를 무시하기로 했다. 그저 정면만 바라보며 따가운 시선도 함께 무시했다.

나는 사람들이 내가 아이를 꺼내 버스에서 내리길 바란다는 것을 알고 있었다. 하지만 아직 목적지는 한참 남았고, 그저 내 자식이 내 말을 안 들은 것 때문에 다른 버스를 타고 다시 차비를 내기는 너무 싫었다. 절대로 아이의 고집에 맞춰 주지 않을 것이다. 그 애는 누가 결정권자인지 알아야 한다.

마침내 목적지에 도착했을 때, 나는 케이시를 의자 밑에서 끌어내서 버스 뒷문 쪽으로 끌고 갔다. 그는 아직도 울고 있었다. 버스가 정류장에 도착해서 문이 열리자, 우리가 내리는 것을 보며 모든 승객이 박수를 쳤다. 나는 정말 당혹스러웠다. 나는 인도에 케이시를 내려놓고 인파 사이로 끌고 가서 은행 건물 벽에 아이를 밀어붙인 뒤 소리를 질렀다.

"다시는 나한테 그딴 식으로 행동하지 마!"

나는 아이의 손목을 잡고 집까지 아이를 끌고 왔다. 나의 분노와 거친 행동도 당연히 그럴 만했다고 느껴졌다. 이제 아이는 다른 이유로 울기 시작했다.

나는 내가 화가 나고, 버스에 있던 모든 사람이 화가 나고, 그들의 박수로 내가 창피를 당한 것은 전부 케이시의 행동 때문이라고 생각했다. '저 애는 말도 안 되는 행동을 하고 있어. 나는 모든 것을 똑바로 했는데 쟤는 왜 저러지? 저 버르장머리 없는 녀석.' 내가 통제력을 잃었을 때, 바로 이 가설 때문에 결국 분노가 폭발하고 말았다. '나는 제대로 아이를 키우려면 어떻게 해야 하는지 잘 알고 있어'라는 기준 때문에 나는 점점 융통성을 잃어버리는 함정에 빠져 버렸다. 아이를 의자에 계속 앉아 있게 두면, 내 말을 무시해도 되는 것은 물론 모든 통제력을 다 가져도 된다고 가르치게 되는 것은 아닐까 두려웠다. 당시에는 내가 이기냐 아이가 이기냐의 상황인 것처럼 보였다. 결국 나는 스스로를 막다른 길로 몰아간 것이다.

융통성을 발휘했다면 버스 안에서 괴로워하는 많은 사람들을 구할 수 있었을 것이다. 내가 아이의 관심사를 함께 고려해 보면서 우리 두 살배기 아들은 아직 내가 기대하는 만큼 자기 화를 다스리지는 못한다는 것을 깨달았다면, 나도 그렇게까지 나만의 관심사와 경직된 기준에 갇혀 있지 않을 수 있었을 것이다.

사실 내가 아이를 데리고 버스에서 내리면서 아이가 그 상황에서 빠져나올 수 있게 했다면, 그리고 혼자 앉지 못하는 것에 대한 그의 분노를 알아 주었다면, 십중팔구 아이도 금방 마음을 가라앉혔을 것이라는 사실을 깨달았다. 내가 그렇게 아이의 행동을 나에 대한 공격으로 받아들이지 않았다면("다시는 나한테 그딴 식으로 행동하지 마!") 나도 차분한 마음으로 아이에게 다시 한 번 어른들에게 자리를 양보하라고 말할 수 있었을 것이다. 아이의 관심사를 위해 나의 가치를 희생할 필요도 없는 것이었다. 다만 우리 둘에게 각기 필요한 것을 모두 고려했다면, 아이도 엄마가 자기 말을 귀담아 들어 주었다고 느꼈을 것이며(그렇다, 심지어 두 살짜리도), 나도 문제를 해결할 수 있었을 것이다. 아이가 혼자 앉는 것을 훨씬 재밌어한다는 것을 인정해 주면서, 나랑 같이 앉아서 무릎을 괴고 밖을 구경해 보자는 등의 동기를 제공하고 아이에게 다시 생각해 볼 수 있겠냐고 물어봤어야 했다. 하지만 꼭 통제를 해야 한다는 나의 필요와 차비를 다시 내고 싶지 않다는 고집 때문에 그런 대안을 떠올릴 여유가 없었다. 마음속 깊은 곳에 자리한 믿음으로 인해 나의 기준이 형성되고, 아무리 절박한 순간에도 그것을 좀처럼 포기하지 못하게 되었던 것 같다.

일곱 살 때 나는 아빠의 담배를 감춘 적이 있다. 그는 담배를 너무 많이 피웠고 나는 그것이 싫었기 때문이다. 그는 담배를 거실 책장 꼭대기에 쌓아 두었다가 점심을 먹으러 집에 들를 때마다 새로 한 갑을 꺼냈다. 나는 담배가 아빠에게 얼마나 중요한지 잘 알고 있었다. 또 나는 아빠가 화를 내면 얼마나 무서운지도 잘 알고 있었다. 아빠가 불같이 화를 내며 무시무시하게 오빠를 혼내는 것을 수도 없이 봐왔으며, 그래서 나도 순순히 아빠의 권위에 복종하게 되었다.

담배를 부엌 찬장의 식탁매트 밑에 숨기면서 내가 얼마나 긴장했었는지 지금도 생생하게 기억난다. 그때 나는 이렇게 하면 아빠가 담배를 피우지 못할 것이라고 확신했던 것 같다. 담배가 사라졌다는 것을 발견하자 아빠는 엄청나게 화를 냈다. 내 얼굴에 죄책감이 고스란히 드러났는지, 아빠는 곧바로 나를 가리키며 담배가 어디 있는지 말하라고 했다. 나는 모른다고 잡아떼기 보다는 실토하는 편이 낫다고 생각했다. 아빠가 내게 고함을 치거나 나를 때리지는 않았지만, 내가 찬장에서 담배를 꺼냈을 때 용서하지 않겠다는 표정으로 나를 쳐다보던 것은 결코 잊을 수 없을 것이다. 그는 담배를 잡아채더니 단호하고 엄격하게 표정을 찌푸리고선 "다시는 나한테 이딴 식으로 행동하지 마!"라고 소리쳤다.

내 행동은 아빠에게 아무 영향도 끼치지 못했다. 나는 아빠가 담배 피우는 것이 너무 싫어서 그렇게 했지만, 아빠에게는 그저 어린 아이의 짓궂은 장난으로 보였을 것이다. 아빠가 자신에게 중요한 것을 꼭 가져야겠다는 의지로 내 동기를 묵살해 버렸던 일이, 내가 내 아이를 키우면서 그토록 통제에 매달리게 된 한 가지 요인이었을지도 모른다.

나는 문제를 해결하려 할 때 아이의 관심사를 고려하지 않으면, 힘의 배분이 불공평해지면서 아이도 자신의 힘을 되찾기 위해 싸울 수밖에 없다는 원리를 알게 되었다. 이것은 버스 소동 중에 케이시가 나와 똑같은 힘을 가져야 한다는 의미도 아니고, 내가 모든 것을 포기하고 아이가 혼자 앉게 해 줘야 한다는 의미도 아니다. 그러나 내가 좀 더 어른답게 행동했다면, 이기기 위해 고집을 부리며 싸우기보다는(그래서 나도 두 살짜리와 똑같은 수준으로 행동했다) 일단 버스에서 내려서 아이의 관심사를 포함하여 우리 둘 모두에게 유용한 선택지를 찾을 수 있었을 것이다. 그렇다, 심지어 두 살짜리도 자신이 존중받고 있다는 느낌을 받고 나면 얼마든지 협력할 수 있다.

12장
감사 버튼 :
"왜 고마운 줄을 모르니?"

어렸을 때 사랑받지 못했던 부모가 자신의 아이를 위해서는 정성을 다했는데도 아이가 별로 고마워하지 않을 때 감사 버튼이 눌리는 경우가 가장 많은 듯하다. 이런 부모는 어릴 적부터 바라던 감사를 자녀에게 달라고 하는 셈이다. 하지만 그러면 자신이 간절히 원하던 감사를 아이도 똑같이 원하게 되면서, 사실상 부모의 결핍을 그대로 물려주는 것으로 끝날 때가 많다.

흔히 듣곤 하는 "내가 어렸을 때는 학교까지 맨발로 10km씩 걸어 다녔어!"는 이 버튼을 아주 잘 보여 주는 문장이다. "넌 지금 이렇게 편하게 지내는 걸 고맙게 생각해야 해." 자신에게 감사가 간절히 필요한 나머지, 부모는 오래전에 다른 사람에게 받지 못한 감사를 이제 와서 자녀들에게 달라고 강요해선 안 된다는 사실을 보지 못한다.

감사를 요구하는 부모는 대개 자신이 바라던 것을 전부 아이에게 해 주면서 자신의 과거를 과잉보상한다. 물론 아이는 그것을 원하지 않을 때도 많고 해 달라고 한 적이 없을 때도 많지만, 그래도 그것에 대해 감사해야 한다. 이 관심사는 분명 부모의 것임에도 그들은 아이에게 네가 얼마나 복 받았는지 알아야 한다고 말한다. 하지만 그 자녀들은 자신의 경험을 굳이 부모의 옛날 경험과 비교해야 할 이유가 없으며, 그저 부당한 비난을 받는다는 생각이 들 뿐이다.

감사 버튼이 눌리면, 부모는 분개하며 자신의 노력이 그저 당연한 일로 무시된다고 느낀다. 감사에 목마른 부모의 자녀들은 혼란을 느끼며 자신이 제대로 이해받지 못하고 있다고 생각한다. 그들은 부모가 지금 자신이 아닌 다른 무언가를 돌보고 있다는 사실을 알고 있으며, 부모가 바라던 일을 하면서 자기에게 감사하라고 강요하는 것은 부당하다고 생각한다.

감사 버튼을 누르면서 아이들은 이렇게 말하는 것이다.

"그때는 엄마 아빠의 인생이었고, 지금은 내 인생이에요! 내가 부모님 인생이 아닌 내 인생을 살게 해 주세요."

"내가 해 보지 못했던 것을 전부 하게 해 줄 테니, 너는 나에게 감사해야 해."

그레타와 클로이(11세)

클로이를 가졌을 때, 그레타는 오직 딸에게 모든 것을 다 해 주고 싶다는 마음뿐이었다. 예쁜 방, 예쁜 옷, 학교에서 인정받는 것은 물론 친구들이 선망하며 따라하고 싶어 할 만한 물건을 가진 아이로 만들어 주고 싶었다. 그것은 그레타가 항상 바라던 것이기도 했다.

클로이가 자랄수록 그레타는 자신의 꿈과 욕망을 아이에게 투사하면 위험하다는 사실을 확실히 알게 되었다. 적어도 자신은 그렇게 생각했다. 클로이는 세상에 대해 자기 나름의 생각과 의견을 따로 가지고 있는 것이 분명했다. 그레타도 그것을 받아들였다. 섬세하고 상냥한 딸을 갖고 싶었던 것과 달리 클로이는 작고 단단한 몸집에 활달한 성격이었고, 의견이 강하고 고집도 셌다. 그레타는 딸의 그런 성격을 받아들였다.

클로이는 없는 것이 없었다. 그레타가 늘 갖고 싶어 했던 주방놀이 세트와 핸들에 미니마우스가 달린 세발자전거부터, 장난감 가게에서 파는 장식이 모두 달린 전기가 들어오는 인형의 집까지 전부 갖고 있었다. 완벽한 장난감으로 가득 찬 상자는 잃어버리는 부품이 없도록 그레타가 항상 면밀하게 관리했다. 그래서 클로이가 장난감을 가지고 놀 때면 모든 것이 완벽하게 갖춰져 있었다. 크리스마스에는 해마다 '멋진 옷을 입는 크리스마스' 등의 테마가 있었다. 그러면 그레타가 아름다운 정장 드레스를 사서 거실 저편 빨간 줄에 녹색 집게로 걸어 놓는 것이다. 크리스마스 아침에 마치 그레타의 꿈속으로 걸어 들어온 것만 같은 클로이가 환한 미소를 지으면, 그레타는 승리에 취한 기분이었다. 그는 자신이 늘 바라 왔던 엄마가 된 것 같았다.

크리스마스에 그레타와 그의 남동생은 매번 양말과 잠옷 그리고 싸구려 장난감을 받았다. 부모님은 형편상 그 이상은 해 줄 수가 없었다. 그레타의 엄마 릴리언은 유명한 아동용 피아노 교본을 쓰기도 한 뛰어난 피아니스트였다. 그는 꽤 존경받는 여성이었지만, 부와 명예에도 불구하고 자식에게 후한 사람은 아니었다고 그레타는 설명했다. 엄마가 자신의 제자들을 데리고 아이스크림을 사 주러 갈 때, 그레타는 자기는 괜찮다고 사양해야 한다고 배웠다. 다섯 살부터 그는 대개 혼자 시간을 보냈고, 일곱 살부터는 남동생을 돌보는 일까지 맡아야 했다. 그레타의 아빠는 그레타가 열세 살일 때 스스로 목숨을 끊었다.

그레타의 가을, 겨울옷은 늘 8월에 싸구려 잡화점에서 구입했다. 릴리언이 그레타의 의견은 묻지도 않은 채 다섯 가지 옷감을 골라 재봉사에게 가져다주면, 그는 주름치마와 블라우스로 이뤄진 투피스 세트를 만들어 주었다. 엄마는 이렇게 말하곤 했다.

"자, 이 정도면 한 해 동안 월요일부터 금요일까지 입을 옷은 충분하겠지. 투피스는 편한 옷이니 옷이 안 맞을 정도로 자라진 말거라."

엄마가 자신을 학교에 데려다줄 때마다 그레타는 "정말 감사합니다"라고 말해야 했다. 혹시라도 깜빡하면, 릴리언은 경적을 울리며 그레타를 빤히 쳐다봤다.

"전 입에 뭐라도 하나 들어갈 때마다 감사를 표해야 했고, 엄마를 무조건적으로 사랑해야 했어요."

그레타는 분통을 터뜨리며 외쳤다.

"그리고 저는 시키는 대로 완벽하게 했지요."

그래서 그레타는 자신의 모든 꿈과 희망을 작고 순진무구한 클로이에게 쏟아부었다. 그렇지만 한 가지 문제는, 그레타가 늘 바라던 엄마와 지금 클로이가 바라는 엄마는 다르다는 점이었다. 클로이는 과한 부유함은 허영으로 취급되는 중산층 환경에서 자라고 있었다. 그래서 그는 엄마가 사 주는 물건을 부끄러워했다. 그리고 그레타가 그토록 엄마의 영향에서 벗어나기만을 고대했음에도, 릴리언은 볼 때마다 클로이의 행동과 그가 받은 사치스러운 선물, 그리고 그레타의 양육 방식을 비난하며 그레타를 계속 통제하려 했다.

"쟤는 버릇없는 응석받이야. 무례하고 이기적이야. 네가 아주 호되게 때려 줘야 돼."

릴리언은 손녀가 보이는 애정과 공손함이 성에 차지 않을 때마다 저런 말을 늘어놓았다.

한동안 그레타는 좋은 엄마가 되는 데 집중했다. 그러나 얼마 지나지 않아 그는 부모교실에서 이렇게 고백했다.

"분노가 마음속에 쌓여 용암처럼 끓기 시작했어요. 그건 클로이가 제가 해 주는 일에 전혀 고마워하지 않기 때문이라는 것을 깨달았죠. 그 애는 제가 한 번도 갖지 못했던 걸 전부 가지고 있는데도 말이에요. 제가 이렇게 해 주지 않으면 자기 삶이 얼마나 힘들었을지 전혀 모르는 것 같아요."

어느 날 그레타는 미술 준비물을 사러 아이를 데리고 문구점에 갔다. 하지만 24색 색연필이 다 떨어진 걸 보고는 화를 내며 문구점 매니저를 불렀다.

"근데 엄마, 선생님이 6색 색연필이랬어."

화를 내는 엄마 때문에 창피해진 클로이가 투덜거렸다.

"하지만 24색 중에서 맘에 드는 색을 고를 수 있으면 더 좋지 않니?" 그레타는 24색 색연필을 너무 갖고 싶어 하는 어린 아이(제일 큰 세트를 사자고 엄마가 단호히 말해 주길 바랐던 아이)처럼 말했다.

그레타는 최근에 있던 다른 일도 수업에서 말해 주었다.

"다음 날까지 숙제를 내야 했는데, 클로이가 늘 그렇듯 '꼭 해야 할' 일이 있다는 거예요. 그래서 제가 클로이가 잠들고 나서도 한참 동안 유럽 국가들이 그려진 지도를 오려 붙이고 색칠까지 했죠. 그러곤 완벽하게 마친 숙제를 클로이가 아침에 일어나 볼 수 있도록 아이 방문 앞에 놔두었어요. 저는 클로이가 그걸 보면 깜짝 놀라서 너무 좋아할 줄 알았어요. 물론 저랑 같이요. 그런데 고맙다는 말 한 마디 없는 거예요! 아침에도 서두르느라 정신이 없더니, 차에 타면서 가방이랑 책 옆에 그 숙제를 아무렇게나 던져뒀더라고요. 가슴에서 화가 끓어오르는 것이 느껴졌지만 꾹 참았죠. 클로이가 차 문을 쾅 닫고 학교로 뛰어가기 전까지는요. 숙제에 대해서는 끝까지 한 마디도 없었어요. 그냥 그게 끝이었어요. 제 폭발버튼은 아주 터져 버렸고요. 저는 차에서 뛰쳐나와서 운동장 저편의 클로이에게 악을 썼어요. '넌 이 학교에서 제일 이기적이고 배은망덕한 애야! 넌 아주 심장이 돌로 만들어졌는지 마음이 완전 얼음장 같아!' 클로이는 저를 본 척도 안 하고 건물 안으로 사라져 버렸어요. 저렇게 정신 나간 사람이 자기 엄마라는 걸 부디 아무도 모르길 바라고 있었겠지요. 저는 차로 돌아와서 펑펑 울었어요."

"당신의 어머님이 당신에게 그렇게 했다고 생각해 보세요."

나는 말했다.

그레타는 약간 목이 메어 슬픈 목소리로 말했다.

"그건 상상도 못해요."

"당신은 그럴 때 자신이 느꼈을 법한 감사를 기대했지요. 당신이 오직 꿈에서나 바라던 것을 클로이에게 해 주고 있으니까요. 하지만 엄마가 좀 더 잘 챙겨 주는 분이었다면, 아마 당신도 자기 숙제를 엄마가 대신 해 주길 바라지는 않았을 거예요."

그레타는 고개를 들었다.

"아, 그렇게까지는 생각해 보지 않았네요."

"클로이는 이제 당신이 뭐든 다 받아 줄 거라고 생각하게 되었어요. 아이 입장에서는 딱히 고마워할 이유가 없죠. 당신은 아이가 아니라 자신을 만족시키려고 하고 있으니까요. 아마 아이도 그걸 알고 있을 거예요. 그래서 아무 반응도 안 해 주면서 당신에게도 그걸 깨우쳐 주려고 하고 있는 것일지도 모르죠. 자신이 고마워하면 당신은 계속 그럴 테니까요."

"그건 정말 맞는 말씀이에요. 지금까지는 미처 그런 생각을 못 했어요."

그레타는 생각에 잠겨 말했다.

그레타는 자기 엄마로부터 '나는 아무 가치도 없는 존재이다'라는 것을 배웠다. 이 믿음으로 인해 그는 '나는 아이에게 내가 갖지 못했던 모든 것을 줄 것이다. 그래서 마침내 감사를 받을 것이며 가치 있는 존재가 될 것이다'라는 기준을 만들게 되었다. 하지만 자기가 무슨 일을 하든 엄마는 물론 자신의 딸조차 자기에게 고마워하지 않는다는 좌절감으로 인해 그는 분노에 휩싸였다. 그 감정으로 인해 그는 자신의 엄마가 그랬던 것과 마찬가지로 자동적인 반응을 보이게 되었다.

그레타는 거창한 양육으로 자신이 절대 받지 못했던 것을 보상하려 했다. 하지만 그렇게 자신에게 필요하던 감사를 클로이에게 떠넘기면서 자신의 상처를 치유해 달라고 요구한 셈이었다고는 짐작조차 하지 못했다. 그는 세계 최고의 엄마가 되겠다는 자신의 관심사에 사로잡혀 있느라 자신의 딸이 그런 조건이 달린 호사는 단호히 거부하고 있다는 것은 보지 못했다.

자신이 꿈꾸던 것이 아니라 클로이에게 필요한 것에 초점을 맞추게 되자, 그레타도 클로이가 받고 싶어 하는 관심을 줄 수 있었다. 그러면서 그레타 역시 릴리언에게 제대로 관심을 받지 못해 생겼던 공허함을 채우기 시작할 수 있었다.

"도대체 넌 내가 뭐라고 생각하니?"

샬럿과 로런(13세)

폭발버튼이 눌린다는 것은 무엇인가에 대한 나의 강의를 듣고 나서 '폭발버튼' 수업 첫 학기 내내 샬럿은 소리 높여 말했다.

"어머, 거기에 딱 맞는 예가 있어요!"

거의 2년 동안 샬럿은 자신의 딸 로런과 빨래를 두고 전쟁을 벌였다. 샬럿은 깨끗하게 빨아 차곡차곡 갠 옷 바구니를 딸의 방으로 가져다주었다. 그러면 로런은 깨끗한 옷을 일주일 내내 바구니에서 꺼내지도 않고, 자신이 입었던 더러운 옷을 그 위에 던져두었다.

"그게 완전히 제 폭발버튼을 눌렀어요. 저까짓 빨래를 너무 크게 생각하지 말자고 몇 번을 다짐했는지 몰라요."

샬럿은 말했다. 샬럿의 친구들은 물론 자기 엄마조차 왜 별것 아닌 일로 그렇게까지 기분이 상하는지 영 이해하지 못했다. 그러나 샬럿은 번번이 딸에게 소리를 질렀다.

"네가 깨끗한 옷을 정리하게 하려면 내가 어떻게 해야 하니? 정말 아무것도 아닌 일을 왜 못해? 도대체 넌 내가 뭐라고 생각하니? 네 가정부? 내가 기껏 힘들게 옷을 빨고 심지어 전부 개서 너한테 가져다줬는데, 넌 나한테 뭘 해 줬어?"

로런은 그 말을 그저 무시하거나 이렇게 대꾸했다. "무슨 상관이야. 나 좀 내버려 둬."

"실은 저도 겨우 빨래 가지고 그렇게 난리를 치는 건 말도 안 된다고 생각했어요. 하지만 그게 계속 너무 거슬려요. 아이 방에 발을 들여놓자마자 비아냥거리거나 사나운 말을 늘어놓게 돼요."

샬럿은 무언가가 떠올랐는지 가볍게 웃으며 고개를 저었다.

내가 샬럿에게 어떻게 자랐냐고 묻자, 그는 자신이 6남매 중 막내이자 외동딸이었다고 말해 주었다. 어린 시절 내내 그는 온 집안의 집안일을 도맡아 했고 그중 하나가 모든 형제들의 빨래였다. 그것은 '여자가 할 일'이었기 때문이다. 그의 오빠들은 더 '남자다운' 일을 맡았다. 그래서 샬럿은 내 아이들은 절대 이렇게 종처럼 키우지 않겠다고 맹세했다. 그래서 지금까지 아이들에게 엄격하게 집안일을 맡겨 본 적이 없었다.

"그냥 그때그때 설거지나 청소 등을 도와줄 수 있냐고 물어보는 정도예요. 그러면 아이들도 대개 스스럼없이 도와줬고요."

그는 말했다. 하지만 빨래를 방치하는 것은 전혀 다른 문제였다.

샬럿은 어렸을 때 집안일 중에서도 빨래를 제일 싫어했다. 오빠들은 맨날 옷을 더럽혔고 냄새나는 양말과 속옷을 사방에 던져 놨다. 자신이 아무리 불평을 해도 전혀 소용이 없었다. 그는 옷을 아무 데나 벗어 두지 말라고 아무리 소리쳐도 자신을 놀려대기만 하는 오빠들을 미워하며 자랐다. 엄마는 대부분 우울에 빠져 지내는 냉정한 독재자 타입이어서, 집이 제대로 돌아가지 않으면 벌컥 화를 내곤 했다. 샬럿은 엄마가 자기 대신 오빠들에게 주의를 줄 리는 없다는 것을 잘 알고 있었다. 그래서 그는 그저 씩씩거리며 어질러져 있는 옷을 주워 담고, 깨끗한 옷을 정리할 수밖에 없었다.

샬럿은 그런 궂은 일로 딸이 고생하지 않길 바랐다. 그는 아이에게 자기 옷조차 빨라고 시키지 않았다. 하지만 빨아서 방으로 가져다준 옷을 바구니에서 꺼내서 정리하는 일조차 하지 않자 샬럿이 폭발한 것이다. 내 딸은 너무 지저분하고 아무것도 정돈할 줄 몰라서 결국 평생을 엉망으로 살게 될 거라는 과장된 두려움이 마음속을 가득 채웠다.

샬럿은 엄마나 오빠들에게 한 번도 받지 못했던 감사를 받고 싶었다. 더 깊은 곳에서는 자신은 반드시 해야 했던 일을 딸은 전혀 하지 않는 것에 화가 났다. 로런은 오랫동안 아무 책임도 지지 않은 채 샬럿의 신경을 긁었다. 그는 다시 한 번 그때를 떠올렸다.

"빌어먹을 옷을 집어넣는 것도 못하냐고요! 그게 부모에게 할 수 있는 태도예요?"

어느 날 저녁, 빨랫감을 가지러 로런의 방에 들어갔다가 샬럿은 또 더러운 옷 밑에 깨끗한 옷이 가지런히 쌓여 있는 것을 발견했다. 이번엔 너무 화가 나서 소리를 질렀다.

"도대체 넌 내가 뭐라고 생각하니, 네 종? 내가 이걸 일일이 정리까지 해 줘야 돼?"

로런은 엄마를 올려다보더니 눈을 굴리고선 말했다.

"그런가 보네."

그러곤 다시 책으로 시선을 돌렸다.

샬럿의 분노는 '아이들이 집에서 종처럼 일해선 안 된다'라는 자신의 현재 기준과 '아이들은 집안의 종이다'라는 믿음 간의 갈등에 뿌리를 내리고 있었다. 이 갈등으로 인해 그는 '내 딸은 내가 해 주는 일에 전혀 감사하지 않는다. 그 애는 너무 지저분하고 앞으로도 정리하는 법을 절대 배우지 못할 것이다'라는 가설을 만들게 되었다. 샬럿이 버튼 수업에서 제시한 방법을 활용하여 자신의 과거 믿음과 현재 기준 간의 이 갈등을 발견했더라면, 이 문제로 자신을 고문하던 기간이 좀 더 짧았을지도 모른다.

결국 샬럿이 기진맥진하여 포기하게 되면서 해피엔딩이 찾아왔다. 이 문제로 거의 2년을 싸우던 어느 날 샬럿은 기운이 완전히 바닥나서 로런의 방에 앉아 있다 어느 순간 정신이 들었다. 그는 분노나 비난이 전혀 없는 목소리로 차분하게 말했다.

"좋아, 이 옷을 내가 어떻게 하면 될까? 내가 졌다."

엄마가 분통을 터뜨릴까 봐 잔뜩 벼르고 있던 아이는 방어 태세를 누그러뜨리고 말했다.

"엄마, 옷장에 옷이 들어갈 자리가 없어."

샬럿은 실은 자기도 그걸 알고 있었다고 인정했다. 하지만 자기 딸은 무능하고, 정돈할 줄 모르며, 배은망덕하다는 자신의 비이성적인 가설에 정신이 팔려 까맣게 잊고 있었던 것이다. 그러나 마침내 객관성을 되찾고 이 모든 문제의 근원은 옷장에 자리가 없기 때문이라는 단순한 사실을 받아들일 수 있게 되었다.

그 자리에서 샬럿과 로런은 계획을 세웠다. 샬럿이 회사에 며칠 휴가를 낸 뒤 마침 방학 중이던 로런과 함께 목요일부터 일요일까지 로런의 방을 전부 다 정리했다. 서랍장 맨 밑에는 5년 전에나 입던 아동복까지 들어 있었다. 작아진 옷이나 아직 깨끗한 옷은 자선단체에 보낼 수 있도록 가방에 담았다.

그들이 꺼내 놓은 옷더미는 점점 더 늘어났다. 그렇게 나흘이 지나자 그들은 서랍장 절반을 비웠을 뿐 아니라 방 전체를 재배치했고, 학교에서 입을 새 옷도 함께 골라 주문했다. 그러면서 음악도 같이 듣고, 낡은 옷을 보고 그 옷을 입던 시절을 회상하면서 배가 아플 때까지 웃기도 했다. 샬럿은 딸과 함께 있는 것이 이렇게 즐거웠던 적이 없었다며 감탄했다. 다만 이렇게 되기까지 2년이나 걸렸다는 것이 안타까울 따름이었다.

딸에게 그렇게 화가 났던 이유가 애초에 자신이 하라고 한 적이 없어서 로런이 집안일을 하지 않아도 되는 상황 때문이었다는 점을 분명히 이해할 수 있었다면, 샬럿도 이 분노의 근원까지 파고들어갈 수 있었을 것이다. 하지만 지금 그가 찾아낸 내용은 일단 자기에겐 빨래가 오래 전부터 항상 문제였다는 것 정도였다. 결국 자신의 감정에서 완전히 벗어나 상황을 있는 그대로 수긍하자 싸움이 멈추었고, 그때서야 딸의 행동의 원인이 무엇인지 발견할 수 있었다. 엄마가 자신을 비난하는 것이 아니라고 느끼자 로런 역시 그 이유를 제대로 설명할 수 있었다.

"왜 고마운 줄을 모르니!"

폴라와 테스(9세), **매기**(7세), **베스**(3세)

어느 날 아침 폭설로 등교가 두 시간 미뤄지자, 폴라의 세 딸은 뛸 듯이 기뻐했다. 평소대로 부지런히 학교 갈 준비를 했으니 갑자기 놀 수 있는 소중한 시간이 두 시간이나 생긴 것이다. 베스는 언니들이 집에 좀 더 오래 머문다는 것에 신이 났다. 하지만 폴라는 별로 기쁘지 않았다. 눈이 너무 많이 와서 집 앞에 쌓인 눈을 삽으로 치워야 할 정도이지만, 남편은 벌써 회사에 갔기 때문이었다.

매기는 주말에만 볼 수 있는 비디오를 특별히 오늘도 보게 해 달라고 엄마를 졸랐다. 테스는 엄마를 졸라 보라고 매기를 부추기고는 다른 방에서 몰래 상황을 지켜보고 있었다. 엄마가 비디오를 틀어 줄 리 없다는 것을 알고 있었기 때문에 괜히 졸랐다가 혼나고 싶지 않았던 모양이었다. 폴라는 아이들이 조용히 책을 읽거나 색칠 공부를 하길 바랐지만, 매기의 말에 그날따라 마음이 끌렸다.

"아침도 다 먹고 이도 닦고 그릇도 식기세척기에 넣었고 가방도 다 쌌어요. 게다가 싸우지도 않고 다 같이 사이좋게 준비했고요, 그렇죠?"

폴라는 매기가 나이에 비해 협상을 참 잘한다고 생각했다. 매기의 말이 다 맞았다. 반박할 데가 없기 때문에 폴라는 매기의 말을 들어주었다. 더구나 어차피 자신은 집 앞의 눈을 치워야 했고, 비디오를 틀어 주면 아이들도 얌전히 있을 것 같았다.

폴라는 자기 딸들이 훌륭한 주장을 아주 설득력 있게 전달할 수 있도록 장려해야 한다고 믿었다. 자신이 어렸을 때에는 이런 기회가 전혀 없었다. 사실 부모님은 자신이 갖고 있던 설득력이란 설득력은 전부 짓눌렀다. 그래서 폴라는 자기 딸들은 하고 싶은 일을 하지 못해 좌절하는 일이 절대 없도록 키우겠다고 결심했다. 자신이 방금 매기의 논쟁 실력을 인정해 주면서 자기 딸을 존중해 주었다는 것(자신이 어렸을 때부터 바라던 일이었다)에 자부심을 느끼며 폴라는 부츠를 신고 눈을 치우러 나갔다.

눈을 다 치우기까지 한 시간 반이나 걸렸다. 폴라는 이제 아이들을 학교로 데려다주려고 집에 들어왔다. 나머지는 금요일 밤에 마저 보자고 말하려는 차에, 폴라는 아이들이 온데간데없는 것을 보고 깜짝 놀랐다. 보이는 광경이라곤 아수라장뿐이었다. 소파에 있던 쿠션은 거실 바닥에 전부 떨어져 있고, 장난감도 이리저리 흩어져 있는 데다, 가장 아끼는 테이블엔 주스가 엎어져 끈적한 웅덩이가 생겼고, 가장 좋은 찻잔들은 바닥에서 뒹굴고 있었다.

폴라의 폭발버튼이 눌렸다. 그는 심하게 충격을 받아 자기도 모르게 딸들에게 고함을 치고 있었다.

"이 버릇없는 것들. 지들이 하고 싶다는 대로 다 해 주고 나는 나가서 일을 하고 있었는데 고마워하지는 못할망정! 여기 있는 것 다 치우고 제자리에 가져다 두기 전까지는 아무 데도 못 갈 줄 알아. 그리고 앞으로 한 달 동안 영화는 없어."

아이들이 고개를 푹 숙이고 위층 계단에서 살금살금 내려왔다. 폴라는 "빨리 내려와. 엄마 바쁜 거 몰라?"라고 외쳤다. 아이들은 거실을 정리하기 시작했다. 좀처럼 엄마랑 눈을 마주치지 않으려 하는 아이들의 표정을 보고, 폴라는 자신이 아이들에게 창피를 주면서 야단을 쳤다는 것을 깨달았다. 자신이 쏟아낸 말에 소름이 끼쳤지만, 그래도 이건 분명 화낼 만했다고 되뇌었다. 하지만 이다음은 어떻게 해야 할지 혼란스러웠다. 죄책감과 분노가 뒤섞인 채, 폴라는 기나긴 양육 실패 목록에 또 하나를 더하게 되었다.

수업 시간에 폴라는 가장 먼저 떠올랐던 두 가지 가설을 말해 주었다. 하나는 '이 아이들은 아주 배은망덕하다'였고 또 하나는 '이 아이들은 내가 이렇게 자유롭게 키워 주는데도 고마운 줄을 모른다'였다.

"저는 아이들이 고마워하길 바랐어요. 제가 주는 후한 혜택에 감사하는 뜻에서 모두 나무랄 데 없이 행동하길 바랐죠. 제가 예전에 받았던 규제를 아이들에게 똑같이 적용하지 않는 것에 대해 칭찬받고 싶었어요. 저의 이런 진보적인 양육 방식이 효과가 있을 거라고 확신하고 있었죠."

그는 이렇게 말한 뒤 웃음을 터뜨렸다.

"저는 아마 아이들에게 칭찬해 달라고 요구하고 있었나 봐요. 하지만 여전히 그날 아이들의 행동은 도를 넘었다고 생각해요."

폴라는 어린 시절을 통해 자신이 '나는 반드시 감사해야 한다'와 '나는 매사에 부족한 사람이다'라는 두 가지 강한 믿음을 가지게 되었다는 것을 발견했다. 어떻게 그런 믿음을 가지게 되었냐고 묻자 그는 망설임 없이 아빠 때문이었다고 답했다.

"아빠는 모든 것을 자기 방식대로 해야 했어요. 아빠는 틀린 적이 없었죠, 항상 옳았어요. 평생 그 어떤 것에 대해서도 사과를 해 본 적이 없어요. 아빠를 거스를 수 있는 사람은 없었죠. 아빠가 언제 벌컥 화를 낼지 모른다는 두려움에 우리는 모두 아빠를 진정시키는 요령을 터득했어요. 아빠랑 언쟁을 해도 이길 리가 없고, 그래서 아예 시작하지도 않았죠. 저는 착하고 공손한 아이였어요. 그래도 여전히 부족한 아이였고요."

폴라는 말했다.

그는 자신이 10대였을 때, 부모님이 여행을 떠나기 전에 잠깐 부모님 차를 빌렸던 일을 떠올렸다. 그는 여유 있게 집에 돌아오기 위해 아주 서둘러 볼일을 봤다. 집에 돌아오던 중에 그는 기름이 거의 떨어졌다는 것을 발견했다. 자신이 무조건 일찍 집에 돌아가는 것과 조금 늦더라도 기름을 채워서 가는 것 중에 아빠가 어느 쪽을 더 좋아할지 확신할 수 없었지만, 일단 기름을 채워 가기로 했다. 그렇지 않으면 어차피 부모님도 주유소에 들러야 할 것이기 때문이었다. 그는 자신이 이렇게 현명하게 대처한 것에 기뻐하며 집으로 향했다. 주유소에서 기름을 넣었는데도, 아직 부모님이 출발하기 전까지 시간이 많이 남은 상태였다. 그런데 폴라가 차에 기름까지 넣어 왔다고 자랑스럽게 얘기하자, 아빠는 주행 거리를 기록하지 않고 그냥 기름을 넣으면 어쩌냐고 야단을 쳤다.

이 이야기를 하다 폴라는 갑자기 눈이 동그래지면서 지금까지 자신은 배려에 감사를 받은 적이 없었다는 것을 깨달았다. 그거였구나! 그는 "그러니까 딸들에게 이렇게 화가 나는 이유는 **아직도** 제가 해 준 일에 대한 감사를 받지 못했다고 생각하기 때문이군요! '나는 너무 모자라서 감사를 받을 자격이 없다'는 제 믿음 때문이었어요!"라고 외쳤다. 그는 핵심을 간파했다. 그러나 "정말 어리석은 일이네요! 어린 아이가 그렇게 생각하는 것은 이해할 수 있지만, 어른이 되어서까지 자식들에게 번번이 내게 얼마나 감사하는지 보여 달라고 하면 안 되죠. 어린 시절의 그 마음이 아직까지 남아 있다니 너무 놀라워요"라고 말하며 그는 다시 풀이 죽었다.

그날 폴라는 집에 돌아가 딸들을 불러 모으고는 눈 오던 날의 이야기를 꺼냈다. 그리고 아이들이 힘을 모아 아주 빨리 거실을 치워 주어서 얼마나 고마웠는지 모른다고 말했다. 그리고 자신이 그렇게 반응해서 미안하다고 사과했다. 그리고 앞으로는 아이들도 자신이 맡은 바에 대해 책임을 져 줬으면 좋겠다고 부탁했다. 아이들도 사과하며 앞으로는 마구잡이로 어질러 놓은 장난감을 치우며 소중한 시간을 낭비하지 않도록 그때그때 정리하겠다고 말했다. 폴라는 놀고 싶은 그들의 마음을 충분히 인정해 주면서도, 그 상황으로 돌아간다면 어떻게 하는 편이 더 좋았을지 생각해 보자고 했다. 그들은 영화가 지루해졌으면 장난감을 전부 꺼내 놓을 것이 아니라 그냥 위층에 올라가서 놀았어야 했다고 입을 모았다. 그리고 엄마의 찻잔을 함부로 가지고 놀아선 안 된다는 데에도 모두 동의했다. 폴라는 딸들에게 엄마의 분노는 엄마가 책임져야 할 일이라고 말했다. 엄마가 자기 아빠로 인해 쌓인 감정을 자식들에게 책임지게 해선 안 된다. 하지만 아이들 자신의 행동에 대해서는 아이들이 책임져야 한다.

13장
해결 버튼 :
"내가 없인 아무것도 못하는구나!"

뭐든 해결해 주려고 하는 부모는 자녀들과 자기 자신을 위해 삶을 편하게 고쳐 놓고자 한다. 그들은 아이들의 문제를 자신이 해결해 줘야 한다. 아이들은 스스로 문제를 해결하지 못한다고 생각하거나 '그냥 내가 해 주는 편이 낫다'고 생각하기 때문이다. 직접 자녀의 문제를 해결해 주고 나면, 그들은 자신이 옳은 일을 했다고 생각하며 마음 편히 쉴 수 있다. 하지만 문제가 해결되지 않거나 해결하지 못하면, 혹은 해결하려는 노력이 물거품이 되면, 분노, 죄책감, 억울함 등이 솟아나며 해결 버튼이 눌리게 된다.

해결사 부모는 대개 부모 자식 간의 경계가 불분명하고, 어디까지가 자기 책임이며 어디부터가 아이의 책임인지 확실히 알지 못한다. 그들은 아이를 도와주면서 자신이 올바른 일을 하고 있고 훌륭한 부모의 역할을 다하고 있으며 아이의 행복을 위해 노력하고 있다고 생각한다. 그러나 아이들은 좀처럼 스스로 탐구해 볼 기회를 얻지 못하고, 결국 자신은 아무 능력이 없다고 생각하기에 이른다. 해결사 부모는 아이들을 행복하게 해 주고 싶어 하고, 그래서 모든 불행을 없애 줘야 한다는 불가능한 의무를 떠맡는다. 그들은 간절히 사랑받고 싶어 하는데, 아이들의 모든 문제를 완벽하게 해결해 주면 그 사랑을 얻을 수 있을 것이라고 생각한다. 그들은 주고 또 주지만 그에 따른 보람이 없으면 갑자기 아이들이 너무 무책임하다며 폭발한다. 그리고 그 무책임함은 자기가 초래한 결과이기도 하다는 사실을 깨닫지 못한다.

해결 버튼이 눌리면, 해결사 부모는 온갖 노력에도 불구하고 기대했던 사랑과 감사를 얻지 못했다는 원망과, 결국 문제를 해결해 주지 못했다는 죄책감에 사로잡힌다. 해결사 부모의 자녀들은 자신의 문제에 스스로 도전해 볼 기회가 거의 없었던 만큼 좌절과 무력함을 느끼게 된다.

해결사 부모의 아이들은 부모에게 모든 것을 본인이 해 주려고 하지 말고, 자신이 직접 문제 해결에 도전하고 실수를 통해 배울 수 있게 해 달라고 말하기 위해 해결 버튼을 누른다.

"내가 없인 아무것도 못하는구나!"

수전과 루크(3세)

수전은 '해결사'이자, 최고의 '해결사'의 딸이다. 자신에게 모든 것을 다 해 주는 부모 밑에서 어떤 고통이나 책임도 겪지 않도록 보호받으며 자라면서, 수전은 이어가기 힘든 전통을 물려받았다. 그는 부모님과 아주 가깝게 지내며 자신도 그들과 비슷한 기준을 가지고 아이를 키워야 한다고 생각했다. 하지만 그는 자신이 해야 한다고 생각하는 일과 하고 싶은 일 사이에서 갈등하고 있다.

수전은 루크가 주기적으로 자다 깨는 문제에 자신이 비합리적인 수준의 분노와 좌절로 반응하고 있다는 사실을 깨달았다. 밤마다 아이와 일대일 대결을 펼쳐야 하는 사태를 좋아하는 부모는 많지 않겠지만, 대부분은 아이가 잠드는 데 문제가 있다고 판단한다. 그러나 해결사들이 다들 그렇듯, 수전은 아이가 잠을 못 자는 것이 자기 잘못이라고 생각했다. 자기가 없으면 아이가 절대 잠들지 못한다고 생각했기 때문이다. 그러니 아이를 다시 재우는 것은 반드시 자신이 해야 할 일이었다. 혹시라도 문제가 생기면 그는 곧장 자신을 탓했다. 자신이 고백했던 대로 수전의 가설은 '나는 내가 아이를 방치하는 것일까 두렵다'였기 때문이다.

요즘 들어 루크는 유독 밤에 자주 깼다. 그러던 어느 날 밤 아이는 열한 시 반부터 무려 새벽 네 시까지 혼신의 힘을 다해 깨어 있는 것만 같았다. 수전이 아이를 안고 흔들어 준 지 두 시간이 넘자 아빠가 교대해 주려 했으나, 아이는 "싫어, 엄마!"라고 소리치며 엄마를 다시 불렀다. 좀처럼 아이를 재울 수 없어 피로가 극에 달하자, 그들은 씩씩거리며 아이를 자기 침대로 데려왔다. 그러고도 아이는 두 시간을 더 꼼지락거렸다. 결국 수전은 소리 지르며 발길질하는 아이를 다시 아이 방으로 끌고 가 버렸다.

수전은 분노에 완전히 압도되어 버렸다. 그는 자기도 모르게 목청을 다해 소리를 질렀다.

"당장 네 침대에 누워서 빨리 눈 감고 자. 무슨 말인 줄 알겠어? 나도 더 이상은 못하겠어. 너도 나한테 이러지 마!"

그는 완전히 기운을 잃었다. 갑자기 아드레날린이 순식간에 치솟았다. 화가 가라앉고 허탈해진 마음으로 침대로 돌아왔지만, 루크가 지쳐 잠들 때까지 엄마를 부르며 서럽게 우는 소리를 들으면서 그는 막대한 죄책감에 뜬눈으로 밤을 지새웠다.

수전은 밤마다 루크의 문제를 해결해 보려고 애썼다. 안고 흔들어 보기도 하고, 걸어 다녀 보기도 하고, 안고 누워 있어 보기도 하고, 잘못했다고 빌어 보거나, 자기 침대에 데려오기도 했다. 그렇지만 아무것도 소용이 없었다. 그는 이 상황을 해결하지 못한다는 사실에 죄책감을 느꼈고, 쉬고 싶다는 자신의 이기적인 욕망 때문에 결국 아이를 버려뒀다는 점에 대해서도 죄책감을 느꼈다. 실패했다는 기분 때문에 화가 나면, 결국 그 화는 루크에게 쏟아졌다. 그에 대한 죄책감은 정말 견디기 힘든 정도였다.

수전은 외동딸이었고, 루크도 마찬가지로 외동아들이다. 그들은 여전히 부모의 맹목적인 사랑을 받고 있었다. 수전은 부모님과 함께 있으면 언제나 '열 살'로 돌아간 것 같다고 말했다.

"저는 하고 싶은 대로 다 하면서 자랐어요."

그가 원망이 담긴 목소리로 말했다.

"그래서 지금도 저는 재봉틀을 가지고 놀 시간이나 친구들을 만날 시간, 책을 읽을 시간을 갖고 싶어요. 루크랑 놀고 **싶어야 하는데도** 말이에요. 아이가 혼자 있는 모습을 볼 때마다 제가 아이를 방치했다는 기분이 들어요. 저는 정말 응석받이인 것 같아요."

"왜 그렇게 생각하세요?"

내가 물었다.

"음, 아이에게 필요한 것을 최우선으로 삼아야 하지 않나요? 제가 어렸을 때 하고 싶은 대로 다 하면서 자란 탓에 저보다 아이에게 필요한 것을 먼저 생각하는 법을 아예 모르는 게 아닐까 정말 걱정이에요. 저는 그냥 제가 편해지기 위해 루크가 행복하길 바라는 것일지도 몰라요."

그는 부끄러워하며 털어놓았다.

"왜 당신보다는 아이에게 필요한 것을 우선시해야 한다고 생각하나요?"

내가 물었다.

"이 관계에 균형이 잡히려면 루크뿐만 아니라 당신에게 필요한 것도 함께 고려되어야 한다고 생각하지 않으시나요?"

"균형 잡힌 필요라고요, 흠. 듣기 좋은 말이네요! 전 균형을 잡는 것에 대해서는 아무것도 몰라요."

잠을 설쳤던 다음날 아침까지도 수전은 여전히 죄책감에 빠져 있었다. 그는 루크의 문제를 해결하기 위해 할 수 있는 일은 다 했다. 같이 놀아 주고, 아이스크림을 사 주고, 루크가 제일 좋아하는 비디오를 사 오기도 했다.

"하루 종일 아이가 해 달라는 것은 전부 해 줬어요. 루크는 특히 저에게 매달리고 칭얼대고 해 달라는 것이 많아요. 그리고 아이를 계속 안고 있다 보면 저는 화가 나고요. 재봉은커녕 저녁 준비조차 할 수가 없어요. 그럼 제가 그저 응석받이마냥 너무 이기적으로 구는 것 같고요. 저는 제가 만든 함정에 빠져 있어요."

수전이 말했다.

수전의 부모는 여전히 수전과 그의 남편에게 거창한 선물을 보내고 있었다. 남편은 그다지 달가워하지 않는데도 말이다. 부모는 수전 부부를 다정하게 '그 아이들'이라고 부른다. 수전은 부모님이 "저 아이들이 저렇게 어른인 양 행동하다니 정말 귀엽지 않아?"라고 대화하는 것을 들은 적도 있다고 했다.

"저는 부모님이 제 문제를 전부 해결해 주고 저를 아무것도 못하는 아기처럼 다루셨던 것을 생각하면 사랑과 감사, 분노와 원망 사이에서 늘 갈팡질팡해요."

한밤중에 루크가 울고, 매달리고, 이것저것 해 달라고 하자 '루크에겐 언제나 나의 관심이 필요하다'와 '나는 아이를 방치하고 있다'라는 수전의 가설이 소환되었다. 그가 어렸을 때 부모님이 그랬던 것처럼 자신도 '엄마의 역할은 아이의 문제를 해결해 주는 것이다'라는 양육 기준을 가지고 있었기 때문이다. 이것은 아이가 혼자 있거나 엄마의 관심을 요구할 때마다 죄책감으로 이어졌다. 이 기준에 따라 아이를 밤새 돌보거나 하루 종일 아이와 놀아 주면, 수전은 결국 분노와 원망이 끓어올랐다. 그는 '내 필요와 욕망은 전부 다른 사람이 돌봐 줘야 한다'라고 믿고 있었기 때문이다. 그는 불쾌한 일을 직접 겪어야 했던 적이 없었다. 그런데 이제는 자녀의 기분을 맞춰 주는 불쾌함을 직접 감당해야 할 차례가 되었다. 하지만 루크에게도 자신의 기분을 감당할 권리가 있다는 것을 미처 배울 기회가 없었다.

'내가 항상 아이의 모든 문제를 해결해 줘야 한다'는 지키기에 불가능한 기준일뿐더러, 수전과 루크 둘 다 더 이상 성장할 수 없게 만든다. 그러나 수전은 그 부적절한 기준을 탓하지 않고 자기 자신을 탓하는 길(나는 나밖에 모르는 응석받이야, 나는 엄마로서 실격이야)을 택했다. 수전이 자신의 기준을 소리 내어 말하자마자, 그 기준이 얼마나 실현 불가능한 것이었는지 깨달을 수 있었다. 그는 '루크와 함께 놀아 주고 내가 하고 싶은 일을 하면서도 여전히 좋은 엄마일 수 있다'와 같이 새로운 기준을 만들기 시작했다.

수전은 자신을 필요로 하는 사람이 필요했다. 이것이 지금까지 부모님과 함께 늘 수행해 온 역할이었고, 그만큼 벗어나기 힘든 역할이기도 했기 때문이다. 루크와 같이 있어 주지 못할 때마다 아이가 버려졌다고 생각할 거라고 믿으면, 그는 항상 아이가 자신을 필요로 하고 있다는 느낌을 받을 수 있다. 역설적으로 끝없이 조르는 루크를 돌봐 주는 것이 수전에게는 아주 중요한 일이었다. 끝없이 조르는 자신을 엄마가 돌봐 줬던 것과 마찬가지로 말이다. 즉, 수전의 해묵은 패턴은 루크에게는 늘 자신이 필요하며 자신이 같이 있어 주지 못하면 버려졌다고 느낄 것이라는 믿음에서 나온 것이었다.

새로운 기준이 자리를 잡자, 수전은 자신의 필요와 루크의 필요를 균형 있게 돌보면서도 자신을 좋은 엄마라고 생각할 수 있게 되었다. 루크와 마찬가지로 자신의 필요도 중요하다는 것을 인정하면, 루크가 자는 것만큼 자신이 자는 것도 중요하다는 것을 받아들이고 한밤중에 균형을 찾을 수 있을 것이다. 그는 더 이상 자신이 아이와 놀아 주지 않을 때마다 아이를 방치하고 있

218

다고 생각하지도 않을 것이며, 루크도 자신의 문제를 스스로 해결하는 법을 배우기 시작하면서 차츰 혼자 노는 법을 터득해 갈 것이다. 이렇게 그들은 서로의 필요를 더욱 존중할 수 있는 자리를 찾아 나가게 된다.

"너에게 내가 항상 바라던 것을 전부 줄 거야."

코니와 맥스(17세)

코니는 외동아들이 자신을 귀여워해 주고 항상 돌봐 주고 특히 많이 안아 주기를 바란다고 생각했다. 무엇보다 이는 자신이 어린 시절 내내 간절히 바라던 것이었다.

코니의 엄마는 언어적 학대가 심한 사람이었고, 알코올 중독인 아빠는 말뿐만 아니라 성적으로도 학대를 했다. 코니는 어느 쪽에서도 애정 어린 손길과 친밀감을 느낄 수 없었다. 다만 엄마가 해 주는 음식에는 의지할 수 있었다. 다섯 시 반의 따끈한 저녁상을 포함하여 하루 세 끼를 일주일 내내 꼬박꼬박 먹을 수 있다는 것이 그가 믿을 수 있는 엄마와의 유일한 연결고리였다. 비록 매번 귀찮으니까 부엌에 들어오지 말라는 소리를 들었더라도 말이다. 아빠는 끊임없이 코니의 외모와 체중에 대해 비난을 했다. 그는 정기적으로 코니의 체중을 쟀고 매우 엄격하게 제한된 다이어트를 시켰다. 즉 엄마와 코니를 이어 주는 유일한 생명줄인 음식이 아빠에 의해 통제되고 제한되었던 것이다. 코니가 평생 자신의 체중에 만족하지 못하게 된 것도 놀랄 일이 아니었다.

맥스를 임신하자, 코니는 양육서적을 읽기 시작했고, 그중에서 아이에게 공감하여 반응해 주기를 독려하는 양육법에 매료되었다. 이 철학에 따르면 코니도 자신에게 절실히 필요하던 감정적 친밀함을 충족할 수 있었기 때문이었다. 하지만 부모와 자식 간의 건강한 경계선을 확립하거나, 맥스에게 필요한 것을 자신에게 필요한 것과 분리하여 생각하지 못한 채, 코니는 아들을 통해 자신이 받지 못했던 부분을 보상받고 간절히 원하던 바를 충족시키고자 했다. 무신경하고 잔혹했던 아빠의 통제에 대한 반작용으로 인해 적절한 훈육의 틀도 사라져 버렸다. 그는 아이가 안전하다고 느낄 수 있게 해 주겠다고 다짐하며 밤낮으로 아이를 돌봐 주었다. 자신이 어렸을 때 겪었던 고통은 절대 겪게 하지 않을 것이며, 아이를 위해서 모든 것을 제대로 갖추어 줄 생각이었다.

실제로 맥스는 안전하고 충분한 돌봄을 받고 있다고 느꼈다. 맥스는 선천적으로 섬세한 기질을 가진 터라 아이를 돌봐 주고 싶다는 코니의 필요에 딱 맞아떨어졌다. 이 두 사람의 조합으로 결국 맥스는 어떤 문제나 고통도 스스로 해결하지 못하게 되었다.

맥스가 일곱 살 때, 같이 놀던 친구 하나가 코니네 집 문을 두드렸다.

"좀 나와 보세요. 맥스가 엄마 찾아요."

겁에 질려 맥스는 숲의 가장자리로 달려갔고, 거기서 맥스가 바닥에 누워 있는 것을 발견했다. 코니가 다가가자 맥스가 일어나 앉더니 넘어졌다고 칭얼거렸다. 아이를 일으켜 세워 주며 살펴봤더니 다친 곳은 전혀 없었다. 그저 머리를 쓰다듬어 주고 뺨에 입을 맞추어 주자 아이는 다시 저쪽으로 달려가서 놀기 시작했다. 그때 코니는 자신이 의도치 않게 어떤 상황을 만들었는지 깨달았다.

이제 열일곱 살이 되어 맥스는 인기 있는 고등학교 3학년생이 되었다. 그러나 그는 스스로 책임지는 일이 거의 없었고, 문제가 생겼을 때에는 무조건 다른 사람을 탓했으며, 자신과 의견이 다른 사람을 좀처럼 견디지 못했다.

"그건 다 제 잘못이에요, 제가 알아요."

코니는 말했다.

"모든 것이 제 책임이에요. 아이의 기분을 포함해서요. 예전에 제가 아빠에게 느꼈던 기분을 아이가 아주 조금이라도 느끼게 될까 두려워서 규칙을 세울 엄두가 안 나요."

그는 직장에 다니는 싱글맘이었음에도 불구하고 맥스에게 집안일을 도와달라고 한 적이 한 번도 없었다. 맥스는 아무리 방과 후에 시간이 많고 자기 차가 따로 있어도, 엄마에게 필요한 것을 사다 달라고 했고, 좋아하는 음식을 채워 달라고 했고, 아무 때나 먹고 싶을 때 밥을 해 달라고 했다. 아이가 "집에 먹을 게 하나도 없어. 나 지금 배고프고 목말라서 죽을 거 같애!"라고 불평할 때마다 그는 손발이 얼어붙는 것 같은 죄책감을 느꼈다.

어느 날 코니는 수업에 와서 맥스가 역사 과제를 하지 않았다고 털어놓았다. 미국사 과목을 낙제해서 동급생들과 함께 졸업하지 못하게 되면 아이가 그 실망감을 견디지 못할 것 같다는 걱정이었다. 코니의 얼굴에는 아이가 과제를 제때 내는 일은 순전히 자기 책임이라는 듯 절박함이 역력했다.

원래 그 과제는 학기 중간까지 제출해야 했지만, 맥스는 선생님께 양해를 구하고 학기말까지 미뤄 둔 상태였다. 그러나 크리스마스 연휴까지도 과제를 완성하지 못하자, 선생님은 한 번 더 기회를 주면서 어떤 일이 있어도 1월에 수업이 다시 시작할 때까지는 내야 한다고 못을 박았다. 기한이 연장된다 해도 맥스에게 갑자기 없던 책임감이 생기지는 않는다는 사실을 알고 있으면서도, 그때마다 코니는 안도했다.

"마치 제가 연장을 받은 것 같았어요."

그는 이렇게 토로했다.

그러나 크리스마스 연휴가 끝나갈 때까지 과제는 한 페이지도 진전되지 않았다. 코니는 아들을 이렇게 중요한 문제에도 전혀 관심을 가지지 않는 사람으로 키웠다는 죄책감으로 제정신이 아니었다.

"과제를 가지고 귀 아프게 잔소리를 하고 싶진 않았어요. 그렇지만 계속 잔소리를 할 수밖에 없었죠."

그가 말했다.

"제가 '맥스야, 그래서 과제는 어떻게 되고 있어?'라고 말하면 아이는 저를 빤히 쳐다봤어요. 저도 말을 하고 싶지 않았지만, 어쩔 수가 없더라고요. 이걸 어떻게 해야 할지 전혀 감이 잡히지 않았어요. 완전히 막막했죠. 그리고 지금 깨달은 건데 제가 여기서 이렇게 얘길 하는 것도 선생님이 제 문제를 해결해 주길 바라기 때문인 것 같네요!"

내가 "그것은 당신의 문제가 아니라 맥스의 문제라는 것을 이해하시겠나요?"라고 물었을 때, 코니는 혼란스러워 보였다. "당신이 대신 책임을 져 주는 이상 아이는 스스로 책임질 필요가 없어요. 특히 아이가 당신이 해결할 방법을 대신 찾아 줄 거라고 믿고 있다면 더욱 그렇죠."

"아, 그 생각은 못 해 봤네요. 정말 그럴 수도 있을 것 같아요."

그는 말했다.

자신은 중요하지 않다는 믿음으로 인해 코니는 맥스가 역사 과제를 하지 않는 것은 (혹은 무엇이든 그가 해야 할 일을 하지 않는 것은) 결국 자신이 아이를 제대로 돌보지 못했다는 뜻이라고 생각하며 두려워했다. 즉, 그것은 자신의 잘못이었다. '나는 아이가 항상 충분히 돌봄을 받고 있으며 안전하다고 느낄 수 있게 해 주어야 한다'라는 코니의 기준으로 인해 지금까지 자신은 끝도 없이 아이를 돌보는 데 몰두한 반면, 아이는 자신의 상황이나 안전을 스스로 책임지는 방법을 배울 수 없게 되었는데 이제는 코니마저 그 기준에 미치지 못하게 되었다. 번번이 아이에게 집안일이 하기 싫으면 안 해도 된다고 하면서, 의도치 않게 과제도 하기 싫으면 하지 않아도 된다고 가르쳤던 셈이었다. 코니는 어릴 적부터 간절히 바라던 애지중지한 대접이 맥스를 옭아매는 일이 될 거라고는 생각지도 못했다.

어느 날 그는 수업에서 큰 소리로 물었다.

"애지중지 귀여움 받는 것을 싫어할 사람이 어디 있어요?"

수업을 듣던 다른 부모 중 하나가 바로 대답했다.

"어휴, 전 싫어요. 전 아기 취급 받는 게 너무 싫은데 제 엄마는 아직도 그래요. 그리고 저는 제 딸이 울면서 달려와 안아 달라고 하는 것도 싫어요."

코니는 정말 의외라는 표정이었다. 모든 사람이 자기처럼 응석을 부리고 싶은 욕망이 강하지는 않다는 사실을 처음으로 깨달은 것이다. 지금까지 자신은 자기 욕망을 아들에게 투사하고 있었으며, 그로 인해 아이가 의존적인 태도를 가지게 되었다는 것은 알고 있었지만, 자신이 아이를 보호하던 방식을 심지어 아이가 달가워하지 않을 수도 있다는 가능성은 지금에서야 처음으로 깨닫게 되었다.

코니는 순식간에 사태를 파악했고, 조금 다른 이야기를 가져오기 시작했다. 맥스는 졸업을 하려면 미국사 과목을 다시 들어야 한다는 통보를 듣고는 얼이 반쯤 빠져서 집에 돌아왔다. 마지막 학기에 원래 들으려고 했던 과목을 빼고 미국사를 다시 듣거나, 여름에 계절학기를 듣거나, 아니면 올해 졸업을 포기해야 했다. 우리도 모두 긴장하여 숨을 죽였다.

"평소 같으면 제가 심호흡을 하며 아이의 기분을 풀어 줄 만한 대책을 찾아보려고 애를 썼을 거예요. 기분 전환을 위해 외식을 하러 나갔을지도 모르죠. 그런데 이번엔 제가 마음을 굳게 먹고, 어려운 결정을 해야 하는 아이의 상황에 공감해 주면서도 아이가 스스로 선택을 하게 두었어요!"

교실에서 박수가 터져 나왔다. 코니도 자랑스럽게 미소지었다.

"아이는 '내가 친구들이랑 같이 졸업하는 모습을 엄마가 얼마나 보고 싶어 하는지 알아. 그리고 나도 엄마를 실망시키고 싶지 않아'라고 말하면서 제게 책임을 미뤄 보려 했어요. 그래서 저는 절대 실망하지 않을뿐더러 아이가 어떤 결정을 하든 지지해 줄 거라고 안심시켜 주었어요."

코니는 모든 책임을 확실히 맥스에게 넘겨주었고, 이제 맥스는 자신이 직접 결정을 내릴 수밖에 없게 되었다.

맥스는 며칠간 신중히 생각해 보더니 결국 이번 학기에 미국사 수업을 다시 들은 뒤 친구들과 함께 졸업을 하겠다고 알렸다. "그리고 이번 일은 내 잘못인 것 같아"라고 덧붙였다. 코니는 자신의 귀를 믿을 수가 없을 정도였다. 그 뒤로 맥스는 역사 수업을 성공적으로 이수하고 무사히 졸업을 할 수 있게 되었다.

코니가 맥스의 책임까지 전부 짊어지느라 정신이 없으니 아이는 꽤 손쉽게 엄마의 감정을 조종할 수 있었다. 그가 제때 졸업을 못해서 엄마를 실망시키고 싶지 않다고 말했을 때, 그는 다시 한 번 엄마에게 책임과 결정을 미루려 했던 것이다. 그런데 코니가 거기에 응하지 않고 확실히 선을 긋자, 이제는 그가 스스로 책임을 져야만 했다.

"마치 굴레에서 벗어난 듯한 기분이었어요. 어깨를 짓누르던 무거운 짐이 사라진 것 같더라고요."

코니는 활짝 웃으며 말했다.

"제 자신이 너무 자랑스러워요."

이제 코니는 맥스가 자기 없이 스스로 나아갈 길을 찾을 수 있도록 놓아줄 수 있게 되었다.

"저는 모든 것을 제대로 갖추어 두어야 해요."

찰리, 프랜과 멀리사(3세), 벳시(1세)

멀리사는 주장이 강하고 고집스러운 아이로, 사랑이 넘치고 열정적이며 세심한 부모의 폭발버튼을 누르곤 했다. 엄마 아빠는 모두 멀리사의 활달하고 솔직한 성격을 아주 좋아하고 소중히 여겼지만, 아이의 모든 점을 지지하고 지원해 줘야 한다고 생각하던지라 하루가 끝나갈 때쯤이면 진이 다 빠졌다. 찰리는 "벳시는 완전히 오아시스 같은 존재야. 벌써 혼자서 자기를 챙길 줄 알잖아"라고 말하곤 했다.

두 딸에게 필요한 것을 모두 챙겨 주려다 보면, 찰리와 프랜 사이에 긴장감이 형성되었다. 찰리는 새로 사업을 시작하고 있어서 야근을 밥 먹듯 했고, 프랜은 집에서 컴퓨터 소프트웨어를 설계하지만 출장이 잦았기 때문이다. 둘은 아이들과 함께 보낼 수 있는 시간이 너무 적다는 것에 대해 죄책감을 느꼈고, 그래서 자신의 필요를 희생해서라도 매 순간 딸들을 행복하게 하는 데에 집중하는 것으로 이를 보상하려 했다.

찰리는 아일랜드계 가톨릭 대가족에서 자랐다. 애정이 넘치는 가정이었지만, 한 명 한 명이 개별적으로 관심을 받는 일은 많지 않았다. 그는 아빠가 놀아 주던 것보다 훨씬 더 많은 시간을 자기 자녀들과 함께 보냈고, 그에 대해 제대로 감사를 받지 못할 때에는 억울함을 느끼곤 했다. 프랜의 아빠는 일벌레라 집에 있는 적이 거의 없었다. 프랜에게 필요하던 것은 번번이 채워지지 못했지만, 그의 엄마는 늘 자신의 책임이 너무 과도하다고 느끼는 나머지 조금이라도 불편한 일이 생기면 프랜에게 화를 쏟아부었다.

찰리는 멀리사가 파란 접시가 아니라 노란 접시에 밥을 먹겠다고 고집을 부리거나, 오트밀을 만들 때 "아빠, 그거 아니야! 그렇게 하면 안 돼"라고 소리를 질러도 어떻게든 자신의 분노를 억눌렀다. 자신이 분통을 터뜨리거나 프랜이 '부적절하다'며 금지한 말을 하면, 아내가 얼마나 화를 낼지 잘 알고 있었다.

"프랜의 맘에 들려면 모든 것을 완벽하게 해야 하고, 맞는 말만 해야 돼요." 찰리는 투덜거렸다. 그래도 분란을 일으키고 싶지는 않았기에, 그는 아이를 꼬드겨 그가 해 봐야 한다고 생각하던 일을 몰래 시켜 보곤 했다. 그러면 아이가 스스로 통제력을 행사하는 것처럼 보였기 때문이다.

"우리 부부는 아이 옆에서 늘 살얼음 위를 걷는 기분이었어요. 꼭 제 엄마랑 같이 있을 때 그랬던 것처럼요." 프랜은 덧붙였다. "저는 아이들이 제가 겪었던 것과 비슷한 일은 절대 겪지 않길 바라요. 그래서 모든 것을 제대로 하기 위해 정말 열심히 노력하죠. 모든 것이 아이들에게 좋은 영향을 끼치도록 말이에요. 그런데 멀리사가 어떻게 반응할지 도저히 예상할 수가 없어서 저희는 늘 만반의 준비를 갖추고 있어야 해요."

이렇게 자기 시간을 스스로 엄격하게 다루다 보니, 프랜과 찰리가 자신을 위해 쓸 수 있는 시간은 거의 없었다. 프랜은 양쪽에서 쥐어짜지는 기분이었다. 대체로 무시당하고 인정받지 못한다고 느끼던 찰리는 어느 쪽도 자기와 맞지 않는다고 불평했다. 프랜이 혼자 두 딸과 같이 있을 때면, 그는 모든 상황을 미리 예측하여 준비하려고 하다가 극도의 스트레스에 빠졌다. 그래서 찰리가 집에 돌아오면 프랜은 두 딸 중 하나를 그에게 맡겼고, 그들은 대개 집에서 그렇게 둘씩 따로 시간을 보냈다.

찰리는 "저는 늘 뒷전이에요. 프랜이랑 이야기를 하고 있다가도 아이가 끼어들면 저는 완전 밀쳐지는 거죠. 그럼 그냥 물러서는 수밖에 없고요"라고 불만을 털어놓았다.

"애들인데 어쩌겠어요. 애들은 기다릴 줄을 모른다고요."

프랜이 날카롭게 끼어들었다.

프랜은 두 딸을 건사하려고 애를 쓰다 기력을 전부 소진하게 되는 전형적 상황을 설명했다. "벳시가 계단을 오르는 연습을 하고 있었고, 멀리사는 다른 방에서 자신이 그린 그림을 봐달라고 저를 부르고 있었어요. 그러면 저는 어쩔 줄을 모르죠. 벳시가 끝까지 계단을 올랐으면 좋겠지만, 그렇다고 멀리사를 무시하고 싶지도 않거든요. 그럼 일단 멀리사에게 '금방 갈게, 잠깐만 기다려'라고 일러두고, 벳시에게는 '얼른 멀리사가 뭐 그렸는지 가 보자'라고 하면서 빨리 올라가라고 재촉하게 되는 거예요. 그러고 나면 죄책감이 몰려들죠. 두 아이를 어떻게 한 번에 돌봐야 하는지 도통 모르겠어요."

"당신은 자신이 그걸 할 수 있거나 해야 한다고 생각하나요?"

내가 물었다.

프랜은 의아하게 쳐다보았다.

"그게 제가 할 일 아닌가요?"

"당신이 그렇게 생각하면 그런 거죠. 하지만 당신의 기준에 따른 기대치를 채우기는 불가능한 것 같네요. 당신이 두 명 필요해요."

"정말 그래요."

그가 말했다.

"그래서 찰리에게 아이를 한 명 맡기는 거예요."

나는 프랜에게 벳시가 계단을 오르는 모습을 보고 있을 때 어떤 가설이 떠올랐는지 물었다. 그는 잠시 생각하더니 "나는 멀리사를 실망시키고 있다. 내가 좀 더 준비를 잘 했더라면 다른 방식으로 대처해서 두 아이들을 모두 챙길 수 있었을 텐데"라고 말했다.

"당신은 자신이 모든 문제를 해결하고 아이들이 바라는 것을 전부 예상해야 한다고 몰아세우고 있어요. 그 과정에서 남편에게 필요한 것은 무시하고 있고요."

그때 멀리사를 불러서 지금은 벳시를 보고 있으니 계단 오르기가 끝날 때까지 기다리거나 그림을 여기로 가져오라고 했으면 어땠겠냐고 제안해 보았다. 프랜은 그러니 한 번에 한 아이만 돌봐도 괜찮다는 허락을 받은 것처럼 느껴진다고 답했다. 그의 어깨가 눈에 띄게 편안해졌고, 얼굴에 안도감이 찾아오는 듯했다.

다음 주에는 프랜이 수업에 와서 멀리사가 발을 자꾸 자기 얼굴에 문질러서 그러지 말라고 했더니 깔깔 웃더라고 불평했다.

"심지어 발을 떼지도 않았어요. 저는 정말 화가 나서 이를 악물고 **제발** 발 좀 내리라고 얘기했죠. 정말 짜증스러웠어요. 결국 저는 일어나서 나가 버릴 수밖에 없었죠. 그러곤 또 심하게 죄책감을 느꼈어요."

"아이의 발을 잡고 그러지 말라고 말하거나, 필요하다면 직접 아이의 발을 치우지 않은 이유는 무엇인가요?"

내가 물었다.

"그건 너무 강압적이잖아요. 저는 그런 짓은 못해요."

그는 내가 그런 일을 제안했다는 것에 놀라서 대답했다.

"아이가 당신을 괴롭히지 않길 바라기 전에, 당신을 샌드백 취급해선 안 된다는 분명한 신호를 줘야 해요. 하지만 그런 신호를 보내기 전에 자신이 샌드백 취급을 받아선 안 된다는 것을 당신 자신이 알고 있어야 하죠. 지금 아이는 당신을 밟고 다녀도 되는 상황이에요. 왜냐면 당신이 아이를 위해 모든 일을 처리해 주고 자신은 전혀 돌보지 않으니까요. 당신은 자신의 필요도 중요하다는 것을 전혀 모르고 있어요."

상황이 파악되기 시작하자 프랜은 눈물을 떨구기 시작했다.

어린 시절에 프랜과 찰리는 지금 딸들에게 주고 있는 것과 같은 돌봄과 관심을 받지 못했다. '나의 필요는 전혀 중요하지 않다'라는 프랜의 믿음으로 인해 아이의 필요를 절대 무시하지 않도록 최선을 다해야 한다는 기준이 만들어졌다. '나를 위한 시간은 없다'라는 찰리의 믿음은 프랜과의 관계에까지 영향을 미쳐서 프랜이 아이들에게 관심을 쏟을 때마다 그는 분노를 느끼게 되었다.

　우리 자신을 희생한다고 해서 아이에게 좋은 일을 하는 것이 아니다. 그 희생을 이끌어 내는 힘이 무엇이든 말이다. 물론 아이가 어릴 때에는 우리의 관심사 중 상당 부분을 희생해야 하지만, 자기 존중을 위한 필요를 희생하고 자신이 바라는 바를 무시하면, 아이들에게 제대로 된 어른의 본보기를 보여 주기 힘들어진다. '훌륭한 부모일수록 자신의 필요를 먼저 충족시킬 때 자녀의 필요도 보다 잘 채워 줄 수 있다'라고 기준을 조정하면 프랜과 찰리가 제대로 경계선을 확립하는 데 도움이 될 것이다.

　나는 비행기에서 늘 듣곤 하는 안전 수칙을 상기시켜 주었다. 산소마스크가 내려오면, 자신이 먼저 마스크를 쓴 다음 아이에게 씌워 줘야 한다.

　나는 아이들에게 프랜과 찰리가 대화를 하고 있을 때에는 방해해선 안 된다는 것을 가르치는 동시에, 일주일에 한 번씩 베이비시터를 구해 데이트를 시작해 보라고 제안했다. 자신의 필요와 아이들의 필요에 균형을 맞춰 가면, 프랜과 찰리가 자신을 존중하는 모습을 아이들에게 보여 줄 수 있을뿐더러, 아이들에게 다른 사람의 필요를 존중하는 태도의 중요성을 가르쳐 줄 수도 있다. 더불어 프랜과 찰리가 자신의 결혼 생활에 더욱 충실해지는 보너스도 얻을 수 있다.

14장
책임감 버튼 :
"네 성적표가 내 성적표야."

책임감 버튼은 여러 면에서 해결 버튼과 비슷하지만, 해결사가 아이들의 필요를 돌보려 한다면, 책임감이 과한 부모는 자신의 필요에 집중한다. 부모가 과도한 책임을 떠맡고서 아이에게 모든 것을 해 주며 과잉보호를 하다가, 아이들이 자신의 체면을 세워 주지 않으면 격한 반응을 보이게 되는데 이때 책임감이 버튼이 된다. 사실 그들은 자녀들에게 좋은 점수를 달라고 요구하는 것이다.

이런 부모들은 책임감을 자신의 업무 내용이라고 생각한다. 그래서 아이의 문제를 자신이 해결해 주지는 않지만, 아이들 주변을 맴돌며 일을 제대로 하라고 잔소리하고, 해야 할 일을 확실히 하는지 지켜보고, 혹시라도 실패하지 않도록 과잉보호한다. 그들은 아이들에게 양치하고 숙제하고 잘 꾸미라고 잔소리한다. 만일 아이가 실패하면, 부모도 실패하는 것이다. 설령 그 실패가 아이 탓으로 돌려진다 하더라도 말이다.

과도하게 책임지는 부모는 대개 자신이 무엇을 언제 하라고 끊임없이 시키지 않으면 아이들이 적절히 행동하거나 해야 할 일을 못하는 것은 물론,

목숨조차 부지하지 못할 것이라고 믿는다. 그들의 문제는 의존성이 핵심이다. 그렇기에 이러한 부모는 본의 아니게 자녀가 반항하다 완전히 실패하게 만들거나, 자신을 지탱해 줄 새로운 사람에게 또다시 의존하게 만든다.

과도하게 책임지는 부모가 보기에 자녀의 삶은 자신의 손에 달려 있다. 이것은 힘겨운 일이다. 이런 부모가 폭발버튼이 눌리면 분노와 원망을 느끼게 되고, 자신이 얼마나 아이를 훌륭하게 키웠는지 세상에 보여 주려는 마음에 무조건 엄격한 통제로 반응하는 경우도 많다.

책임감 버튼을 누르는 아이는 "부모님은 부모님에 대한 책임을 지고 제게는 제 자신을 책임지는 방법을 가르쳐 주세요"라고 말하고 있는 것이다.

"저는 아이들을 안전하게 지켜야 해요."

한나, 폴과 에릭(9세), 사이러스(7세), 휘트니(1세)

"두려움에 대해 얘기해도 될까요?"

어느 날 아침 수업에서 한나는 말을 꺼냈다.

"아이가 무슨 일을 할 때마다 겁이 나요. 저는 아이들이 어쩌다 다치거나 죽을까 봐 항상 걱정을 하고 있어요. 다 제 책임인 것 같아요. 저는 병원에서 첫 아이를 처음 품에 안았던 순간을 아직도 기억해요. 저는 울면서 엄마에게 '내가 이 애를 책임져야 해!'라고 말했어요. 그건 정말 너무나 버거운 일이죠. 게다가 폴이 아이들을 대하는 걸 보면 그이는 아이가 죽든 살든 전혀 상관을 하지 않는 것 같아서 더 힘들어요."

"이봐, 나는 아이들이 스스로를 돌보는 법을 가르쳐 주는 거라고."

남편 폴이 반박했다.

"나는 아이들에게 무엇이 위험하고 무엇은 괜찮은지를 가르쳐 주는 거야. 그리고 아이들이 재밌게 노는 법도 배워야 한다고."

폴은 자기 엄마가 그랬던 것처럼 한나도 아이들을 숨 막히게 억누르고 있다고 여기고 있으며, 그래서 아이들의 안전에 신경을 완전히 끊으면서 그 앙갚음을 하려 한다고 한나는 말했다.

한나는 아이들을 집 근처 숲에 보내거나, 진입로에서 아이들을 작은 트럭 뒤에 태우거나, 아빠와 함께 트랙터에 타거나, 혹은 위층 창문을 열어 두었다가는 사고가 날 수도 있다며 걱정했다. 또 아이들이 레고를 바닥에 늘어놓으면 혹시라도 아이들이 레고가 '목에 걸려 죽을까' 걱정했다. 그는 늘 최악의 시나리오를 떠올리며 파국으로 치달았다. 하지만 한나도 어릴 적에는 집에서 멀리 떨어진 숲을 걸어 다니며 시간을 보내는 일이 많았다. "그것이 제가 제일 좋아하는 일이었는데 한 번도 길을 잃어버리진 않았어요. 정말 운이 좋았죠. 하지만 길을 잃을 수도 있었어요. 그러면 우리 엄마는 제가 어디 있는지 전혀 몰랐을 거예요." 한나는 못마땅한 말투로 말했다.

나는 한나에게 무엇이 두려운지 물었다.

"그들을 보호하지 않으면, 무서운 일이 생길지도 모르잖아요. 저번엔 두 아이가 자전거를 타고 진입로 끝까지 나갔다 돌아와서는 근처에 산다는 어떤 남자하고 이야기를 나눴다고 하더라고요. 정말 얼마나 무서웠는지 몰라요. 저는 아이들이 나갔는지도 모르고 있었거든요. 그러다 아이들이 유괴당할 수도 있는 거잖아요!"

"아이들이 유괴될 수도 있다는 것이 가장 두려운 일인가요?"

다른 부모가 물었다.

"그때 제가 거기 없어서 아이를 보호해 줄 수 없었다는 것이 두려워요."

그가 고백했다.

한나가 두 살이고 오빠가 여섯 살일 때, 아빠는 가정을 떠나 버렸다. 나중에야 그는 아빠가 교도소에 갔었다는 것을 알게 되었다. 3년쯤 후 새아빠가 들어왔으나 그는 매우 폭력적인 사람이었다. 한나의 오빠 톰은 늘 호되게 혼이 났고, 자신도 그런 일을 당할까 무서웠던 한나는 '착한 딸'이 되었지만 여전히 어느 정도의 무시와 욕설은 겪어야만 했다. 게다가 톰도 자신의 공격성을 한나에게 쏟아 부었다.

한나가 열두 살 때, 오빠와 저녁 식탁에서 싸운 적이 있었다. 그러자 새아빠가 냅킨을 집어 던지고 의자를 밀치며 일어나더니 "그만해, 더 이상은 못 참겠어. 이런 꼴을 보면서 어떻게 살라는 거야"라고 말하며 나가 버렸다. 새아빠가 떠나자, 엄마가 상심하게 된 것에 대한 모든 책임을 한나가 져야 했다. 그는 너무나 큰 죄책감을 느낀 나머지 이런 상황을 헤쳐 갈 방법을 찾아야 했다.

"나는 새아빠가 방도 많고 동물도 키울 수 있는 아름답고 크고 새하얀 전원주택을 사러 나갔을 거라는 환상을 갖고 있었어요. 그래서 그가 돌아와서 우리를 그 집으로 데려가기를 기다렸죠. 그럼 거기서 영원히 행복하게 살 수 있을 거라고 생각하면서요."

그는 여전히 희망을 잃지 않은 목소리로 말했다. 3주가 지나서, 그는 정말로 돌아왔다. 비록 전원주택은 없었지만, 한나는 가능한 한 가장 공손한 태도로 아빠를 붙들기 위해 안간힘을 썼다. 그러나 그는 얼마 지나지 않아 또 떠나 버렸고, 다시는 돌아오지 않았다.

"저는 진심으로 그게 전부 제 잘못이라고 생각했어요."

그가 우리에게 말했다.

"저는 아기를 봐 주고 번 돈을 전부 모아서 엄마에게 호화로운 선물을 사 드렸어요. 시키지 않은 집안일까지도 도맡아 하고요. 혹시라도 엄마에게 필요한 것이 무엇일지 알아내려고 늘 애를 썼죠. 몇 년이 지난 후에야 사실은 새아빠가 비서랑 바람을 피우고 있었다는 것을 알게 되었어요."

한나는 어처구니없고 부끄러운 마음을 감추려는 듯 웃었다.

아빠가 둘이나 떠나 버린 것을 보상하기 위해서라도 한나는 자신의 아이들을 보호하기 위해 항상 곁에 있어야만 했다. 한나는 아이들에게 **자신이** (자기 아빠와 새아빠와는 달리) 얼마나 아이들을 소중히 생각하는지, 얼마나 완벽히 곁에 있어 줄 것인지, 얼마나 책임감이 있는지 보여 주는 것을 소명으로 삼고 있었다. 한나는 온 가족에 대한 책임을 짊어지고 있던 것이다.

"저는 아빠랑 새아빠가 둘 다 너무 싫어요. 그들은 제가 죽든 말든 관심도 없었어요."

"그들은 당신의 기준에 미치지 못했던 거죠?"

내가 물었다.

한나는 자신이 무슨 말을 했는지 깨닫고는 조용해졌다. 뿐만 아니라 자기 삶에서 아주 중요한 또 하나의 남자인 남편에게 무엇을 투사하고 있었는지를 발견했다.

"맞아요, 그들은 미치지 못했죠."

"덕분에 당신은 할 일이 엄청나게 많아졌어요. 부모의 책임을 폴에게도 조금 나눠 주면 어떨까요?"

내가 물었다.

"그럼 애들이 죽을 거예요!"

그가 소리쳤다. 폴은 어이없다는 듯 눈알을 굴렸다.

다음 주에 수업에 온 한나는 "잡지에서 자신은 좋은 대접을 받을 가치가 없다고 믿는 사람에 대한 기사를 읽었어요. 그저 모든 것을 빼앗기게 될 날만 생각하고 있기 때문이래요. 그게 바로 저예요! 저는 멋진 남편과 멋진 아이, 그리고 멋진 집을 가지고 있어요. 그런데도 그 모든 것이 사라질까 두려워하느라 편히 있을 수가 없는 거예요"라고 말했다.

"그래서 당신이 책임지고 그 모든 것을 지켜야 하지요. 그래서 잠깐 눈을 뗄 엄두조차 내지 못하는 거고요."

"맞아요. 제가 항상 지쳐 있는 것도 당연한 일이죠."

그는 말했다.

"아이들이 그냥 재미있게 놀도록 내버려 두지 못하는 것도 당연하고요."

폴이 거들었다.

우리는 한나가 어릴 적부터 가지고 있던 믿음을 찾아보았다. 그것은 '사람들이 나를 버리고 떠나는 것은 전부 내 책임이다. 그것을 보상하기 위해서는 내가 완벽해야 한다'였다. 완벽해야 한다는 한나의 필요에서 나온 믿음으로 인해 '아이들을 보호하기 위해서는 내가 항상 곁에 있어야 한다. 그렇지 않으면 나는 아이들을 방치하는 것이고, 아이들에게 내가 그들을 사랑하지 않는다고 말하는 것이다'라는 기준이 만들어졌다. 한나는 자신이 모든 것을 완벽히 준비하지 못하고 최선의 방어 태세를 갖추지 못하면, 언제라도 파국이 닥칠지 모른다고 두려워하며 하루도 빠짐없이 아이들을 지켰다. '아이가 죽을지도 몰라. 아이가 길을 잃을지도 몰라. 아이가 질식해서 죽을지도 몰라.' 등의 파국적 가설로 인해 한나는 자신의 사랑을 증명하고 폴의 태평한 양육 방식을 보완하기 위해서는 진이 빠질 정도로 조심하고 보호할 수밖에 없었다.

이런 깨달음 덕에 한나는 우선 '입을 꼭 다물고' 아들에게 좀 더 자유를 허락할 수 있게 되었다. 이제 그는 오래전부터 만들어진 자신의 패턴을 파악하고 그것을 다시 아이들에게 물려주지 않기 위해 최선을 다했다. 우선 자기 대화를 하며 아빠와 새아빠가 떠난 것은 절대 자기가 어쩔 수 있는 일이 아니었으며, 오히려 자신이 부당한 대우를 받았다는 점을 되새겼다. 그리고 '내 아이는 책임감 있게 스스로를 챙길 수 있다'라는 새로운 기준을 만들었다.

이런 노력을 하면서부터 한나도 확실히 마음을 놓을 수 있었다. 걱정이 완전히 없어질 리는 없겠지만, 그래도 자신의 필요를 돌보기 위해 아이들에게 무조건 조심하라고 요구하지 않으면서도 아이들을 책임질 수 있게 되었다. 한나에게는 두려움에 압도되지 않고 현실적인 규칙을 세울 수 있는가가 관건이다. 그런 규칙이 어떻게 나오게 되었는지 더 잘 알게 될수록, 규칙에 매달리기보다는 그것은 자신이 해결해야 할 문제라는 사실을 떠올리며, 그런 규칙으로 아이들을 옭아매지 않도록 할 수 있게 되었다.

어느 날은 아들이 친구네 집에 가서 자고 와도 되는지 물었다. 그러라고 대답한 뒤 한나는 자신이 예전과 같은 긴장을 전혀 느끼지 않았다는 것을 깨달았다. "전혀 파국적으로 생각하지 않았어요."

그는 자랑스럽게 말했다.

"친구네 집에 가서도 가끔씩 집에 전화는 해 달라고 말했지만, 그게 전부였어요!"

"네 성적표가 내 성적표야."

칼과 토미(16세)

칼은 분노와 좌절로 거의 방향을 잃은 10대 자녀 토미 덕에 정신이 없는 아빠다. 칼은 토미를 책임감이 없고, 게으르며, 열심히 노력하진 않지만 '속은 착한 아이'라고 설명했다. 칼은 10대 자녀를 둔 부모들이 흔히 떠올리곤 하는 파국적 두려움을 상당히 많이 가지고 있었다. '저 애는 절대 취직을 못할 거야. 저 애는 약물 중독자가 될 거야. 저 애는 사고를 치고 감옥에 가게 될 거야'와 같은 것들 말이다. 토미의 행동을 볼 때마다 마음속 깊이 묻어 두었던 '나는 가치 없는 존재'라는 생각이 불쑥불쑥 튀어나왔지만, 두려운 나머지 칼은 그 감정을 계속 감추기만 했다.

칼이 수업을 듣기 시작했을 때, 그는 토미가 학교에서 잘 지내지 못하고 있다는 얘기를 꺼내기 전에 몇 주간 다른 사람 이야기를 듣기만 했다. 칼은 토미의 능력이 충분하다는 것을 알고 있었기 때문에 그가 A나 B학점 정도는 받을 수 있을 거라고 늘 기대했다. 중학교 때까지만 해도 꽤 잘 했는데 고등학교에 가서 B, C학점을 받기 시작했지만, 칼도 그 정도는 받아들였다. 그런데 차츰 성적이 C와 D로 떨어지고 F학점도 간간히 보이기 시작했다. 칼은 아들의 성적에 부끄럽고 화가 났다는 것을 노골적으로 드러냈다. 그는 사사건건 이런 말을 늘어놓으며 아이를 쫓아다녔다.

"오늘은 숙제가 얼마나 있어? 지금부터 해야 되는 거 아니니?"
"어떻게 시험을 그렇게 망칠 수가 있니?"
"숙제 다 할 때까지 밖에 못 나갈 줄 알아."
"이런 성적으로 어떻게 취직을 하려고 그러니?"
"고등학교 중퇴하면 넌 내 아들도 아니야."
"넌 어떻게 그렇게 게으르니?"
"넌 네가 가진 재능을 낭비하고 있는 거야."

"저는 희망이 없어요. 토미에게 무슨 일이 생긴 건지 이해할 수가 없어요. 아이의 행동은 저를 아주 대놓고 모욕하는 것 같아요."

칼이 고백했다. 토미는 차츰 시험 성적과 과제에 대해 거짓말을 하기 시작했다. 처음에는 성적이 좋으면 갖고 싶은 것을 사 주겠다며 토미를 구슬렸지만 아무 소용이 없었다. 다음엔 농구 연습에 가지 못하게 하기 시작했고, 얼마 지나지 않아 토미의 모든 사회 활동이 금지됐다. 이런 처벌 방식 때문에 칼은 부인 샤론과 점점 더 자주 다투게 되었다. 샤론은 그렇게 아들을 구속해선 안 된다고 생각했다. 하지만 샤론이 남편을 말리려 하면 할수록 그는 더욱 아들을 다그쳤다. 칼은 아들의 미래가 자기에게 달렸기 때문에 자신이 좀 더 빠르고 적극적으로 움직여야 한다고 굳게 믿고 있었다.

"내가 물러서면, 토미는 걷잡을 수 없이 망가질 거예요. 그 애는 스스로 쓸모 있는 일을 하는 법이 없어요. 그럼 애를 이끌어 주는 것은 제 책임이죠, 그렇지 않나요?"

어느 날 수업에서 칼은 지난 토요일 아침에 토미가 늦잠을 잤던 일에 대해 쭈뼛쭈뼛 말했다. 칼은 씩씩거리며 토미가 자신이 맡은 집안일을 하기만을 기다리고 있었다. 진작부터 토미를 침대에서 끌어내고 싶었지만, 샤론이 '제발 오늘만이라도 실컷 자게 내버려 둬라' 하며 말리는 통에 어쩔 수 없었다. 샤론을 안심시킬 겸, 토미와 함께하려고 했던 쓰레기통 비우기를 혼자 해서 밖에 내놓았다. 열한 시 반쯤 되자, 토미가 비척비척 계단을 내려오다 아빠와 마주쳤다. 칼은 즉시 잔소리를 쏟아 놓기 시작했다.

"솔직히 말해서 저는 제가 아는 욕이란 욕은 다 했어요. 그러니까 토미가 저를 쳐다보면서 '엿이나 먹어요, 아빠!'라고 말하고는 자기 방으로 올라가 버리더군요. 그리고는 난동을 부렸어요. 고래고래 악을 쓰며 욕을 하는 것부터 시작해서 복도 벽에 주먹질을 해서 큰 구멍을 만들었죠. 그리고 나서 가방을 집어 들더니 저를 밀치고 계단을 내려가서, '그래, 제가 그렇게 싫으면 억지로 계속 저랑 같이 지낼 필요 없어요. 제가 나가면 되잖아요!'라고 소리를 지르며 뒷문으로 나가 버렸어요."

칼이 말했다.

그 뒤 이틀은 칼과 샤론에게 정말 악몽이었다. 경찰이 수색에 나섰고, 칼과 샤론은 친구들에게 연락을 돌렸다. 이틀 후, 토미는 조용히 나타나 방에 틀어박혔다.

"여자 친구네 집에 있었다더라고요. 다른 친구들은 전부 그걸 숨겨 줬고요. 다음 날부터 학교에는 나가기 시작했는데, 저희한테는 며칠 동안 말도 안 했어요."

칼은 고개를 늘어뜨리고 조용히 자초지종을 설명했다. 비로소 그는 다른 사람들의 도움이 필요하다는 것을 인정했다. 더할 나위 없이 끔찍한 상황이었다.

"저는 어떻게 해야 할까요?"

그는 간절히 물었다.

몇몇 사람들이 칼에게 지금처럼 계속 아이를 통제하려고 하면 안 될 것 같다고 제안했다. 칼은 충격에 빠졌다.

"그럼 아이가 엉망이 될 거예요. 제가 끌고 가지 않으면 아무것도 못한다고요. 그럼 완전 실패자가 될 거예요. 저도 실패자가 될 거고요."

"당신을 통제하는 사람은 누구인가요?"

내가 물었다.

"하!"

그는 비아냥거리듯 웃었다.

칼은 외동아들이었다. 그의 부모는 칼에게 큰 기대를 걸고 있었지만, 본인들의 결혼 생활에는 그렇지 못했다. 그는 엄마가 오직 자기 때문에 가정을 지키고 있다는 것을 잘 알고 있었다. 엄마는 '지독하게 불행했고 위태로울 지경'이었다. 그래서 칼은 엄마에게 자랑스러운 아들이 되기 위해 최선을 다했다. 그는 토미만큼이나 학교를 싫어하면서도 최선을 다해 공부해서 대학까지 성실히 마쳤고, 스트레스가 심하지만 경제적으로 안정적인 직장까지 얻었다. 칼의 아빠는 매우 엄격하고 통제가 심했다.

"저는 집에서 엄마를 지키고, 밖에서도 모든 것이 근사해 보이게 하기 위해 제 의무를 다했어요." 칼은 말했다. "그래서 제가 싫어하던 길을 지금까지

착실히 밟아 왔지요."

갑자기 그는 무언가를 깨달았다.

"그리고 지금은 토미에게 똑같은 일을 시키고 있네요."

내가 덧붙였다. 칼의 눈이 갑자기 커졌다.

다음 주에 그는 수업에 와서 모두에게 알렸다.

"제가 통제하려는 마음을 놓으면 제 갑옷도 벗겨지겠지요. 저는 부모님에 대한 분노를 보호하기 위해 이 갑옷을 만들었다는 것을 깨달았어요. 예전의 저는 절대 할 수 없었는데, 지금 토미는 하기 싫은 일을 피해 서슴없이 도망칠 수 있다는 것에 대한 분노를 지금 이 갑옷으로 보호하고 있지요. 그 갑옷을 벗으면 아이를 죽일지도 모르니까요!"

사람들은 칼이 자신의 분노에 대해 얘기할 수 있도록 성심껏 지지하며 독려했다. 토미는 매우 의지가 굳은 성격이었기 때문에, 칼은 자신이 과거에 아빠에게 묶여 있던 것처럼 토미가 자신의 통제 하에 매여 있지는 않다는 사실을 깨달았다. 토미가 자신에게 복종하지 않거나 자신이 살아온 방식을 따르지 않을 때 칼의 분노는 확실히 커졌다.

칼은 다음 주에 와서 아들이 학교를 그만두고 싶다고 했다는 말을 전했다. 그 말을 들어주는 것은 불가능해 보였다.

"이걸 제가 어떻게 받아들일 수 있겠어요? 그가 학교를 그만두지 않는다 해도, 그 형편없는 성적을 제가 어떻게 받아들일 수 있겠어요? 여기서 아들 키우기를 그만둔다면 제가 어떻게 보이겠어요?"

"칼, 당신은 마치 토미의 성적표가 곧 당신의 성적표라고 하는 것 같아요."

수업을 듣는 사람 중 하나가 설명했다. "토미가 수학에서 D를 받으면, 당신은 자신이 자녀양육에서 D를 받았다고 생각하는 거죠."

"정말 그래요!"

모든 사람들이 맞장구를 쳤다.

"저를 위해서 아이에게 모든 일을 제대로 하길 요구했던 거예요. 그래야 제가 부모님을 위해 열심히 살려고 했던 모든 세월을 정당화할 수 있으니까요. 그러면 마침내 저도 그들에게 인정받을 수 있겠지요. 만일 제가 아이를 내버려 두면, 그게 전부 날아가는 거예요! 그럼 이제 저는 어떻게 해야 하나요?"

"지금 깨달은 내용을 계속 염두에 두시는 것 외에 당장 하실 일은 없어요." 내가 말했다.

"다음 주까지 어떻게 되는지 지켜봅시다." 칼은 무력감을 안고 그날은 일단 돌아갔다.

칼은 연결고리를 만들어 냈다. '토미는 게으르고 능력이 없어서 결국 감옥에 갈 것이다'라는 그의 가설이 분노를 일으켰고, 아이를 더욱 통제하려는 행동으로 이어졌다. 그의 과거에서 직접 뻗어 나온 그의 기준(아이가 반드시 최선을 다하게 만드는 것은 내 책임이다)은 현실적이지 못하다. '자녀의 최선'을 아이들이 결정하는 것이 아니라 칼이 정하기 때문이다. 칼은 부모님이 수치심을 느끼거나 상처받지 않도록 매사에 최선을 다해야 했다. 이제 그는 토미도 똑같이 **최선**을 다하기를 바라고 있다. 그러나 토미는 다른 사람이기 때문에 칼에게 필요했던 것이라 해도 그에겐 필요하지 않다.

칼은 머릿속에 불이 켜진 것 같았다. 자신이 양육 방식을 바꾸든, 아들을 완전 놓쳐 버리든 둘 중 하나의 기로에 서 있는 상황이라는 사실을 이제는 알았다. 그는 즉시 잔소리와 창피 주기를 중단하고 자신에 대해 알게 된 내용을 토미와 함께 나누었다. 토미가 자신의 삶을 스스로 통제할 수 있게 놓아주는 일은 칼에게 너무나 위험하게 느껴졌다. 결국 토미는 학교를 그만두었기 때문이다. 그는 여전히 갈팡질팡하고 있지만, 직장을 구해 책임감 있게 다니고 있다. 진정으로 삶에 대한 책임을 토미에게 넘겨주고자 한다면, 그가 실수를 저지르는 위험까지도 감수해야 한다.

칼은 완전히 다른 사람이 되었다.

"저도 못 믿겠어요."

마지막 수업에서 그는 환한 표정으로 말했다.

"우리는 이야기를 나누었어요. 토미도 잘 듣고 대답했지요. 그리고 저도 아이의 결정을 최선을 다해 지지하기 시작했어요. 제가 예전처럼 잔소리를 시작하려고 하면, 먼저 토미에게 사과를 하고 제가 양육 방식을 바꾸기까지 아직 연습이 필요하다는 것을 상기시켜요. 다행히 토미는 기꺼이 실수할 기회를 주고 있고요. 여전히 그는 집에 머무르지 않으려고 할 때가 많지만, 이젠 벌컥 화를 내거나 하는 일은 없어졌어요."

이제 칼은 자신이 할 수 있는 일은 어떤 기회가 있는지 보여 주는 것까지이며, 그 기회를 어떻게 할지 결정하는 사람은 전적으로 토미여야 한다는 사실을 잘 알고 있다. 그간 토미에게 문제가 있었던 것은 자신이 책임을 독점했기 때문이라는 것도 잘 알고 있다.

"토미가 뭔가를 제대로 하지 않으면, 반드시 제가 바로잡아 줘야 한다고 생각했어요. 문제는 뭐가 제대로인가에 대해 저와 아이의 생각이 완전히 달랐다는 것이죠!"

토미는 자신의 책임을 온전히 받아들이고 더 이상 아빠가 자신을 일으켜 주지 않는다는 사실을 깨달을 때까지 앞으로 몇 번 더 실패해야 할지도 모른다. 물론 칼도 토미가 일어나지 못할 정도로 심하게 넘어지지 않는지 곁에서 지켜봐야 하겠지만, 아기가 걸음마를 배울 때와 마찬가지로 넘어지는 것도 배움의 일부라는 것을 잊지 말아야 한다. 이제 토미는 아빠에게 반항하는 데 정신을 쏟는 대신 최대한 자기 자신에게 집중할 수 있게 되었다.

칼은 강의 평가에 이렇게 적었다.

"토미는 참을 수 없는 지경까지 저를 몰아세웠어요. 하지만 정신을 놓아 버리는 대신, 아이가 지금까지 계속 저에게 가르치려고 했던 것(그가 자신의 삶을 책임질 수 있게 믿어 주어야 한다는 것)이 무엇인지 배웠죠. 그것은 완전히 새롭게 접근해야 한다는 뜻이었어요. 하지만 동시에 저도 아이에게 더욱 애정을 쏟을 수 있는 자유를 얻게 되었죠. 우리 관계가 좋아지는 건 불가능할 줄만 알았는데 지금은 정말 좋아요."

"나는 그냥 모든 것이 더 나아지길 바랐을 뿐이야."
제니퍼와 알렉스(6세)

"저는 알렉스의 말도 꽤 잘 들어 주고 아이의 감정도 충분히 인정해 주었다고 생각해요. 하지만 상황은 더 나빠지기만 하는 것 같아요. 아이는 제가 진력이 날 때까지 끝낼 줄을 몰라요. 며칠 전에는 아이에게 친구랑 저녁을 같이 먹지 못할 것 같다고 그랬더니, 비명을 지르면서 저를 나쁜 놈이라고 하기 시작하는 거예요. 저는 꾹 참으며 충분히 화가 날 만도 하니 그래도 된다고 말했어요. 심지어 '하지만'이라는 단어를 쓰지도 않았다고요. 그래도 아이는 내가 정말 나쁜 사람이라고 말하며 쿵쿵거리고 나가더니 저녁 식사 내내 심술을 부렸어요. 결국은 저도 자제력을 잃고 응석 좀 그만 부리라고, 항상 네가 하고 싶은 대로 할 순 없는 거라고 소리를 질러 버렸어요."

제니퍼는 새로 배운 효과적 경청 기술이 알렉스에게는 별로 통하지 않는 것 같아 좌절한 상태였다.

"상황이 어떻게 되길 바라셨어요?"

내가 물었다.

"아이가 어느 정도 하고 넘어가길 바랐죠. 저는 그냥 상황을 좀 더 좋아지게 하고 싶었어요."

"지금 잘 하고 있어요. 그런데 여전히 알렉스의 문제를 해결할 책임을 당신이 지고 있는 상태예요. 당신은 자신의 경청 기술로 이 상황을 당신이 바라는 쪽(아이가 적당히 하고 기분을 푸는 것)으로 해결하길 기대하고 있었던 거죠. 이때 원하는 결과를 얻고자 하는 당신의 관심사가 얼마나 강력하게 작용하고 있는지 보이시나요?"

내가 물었다.

"모든 것을 더 좋아지게 만드는 것이 당신의 임무라고 생각하면 알렉스 역시 그렇게 믿을 거예요. 그래서 당신이 해결해 줄 때까지 계속 조르게 되는 거죠. 아이가 스스로 자기 감정을 감당할 수 있다고 믿어 주면, 아이도 그렇게 할 거예요. 그리고 아이도 자신을 믿는 법을 배우게 될 거예요."

"흠."

제니퍼의 머리가 바쁘게 돌아가는 것이 눈에 보이는 듯했다.

"어렸을 때에는 어떤 가정에서 자랐나요? 보통 당신의 감정은 어떻게 다뤄졌어요?"

내가 물었다.

제니퍼가 이야기를 시작했다.

"저는 4남매 중 막내였고 대체로 혼자 지내는 편이었어요."

"엄마에게 가장 바라던 것은 무엇이었나요?"

"관심을 더 가져 줬으면 하고 바라지는 않았던 것 같아요. 하지만 저를 좀 더 돌봐 줬으면 했죠."

제니퍼가 말했다. 수업을 듣던 사람들도 모두 고개를 끄덕였다.

"그렇다면 혹시 엄마가 당신을 충분히 돌봐 주지 않았던 시절을 알렉스의 기분이 나빠질 때마다 당신이 전부 책임지는 것으로 보상하려는 심리는 아닐까요? 당신의 엄마가 주지 않았던 것을 알렉스에게 주기 위해 너무 노력하는 것일지도 몰라요. 그런데 생각만큼 통하지 않으니 걱정이 되는 거죠."

그의 눈에 눈물이 고이기 시작했다.

"정말 그래요."

제니퍼는 여덟 살쯤 있었던 어느 저녁 식사를 떠올렸다. 여섯 식구가 복닥거리는 작은 부엌은 항상 소란스러웠다. 제니퍼는 그날 학교에서 과제 발표를 하고 선생님에게 칭찬을 받은 터라 몇 번이고 부모님에게 그 얘기를 하려 했지만, 그때마다 뭔가가 말을 가로막았다.

"제니퍼, 좀 기다리면 안 돼? 일단 식구들에게 밥을 먹여야 하잖니."

그는 엄마가 심드렁하게 했던 말을 떠올렸다. 아빠에게 말해 보려다 실패하자 엄마가 또 거들었다.

"제니퍼, 오늘 아빠는 하루 종일 아주 힘들었어. 그래서 네가 하는 바보짓을 받아 줄 정신이 없어. 아빠 좀 내버려 둬."

'바보짓'이라는 말이 귀에서 떠나지 않았다.

제니퍼는 저녁을 먹는 내내 상처받은 감정을 삭이려 했다. 그러다 누군가의 질문에 "나도 몰라"라고 칭얼거리자 엄마가 이렇게 말했다.

"얘야, 식탁에서 상냥하게 굴지 않을 거면 그냥 네 방으로 가렴."

그 사건을 비롯하여 비슷한 여러 사건들이 그에게 깊은 상처를 남겼다. 제니퍼는 부모님이 자신의 말을 귀담아 듣는다고 느낀 적이 없었다. 그는 '나는 중요하지 않은 존재이다. 내게 일어난 일도 전혀 중요하지 않다'라는 믿음을 가지게 되었고, 그 뒤로 자신의 삶에 대해서는 부모님에게 거의 말하지 않았다.

"제가 울거나 슬퍼하거나 화를 내면 사람들이 짜증을 낼 테고 결국 저를 싫어할 거라고 늘 생각했기 때문에 그냥 모든 것을 속에 담고만 있었어요."

제니퍼는 '나는 꼭 아이의 말을 귀담아 들어 줄 것이다. 그래서 아이를 행복하게 해 줄 것이다'라는 기준을 가지고 자녀양육에 접근했다. 하지만 아이의 말을 들어 주는 것과 아이를 행복하게 해 주는 것은 별개의 문제이다. 이제 제니퍼는 상황을 파악했다. 의식적으로 그는 알렉스 곁을 지키며 그의 기분에 대해 들어 주려고 했지만, 자신은 그런 공감을 받아 본 적이 없었고 어떻게 하는지도 몰랐다. 그래서 아이의 말을 경청하고 감정을 인정해 주는 기술을 배웠는데도 그것을 제대로 적용하지 못해서 애를 먹었다. 그는 자신이 아이의 나쁜 기분을 없애 줘야 한다고 생각했다. 그렇지 못하면 신경이 곤두서면서 수용과 공감의 마음도 사라져 버렸다.

다음 주 수업에 왔을 때 그는 좀 더 표정이 밝아져 있었다.

"조금씩 감이 잡히는 것 같아요. 며칠 전에 알렉스가 쿠키를 두 개만 먹어야 한다는 말에 화를 냈어요. 그런데 이번엔 제가 '알렉스, 내가 쿠키를 더 못 먹게 해서 화가 정말 많이 났구나. 어떤 기분인지 나도 충분히 알아. 네가 울고 싶은 만큼 울어도 좋단다. 나는 바로 옆에 있을 테니 필요하면 말하렴'이라고 말했죠. 그리고 방 저쪽에 앉아서 조용히 기다렸어요. 평소 같으면 아이의 기분을 풀어 주기 위해 그냥 쿠키를 줘 버리거나, 주지 않으면서도 죄책감으로 괴로워했을 거예요. 그러나 그날은 아이가 계속 우는데도 한 발 떨어져 있는 기분이었어요. 제가 그치게 해 줘야 하는 것이 아니니까요. 그런데 떨어져 있는데도 어쩐 일인지 전보다 훨씬 함께하고 있는 느낌이었어요. 그랬더니 아이가 이내 울음을 그치고는 저에게 와서 책을 읽어 달라고 했어요!"

제니퍼는 깊은 상처와 가치 없는 존재라는 기분을 빼고는 부모님에 대한 자신의 감정을 설명할 수 없다는 사실을 알게 되었다. 그는 자기 아이만은 절대 그런 기분을 느끼지 않게 하겠다고 다짐했다. 그렇게 아이가 행복하길 바라다 보니 엄마로서의 임무와 책임에 혼란이 생긴 것이다. 그는 부모님이 자신의 불행을 책임져야 하는 것은 아니라는 사실을 인정해야 했다. 그들은 자신이 제니퍼에게 한 말과 행동에 책임을 져야 했다. 제니퍼도 마찬가지로 아들의 행복을 책임지는 것이 아니라, 오직 자신이 한 말과 행동에 책임을 져야 한다.

15장

무능함 버튼 :
"내가 좀 더 좋은 엄마였더라면······."

"저는 제대로 하는 것이 하나도 없어요. 전 엉망진창이에요."

자신이 무능하다고 느끼는 부모는 이런 식으로 한탄한다. 부모가 자신을 무능하거나 모자라거나 실패했다고 생각하면, 자신에게는 아이에게 영향을 주거나 필요한 내용을 가르치거나 권위를 가지고 아이를 키울 수 있는 힘이 없다고 느낀다. 그러면 사람들에게 도움을 청하면서도 정작 자신은 믿지 못하고, 자기 아이는 더더욱 믿지 못한다. 무능한 부모는 힘을 전부 포기해 버리고 모든 것을 허락해 주다가, 어느새 나머지 가족들에게 동네북 취급을 받게 될 위험이 있다. 그리고 자신은 못한다고 생각하는 일의 책임을 다른 사람에게 넘기며 부담을 줄 수도 있다.

이런 부모는 자신의 결함에 대해 자기 아이를 탓하며 아이에게 보상해 달라고 하게 마련이다. 그들은 아이에게 네가 더 잘해서 내가 나 자신을 나쁘게 생각하지 않을 수 있게 해 달라고 요구한다. 이런 부모는 자신은 문제에 대해 할 수 있는 것이 아무것도 없다며 스스로를 피해자로 만든다. 피해자는 무력할 듯하지만, 피해자 역할을 빌미로 무책임하게 행동할 수도 있고 다른 사람에게 자신의 무능력을 보상해야 한다고 압박하면서 힘을 발휘하기도 한다. 또한 그들은 방법을 잘 모르는데도 불구하고 자신이 그 일을 해야 한다고 굳게 믿으며 너무 많은 책임을 맡는 경향이 있다. 그것은 스스로를 비난하는 또 다른 이유가 된다.

폭발버튼이 눌리면 무능한 부모는 무력함, 절망감, 혹은 무시당하는 기분을 느끼며, 자신을 거의 혹은 전혀 믿지 못하게 될 것이다. 이런 부모의 자녀는 부모의 조수 역할에 충실하거나, 반대로 자신이 권력을 잡고 마음대로 휘두르거나, 아니면 자신이 부모님을 행복하게 만들어 주지 못했다는 죄책감을 가지게 된다.

아이들이 무능력 버튼을 누를 때, 그들은 부모가 자기 결정에 자신감을 가지고 스스로의 힘을 활용하여 상황을 적절히 통제하길 요구하고 있는 것이다.

"그건 제가 책임져야 하는 것 아닌가요?"

셀리와 타일러(7세)

"좋아요, 제가 뭘 잘못한 건가요?"

좌절에 빠진 셀리가 수업 시간에 물었다.

"저는 타일러가 오랫동안 사 달라고 조르던 레고 로봇을 사 줬어요. 그런데 집에 가는 차 안에서 아이가 저에게 박스를 뜯어 달라고 조르는 거예요. 그러면 조각을 잃어버려서 속상해질 거라고 말했어요. 그래도 정말 조심하겠다고 하면서 계속 조르기에 결국 포기하고 박스를 열어 줬죠. 아이가 거실에서 조립을 하다 보니 아니나 다를까 조각이 열한 개나 부족한 거예요! 전너무 화가 나서 아이에게 '내가 잃어버린다고 그랬지!' 하고 소리를 질렀어요. 그러자 아이는 울면서 이게 다 제 잘못이라고 하더라고요. 완전히 엉망진창이지 뭐예요. 그 일만 생각하면 아직도 화가 나요. 모처럼 아이에게 인심을 썼는데 전부 망쳐 버렸으니까요."

"그래서 차 안에 떨어진 조각은 찾아보셨나요?"

다른 엄마가 물었다.

"어, 그럼요. 그런데 아직도 네 개나 못 찾았어요."

"그럼 그걸로 다른 것을 만들 수는 없나요?"

그들이 물었다.

셸리는 "못 만들 것 같은데요. 저는 그냥 그걸로 끝이라고 생각했어요. 여하튼 제가 담아서 벽장에 넣어 뒀어요"라고 답했다.

"당연히 다른 것도 만들 수 있지요. 아이는 네 조각 못 찾은 걸로 기분이 많이 상했나요?"

한 아빠가 물었다.

"아니요."

셸리가 약간 당황해서 대답했다.

"제가 기분이 많이 상했죠."

"그게 왜 당신의 문제라고 생각하시나요?"

내가 셸리에게 물었다. 그는 혼란스러워 보였다.

"조각을 잃어버린 사람은 타일러잖아요. 하지만 자기 장난감이니 잃어버린 것도 자기가 책임지면 되지요."

"하지만 화는 제가 내고 있네요!"

그가 말했다.

"그러니까요. 당신은 그것이 자신의 문제라고 생각하는 것 같아요. 당시에 어떤 가설을 가지고 있었는지 말씀해 주실 수 있나요?"

그는 이렇게 정리했다.

"그는 조심성이 없고 물건을 정리할 줄 모른다. 그는 자기 물건을 챙기지 못하는 사람이 될 것이다. 나는 아이에게 물건 챙기는 법을 제대로 가르친 적이 없다."

"그럼 그런 생각을 떠올릴 때 무슨 기준을 적용하셨나요?"

내가 물었다. 셸리는 당황했다. 우리는 함께 기준을 찾아보았다.

"내 아이는 언제나 자기 물건을 잘 챙기고 정돈을 잘해야 한다. 정돈 기술을 가르치는 것은 내 책임이다."

"당신은 정리를 잘 하는 편인가요?"

누군가가 물었다.

"아뇨, 전 엉망이에요. 그것 때문에 늘 화가 나죠. 저는 타일러가 커서 저처럼 되지 않길 바라요. 저는 뭘 제자리에 두는 법이 없고 나중에 필요한 물건이 어디 있는지 몰라서 남편에게 화를 내거든요."

"하지만 셸리, 타일러는 아직 일곱 살밖에 안 됐다는 것을 잊고 있는 건 아닌가요? 그는 아직 아이에요. 그리고 아이들은 물건을 잃어버리게 마련이죠. 그것 때문에 아이가 기분이 상하지 않았다면, 뭐가 문제인가요?"

같이 수업을 듣던 누군가가 물었다.

"그게 또 돈이잖아요. 그건 저한테 큰 문제예요. 기껏 돈 들여 구입한 장난감을 벌써 망쳐 놓았잖아요."

셸리가 덧붙였다.

다른 엄마도 의견을 냈다.

"하지만 당신이 샀으니까요. 아이에게 그것을 사 주기로 한 것은 당신의 결정이고, 거기서 끝내면 되죠. 이제 장난감은 아이 것이 되었으니 아이가 알아서 하게 두면 어떨까요?"

다른 사람이 거들었다.

"당신은 아이가 완벽하길 바라는 것 같아요. 마치 인형처럼요."

셸리는 수심에 잠겼다.

셸리는 열심히 들었지만, 여전히 막막한 기분이었다.

"문제는 제 가설에서 어디가 잘못된 건지 모르겠다는 거예요. 저는 아직도 그게 맞는 것 같아요."

"좋아요, 그럼 전체를 한번 살펴봅시다."

내가 말했다.

"먼저, 당신은 자신이 반응한 방식에 만족했나요? 도움이 되었나요?"

"아뇨, 정말 싫었어요. 기분도 정말 안 좋았고, 도움은 확실히 전혀 안 됐고요."

"당신의 감정으로 인해 그런 반응이 나온 거예요. 당신은 아이에게도 심하게 화가 났고 자신에게도 화가 났어요. 하지만 우리의 감정은 마음대로 조절할 수 없고, 그저 겉으로 드러내거나 억누르는 수밖에 없다는 것에 대해 이야기했었지요. 단, 그 감정을 만들어 내는 원천은 우리의 가설이에요. 따라서 당신의 반응이 만족스럽지 않았다면 문제는 분명 가설에 있는 거예요. 아무리 생각해도 지금의 가설이 정확하다고 느껴진다면, 당신이 생각해 보지 않았던 다른 관점에서 바라봐야 해요. 아이에 대해 당신이 가지고 있는 기대는 적절한가요? 그렇지 않다고 생각하는 사람도 꽤 있는 것 같은데요."

셸리는 잠시 생각에 잠겼다.

"이제 뭔가가 보이기 시작하는 것 같아요. 저는 타일러보다 타일러의 물건을 더 중요하게 생각했었나 봐요. 이 물건들을 의식하느라 모든 것을 내가 책임져야 한다는 생각을 버리지 못했던 거예요."

"모든 것이 당신 책임이라면, 무언가 잘못되면 그것도 항상 당신의 잘못이되는 거겠군요."

내가 말했다.

"그렇죠."

그가 대답했다.

"그리고 상황이 정리된 후에, 저는 아이에게 다음에는 어떻게 하면 다르게 대처할 수 있었을지 물어봐요. '거기서 내가 박스를 뜯어 줬어야 했다고 생각하니?' 그러면 아이는 '아니, 뜯어 주지 말았어야 했던 것 같아'라고 대답해요. 그럼 저는 또 한 번 비난받은 기분이 되고요."

"그건 당신이 스스로를 무능하다고 생각하기 위해 만들어 둔 과정처럼 느껴지네요. 모든 것이 당신 책임이라고 생각할 때 생기는 일이지요. 타일러는 자신이 어떻게 빠져나가면 되는지 알고 있었어요. 그는 모든 것을 당신의 잘못으로 만들 수 있었고, 당신은 그것을 받아들였죠. 그래서 아이는 결코 직접 책임을 져야 할 필요가 없었던 거예요."

우리는 어떻게 하면 상황을 다르게 만들 수 있었을지 논의해 보았다. 셸리는 차에서 이렇게 말할 수도 있었다.

"박스를 뜯으면 조각을 잃어버릴 위험이 있어. 이해되니?"

그래도 아이가 열어 달라고 하면, 셸리는 정 그러고 싶으면 그렇게 하자고 말한 뒤, **넘겨줘야 한다.** 조각을 잃어버리더라도 그건 아이의 문제이지 자신의 문제가 아니다. 그러면 아이도 인과관계와 시행착오를 이해할 수 있는 기회를 얻을 수 있다. 그는 자신이 내린 결정 속에 담긴 위험을 확실히 배우고, 다음에 더 현명한 선택을 할 수 있는 교훈을 얻을 수 있다. 만일 그저 엄마를 탓하고 넘어갈 수 있다면 아이는 아무것도 배울 수 없다.

"하지만 그런 다음에는 어떻게 해야 하나요?"

누군가가 물었다.

"아이가 잃어버린 조각을 찾을 수 있게 도와줘야 하나요?"

나는 셸리가 아이를 도와주든 아니든 크게 중요하지 않다고 말했다. 이것이 아이의 문제이지 자신의 문제가 아니라는 점을 정확히 알고 있다면, 조각을 잃어버려 속상해하는 아이의 마음을 헤아려 도와주겠다고 말할 수도 있고, 아이가 직접 찾아보게 할 수도 있다. 그때그때 적절하다고 생각되는 것을 선택하면 된다. 만일 조각을 잃어버려서 자신은 속이 상하지만 아이는 괜찮다면 그것은 자신의 문제라는 뜻이다. 아이가 계속 자신의 물건을 챙기지 않는다면, 아이에게 돈을 모아서 직접 물건을 사게 해 보는 것도 좋다. 핵심은 아이가 그것을 자기 문제로 받아들이면서 그를 통해 무언가를 배울 수 있게 하는 것이다.

"무슨 말인지 알겠어요!"

셸리가 말했다.

"제가 잘못을 뒤집어쓰면 아이는 아무것도 배울 수가 없는 거예요. 그리고 제가 전적으로 저를 탓하기 때문에 아이가 속상할 일도 없는 거죠. 문제는 결국 제가 자신을 실패자라고 느끼게 된다는 거예요. 하지만 아이에게도 속상할 권리가 있고, 그 속상한 마음이 아이에게 자기 물건을 더 잘 챙기게 될 동기를 부여할 수도 있어요."

"정말 무슨 말인지 다 이해하셨네요."

나도 셸리를 보며 환히 웃었다. 같이 수업을 듣던 모든 사람들도 다 이해한 것 같았다. "당신이 모든 것을 책임지고 있는 상황에서 당신을 풀어 줄 수 있도록 직접 새로운 기준을 세워 보는 것도 현명할 것 같아요. 그러면 타일러를 키우는 것도 훨씬 쉬워질 거예요."

"난 별 볼 일 없는 사람이니 너는 대단한 사람이 되어야 해."

케이트와 터커(5세), 미샤(3세)

'폭발버튼' 수업 개강일에 어떻게 수업을 찾아오게 됐는지 묻자 케이트는 대답했다. "지난밤에 저와 터커는 바닥을 쳤어요. 하지만 오히려 아주 잘된 일이었어요. 우리는 둘 다 통제 불능이었죠. 그러던 중에 난데없이 이런 생각이 떠올랐어요. 나는 서른여섯 살이고, 터커는 다섯 살이야. 그러니 둘 중 누군가가 변해야 한다면 내가 노력해야겠구나."

"그리고 미샤는 꼭 저 같아요."

케이트가 이어 말했다.

"그 아이는 체격도 저랑 비슷하고, 외모나 행동거지도 저랑 비슷해요. 그런데 터커는 훨씬 직설적이고 외향적이죠. 그리고 그 상대는 늘 미샤고요."

케이트는 두 남매 사이에 경쟁이 심해질까 걱정하고 있었다. 그는 번번이 터커가 도발하고 미샤는 당한다고 생각하고 있었다. 나는 케이트에게 어렸을 때 가정에서 어떤 위치였는지 물었다.

"저는 4남매 중 막내예요. 언니 둘에 오빠 하나가 있죠. 그리고 사촌들 중에서도 제가 제일 어려요. 형제들과 사촌들은 모두 끊임없이 저를 놀리고 무시했지요. 저를 아무 가치도 없는 사람처럼 취급했어요."

그는 대답했다.

"그런 일을 계속 당하는 동안 부모님은 어디 계셨나요? 당신을 보호하기 위해 조치를 취하시진 않았나요?"

내가 물었다.

"부모님 근처에서는 절대 안 그랬어요. 그런데 사실 제 아빠는 거의 신경을 쓰지 않았죠. 아빠도 저를 아무렇게나 대했거든요. 엄마는 정말로 잘 모르고 있었고요."

"엄마에게 얘기하지는 않았나요?"

내가 물었다.

"아뇨. 엄마는 아빠를 감당하는 것만으로도 너무 힘들어서 제 일까지 더하고 싶지 않았어요."

"당신은 자신을 미샤와 동일시하고 있는 것 같네요. 여자에 막내이고, 당신이 겪었던 것과 비슷한 일로 힘들어하지 않기를 바라고 있으니까요. 터커가 당신의 언니나 오빠를 떠올리게 하는 것은 아닐까요? 그래서 예전에 그랬던 것처럼 터커가 미샤를 놀리는 것을 보면 폭발버튼이 눌리는 거죠. 그러면 곧장 예전에 남매들에게 당했던 상황으로 돌아가서 터커가 하는 일에 분노가 일어나는 거예요. 터커의 행동에 대한 당신의 기준은 무엇인가요?"

케이트는 서슴없이 대답했다.

"터커는 다른 사람들이 본인에 대해 자부심을 가질 수 있게 행동해야 하며, 아니면 잠자코 있어야 한다."

나는 그것은 너무 높은 기준이라고 말했다.

"그럼 터커의 기분은 어떻게 해야 할까요?"

내가 물었다. 케이트는 생각에 잠겼다. "당신은 가족을 대할 때 그렇게 하나요?" 나는 그를 조금 더 자극해 보았다.

그는 솔직하게 이야기를 털어놓았다.

"제 아빠는 폭력적이고 분노에 차 있는 사람이었어요. 매사에 다른 사람을 탓했지요. 우리 중 누가 문을 열었다가 의자를 건드려서 아빠의 발에 부딪치기라도 하면, 그는 '너 일부러 그랬지?'라고 소리를 질렀어요. 우리를 때린 적은 없었지만 비난은 정말 많이 했어요. 나는 비난을 순순히 듣지 않는 언니가 부러웠어요. 언니는 '말도 안 되는 소리하지 마세요. 제가 왜 아빠를 화나게 하고 싶겠어요?'라고 맞받아쳤고 그럼 아빠도 입을 다물었죠. 하지만 저는 마냥 무서웠어요. 늘 두려움과 죄책감에 빠져 있었죠. 그리고 아빠의 화를 피하고 기분을 맞춰 주기 위해 무슨 일이든 했어요."

게다가 모두들 자신을 '덩치'나 '뚱보'라고 부르며 놀렸다는 것을 덧붙이면서 자신은 지금까지 평생을 체중과 싸워 왔다고 털어놓았다. 그는 자신의 '땅 땅한' 체격을 싫어했고, 미샤도 꼭 자기를 닮았다고 한 번 더 말했다. 케이트는 온갖 다이어트를 다 해 봤지만, 바라는 만큼 살이 빠진 적은 한 번도 없었다.

"저는 놀림이나 비판을 피하려고 항상 노력했어요. 근본적으로 아무 눈에도 띄지 않으려고 노력한 거죠. 저희 엄마만이 구세주였어요."

케이트는 덧붙였다.

"우리는 가장 친한 친구였죠. 하지만 이상하게도 아주 마음속 깊은 곳까지 털어놓지는 않았어요. 엄마와 늘 얼마간 거리를 뒀으니까요. 사실 전 모든 사람에게 거리를 뒀어요."

케이트는 손으로 밀어내는 시늉을 했다.

"이유는 정확히 모르겠어요. 우리 때문에 아빠가 폭발할 때마다 엄마가 우리를 탓하긴 했지요."

"어머님은 아버님의 편을 들 수밖에 없었던 것 같네요. 아마도 결혼 생활을 유지하기 위해서였겠죠. 그래서 당신이 엄마도 완전히 믿을 수는 없다고 생각했을지도 몰라요."

내가 말했다.

"그렇게 말씀하시니 말인데, 저는 모든 일에 대해 늘 아빠를 탓했어요. 하지만 요즘에는 이따금씩 엄마에게도 심하게 화가 나요. 아마도 이것 때문인 것 같아요. 그리고 선생님 말씀이 맞아요. 저는 엄마를 신뢰하지 않아요. 엄마는 늘 제 몸무게에 대해 애매하게 돌려서 말을 하곤 했어요. 가령 다른 사람들에게 쿠키를 나눠 주면서 저에게는 '넌 쿠키 더 안 먹어도 되지'라고 말하는 거죠. 혹은 제 앞에서 사촌을 보며 정말 몸매 관리를 잘하고 있고, 입고 있는 옷도 예쁘다고 칭찬하면서 저에게 '케이트, 너도 저런 옷을 입고 싶지 않니?'라고 묻기도 하고요. 그럴 때는 정말 엄마를 죽이고 싶었어요!"

나는 자라면서 겪었던 학대로 인해 케이트가 매우 방어적인 태도를 가지게 되었을 것이라고 짐작했다. 어렸을 때부터 케이트가 느꼈던 수치심(자신은 골칫덩이이며 늘 아빠의 화를 돋운다는 말 때문에, 너무 뚱뚱한 것 때문에, 모든 이들이 놀릴 만큼 '별 볼 일 없는' 사람인 것 때문에 느꼈던 수치심)은 그의 무의식에 깊이 스며들었다. 그래서 그는 다른 사람들로부터 거리를 유지하며 자신을 숨겼다. 그러면 그들이 자신의 진정한 모습을 보지 못하게 보호할 수 있었다.

터커가 미샤를 놀리고 때리고 무시할 때마다 케이트는 수치심과 불쾌한 옛 기억에 시달렸다. 그는 자신의 경험을 미샤에게 투사하면서, 터커가 미샤를 별 볼 일 없는 사람인 것처럼 무시하지 않기를 바랐다. 그는 미샤가 자신이 느꼈던 깊은 고통을 느끼지 않게 보호하고 싶었고, 그래서 터커를 비난하는 것으로 반응했다. 그러자 이제는 터커가 자신을 골칫덩이라고 생각하게 된 것이다.

"당신은 터커가 예전에 당신이 바라던 방식으로 미샤를 대해야 한다고 생각하는 것 같아요. 자연스럽고 논리적인 목표이지요. 하지만 '아이들은 다른 사람들이 스스로에 대해 자부심을 가질 수 있게 행동해야 하며, 아니면 잠자코 있어야 한다'라는 기준을 내세우면, 미샤의 책임은 당신이 떠맡으면서 터커의 감정은 단단히 억누르는 셈이 돼요. 터커는 미샤의 기분을 돌봐야 하는데 미샤는 그러지 않아도 된다면, 당신이 의도치 않았더라도 터커는 기분이 상할 수밖에 없죠. 미샤가 자신감을 가질 수 있게 도와주는 일은 터커의 책임이 아니에요. 그런데 당신은 다른 사람의 감정을 책임지면서 자신의 감정은 무시해야 한다고 요구하고 있어요. 옛날에 당신이 살아남기 위해서는 그렇게 해야만 했죠. 하지만 지금 터커는 살아남기 위해 그렇게 하지 않아도 돼요. 그리고 당신이 계속 보호해 주면 미샤는 스스로 맞서는 법을 배우지 못할 거고요."

우리는 퍼즐을 완성할 방법을 함께 찾아보았다. 케이트는 '나는 가치 없고 별 볼 일 없는 사람이다'라는 믿음으로 인해 '아이들은 다른 사람의 기분이 좋아질 수 있게 행동해야 한다'라는 기준을 세우게 되었고, 이를 통해 자신이 과거에 받지 못했던 대우를 아이들이 보상하게 만들었다. 이 기준은 역설적으로 터커에게 자신이 겪었던 것과 똑같은 부정적 감정을 일으키기 시작했다. 아빠도 케이트가 **자신**의 기분이 좋아지는 방향으로 행동하길 바랐었기 때문이다! 케이트는 모든 것을 마음속으로 끌어안고 눈에 안 띄는 사람이 되기 위해 노력했지만, 터커는 자신의 감정을 터뜨리기로 결심했다.

자신이 의도치 않게 이 패턴을 물려주고 있었다는 사실을 깨닫자마자 케이트는 즉시 모든 행동을 중단했다. 이제 그는 자신이 터커에 맞서 미샤를 보호하면서 터커를 나쁜 사람으로 만들었고, 그래서 아이도 결국 그렇게 믿게 된 것이라는 사정을 이해했다. 터커에게도 케이트에게 필요한 배려(존중받고 있고 소중한 사람으로 받아들여지고 있다는 기분)가 필요한 상황이었다.

케이트는 기운차게 다음 주 수업에 돌아왔다.

"한 주 동안 아이들과 정말 잘 지냈어요."

그는 환히 웃었다.

"제가 기준을 바꿨어요. 그리고 터커도 그것을 느끼는 눈치예요. 터커가 미샤를 자꾸 찔러대자 미샤가 그러지 말라고 칭얼대면서 계속 저를 간절하게 쳐다봤어요. 저는 네가 얼마나 화났는지 오빠에게 얼마든지 말해도 된다고 했죠. 아이도 그렇게 했고요. 터커는 자신이 읽던 책을 미샤가 **뺏어서** 숨겼다고 투정을 부렸어요. 그래서 저는 '와, 정말? 미샤한테 왜 화가 났는지 알겠구나. 그럼 동생을 찌르는 대신 네가 바라는 것이 뭔지 말할 수 있겠니?'

라고 말했죠. 터커가 커다란 선물이라도 받은 듯한 표정으로 저를 바라보더니, 제법 무서운 목소리로 '미샤, 내 책 찾아서 가져다줘'라고 하더라고요. 그랬더니 세상에, 미샤가 가서 책을 가져왔어요! 터커가 저를 바라보았고 우린 아는 사람끼리 통하는 미소를 나눴죠. 정말 기분이 좋았어요! 마음속에 무슨 일이 있는지 조금만 더 알게 되어도 얼마나 많은 상황을 바꿀 수 있는지 정말 놀라울 정도예요. 저는 미샤를 챙겨야 한다는 생각을 떨칠 수 있었고, 아이들도 자신을 완벽하게 돌볼 수 있다는 점을 알게 되었죠."

"내가 좀 더 좋은 엄마였더라면…"

리, 제리와 로비(4세)

자신이 어떤 조치를 취할 수 있다는 것을 깨닫기 전까지, 리는 로비의 냄새나고 더러운 발을 한없이 참기만 했다. 로비는 빨간 고무장화를 너무 좋아해서 집에 있을 때마다 신발을 벗고 고무장화를 신었다. 때로는 옷까지 벗을 때도 있었다. 로비는 아무것도 몸에 걸리적거리지 않는 느낌을 정말 좋아했다. 하지만 고무장화는 그에게 제2의 피부였다. 리와 제리는 아들이 발가벗고 집을 뛰어다니거나 고무장화를 신는 습관을 그다지 개의치 않았다. 다만 장화를 벗었을 때의 그 발은 도저히 리도 참을 수 없었다.

리가 아무리 자주 장화를 씻어도, 신나게 몇 시간 놀고 나면 로비의 발 상태는 늘 심각했다. 냄새는 물론이고 발가락 사이에 낀 때가 새로 산 소파에 온통 얼룩을 남겼고 즐거운 저녁 식사를 방해했다. 리가 로비에게 발을 씻으라고 할 때마다 아이는 "싫어어어어!"라고 비명을 질렀고, 그러면 그냥 내버려 두는 수밖에 없었다. 한편 제리는 억지로 아이를 끌어내어 발을 씻기면서, 리는 아이에게 너무 무르다고 타박했다.

"제리 때문에 아이를 단호하게 대하기가 더 힘들어요. 저는 아이의 기분을 망쳐 놓기 싫거든요."

그는 웃으며 털어놓았다.

"그래서 최대한 정중하고 공손하게 '소파에서 발 내려 주세요, 로비'라고 말하면, 아이는 '싫어, 난 안 내려도 돼!'라고 대꾸해요. 그럼 정말 화가 부글거리는 게 느껴질 정도예요. 하지만 꾹 참고 이렇게 말해요. '엄마는 꼭 그렇게 해 줬으면 좋겠는데, 아가야.' 그런데 또 무시하면 더 이상은 얘기하지 못하겠더라고요. 그럴 땐 제가 얼마나 한심하고 쓸모없는 엄마인지 아이에게 지적당하는 것만 같아요."

"그런데 로비는 실제로 소파에서 발을 뗄 필요가 없었던 거네요, 그렇지 않나요?"

내가 물었다.

"제가 금방 포기해서요? 그렇죠. 아이가 발을 안 내려도 된다는 것을 아니까 안 내린 거죠! 저는 참 줏대도 없어요. 아이한테 아무것도 시킬 수가 없어요."

리는 좋은 엄마가 되기를 간절히 원하고 있었다. 그와 제리는 아이를 갖기 위해 오랫동안 노력했다. 좀처럼 임신이 되지 않아서 약도 처방받아 보았으나 그것도 소용이 없었다. 결국 희망을 버리려고 할 때쯤 임신이 되었다. 리는 아이가 생긴 것이 너무 기쁜 나머지 그가 무슨 잘못을 할 거라는 생각은 해 보지도 않았다. 적어도 아이가 폭발버튼을 누르기 시작하기 전까지는 말이다.

"안 된다고 말할 때에는 아이에게서 뭔가를 억지로 빼앗아 가기라도 하는 느낌이에요."

그는 솔직하게 인정했다.

"아이를 바라보면 '어휴, 불쌍하기도 하지' 하는 생각부터 들어요. 뻔히 알면서도 먼저 나서서 아이를 불행하게 만들지는 못하겠어요. 아이의 버릇을 망쳐 놓고 있다는 것도 알지만, 안 된다고 말하고 나면 엄청난 죄책감에 시달리면서 가차 없이 제 자신을 탓하게 돼요. 그렇게 하면서까지 안 된다고 해야 하는 건지 모르겠어요."

리는 나쁜 엄마가 될지도 모른다는 두려움의 덫에 걸려 꼼짝도 못하고 있었다. 로비에게 필요한 부분을 채워 주는 것만이 가장 중요한 문제이다 보니, 아이에게 무슨 일을 시키려면 애원을 해도 모자랄 지경에 이르렀다. 애원을 하다 보면 어느 샌가 리는 복종하는 위치가 되었고, 종내에는 번번이 아이에게 져 주게 되었다. 하지만 폭발버튼이 눌리기 시작하자, 그는 로비에게 화가 나는 자신을 두려워하며 불안과 자기 의심으로 폭발할 것만 같았다.

리 역시 어렸을 때부터 애지중지 길러졌기 때문에, 자신이 너무 응석받이라서 좋은 부모가 되지 못하면 어쩌나 늘 걱정이 많았다. 그렇지 않다는 것을 증명하기 위해 그는 자신이 원하는 것은 전부 희생하고 자신의 필요는 무조건 뒤로 미루면서 부족함을 채우려고 했다. 그렇게 로비는 집안을 좌지우지하게 되었다.

로비는 관계에서 모든 권력을 쥐고 있었고 행동도 점차 거칠어졌다. 아이는 차분하고 예의 있게 행동해 달라는 엄마의 요청을 더욱 거세게 거부했다.

"가끔씩 제가 폭발할 때가 있어요."

리가 고백했다.

"그럴 땐 제가 아이를 산산조각 낸 것만 같아요. 아이는 '엄마는 나를 싫어해!'라고 소리를 치죠. 그럼 도저히 견딜 수가 없어서 미안하다고 하면서 아이에게 선물을 사 줘요."

그러다 부활절 아침 교회에서 마침내 전환점이 찾아왔다. "아이는 계속 뭘 해 달라고 조르면서, 시끄럽고 무례하게 굴었어요. 아이가 옆에 앉은 사람에게 자리가 너무 좁으니 옆으로 좀 비키라고 쏘아붙이는 소리를 교회에 있던 사람들이 전부 들었죠. 저는 의자 밑으로 숨고 싶었어요! 그때 문득 저는 아이에게 통제력이 전혀 없지만 그래도 빨리 무슨 조치를 취해야 한다는 사실을 깨달았어요. 그래서 아이를 밖으로 데리고 나와 제리와 함께 집으로 보내면서, 오늘 할머니 집에서 있는 부활절 만찬에 아이는 못 간다고 말했죠. 로비는 무지막지하게 떼를 썼어요. 할머니 할아버지는 저에게 그랬던 것처럼 로비에게도 맹목적인 사랑을 보내 주시는 터라 아이가 정말 좋아하거든요. 그런데 놀랍게도 아이가 금방 진정하더라고요. 오히려 기분이 좋은 듯한 모습으로 아무 말썽 없이 집으로 돌아갔어요. 나중에 제가 집에 돌아갔을 때에도 아이는 예전과는 딴판으로 상냥하고 협조적인 태도를 보이더라고요. 같이 자전거를 타러 나갔는데, 정말 얼마나 즐거웠는지 몰라요."

"지금까지 아이가 계속 사납게 굴었던 이유가 실은 자신을 제지하고 자기 행동에 대한 제한을 마련해 달라는 신호를 보내기 위해서가 아닐까 싶어요."

내가 말했다.

"저도 똑같은 생각을 했어요."

그가 답했다.

리는 자신의 필요를 존중하는 태도는 자기뿐만 아니라 로비의 성장과 발전을 위해서도 중요하다는 사실을 배웠다. 무능한 엄마가 될까 봐 두려워하는 모습은 아이가 그 상황을 이용할 수 있는 빌미를 만들어 줄 뿐이었다. 자신을 존중하는 태도가 곧 아이에게 이익이 되는 일이기도 했던 셈이다.

부활절에 성공한 후로, 리는 드디어 장화와 더러운 발에 도전할 마음의 준비가 되었다. 그는 먼저 자기 대화를 통해 소파에 깨끗한 발로 올라갔으면 좋겠다는 자신의 의견은 정당하다고 되새긴 뒤, 아이와 자신의 필요 사이에 균형점을 찾는 것이 자신의 궁극적 목표라는 점을 확인했다.

다음 날 그는 아이에게 이렇게 말했다.

"로비, 지금부터 너는 둘 중 하나를 선택해야 해. 장화를 벗으면 꼭 발을 씻거나, 아니면 장화를 다시는 못 신는 거야. 가구를 깨끗하게 유지하고 더러운 발 냄새를 맡지 않는 것이 엄마한테는 정말 중요해. 선택은 네가 해."

"알았어, 엄마. 내가 발을 씻을게."

리는 어안이 벙벙해졌다. 주기적으로 주의를 주긴 했지만, 그러면 아이는 약간 투덜거리다 이내 발을 씻었다.

리는 자신의 필요까지 고려하는 새로운 관점을 가지게 되었다. '나도 중요하다. 나는 아이에게 내가 바라는 바를 요구하면서도 여전히 좋은 엄마일 수 있고, 로비에게 필요한 것을 채워 주면서도 나의 권위를 요구할 수 있다.' 리는 이것이 마음속에 자리 잡을 때까지 몇 번이고 되뇌었다. 그는 마지막 수업 시간에 새로운 이야기를 들려주었다.

"제가 전화를 받고 있던 와중에 로비는 자전거를 타러 나가고 있었어요. 고글이 헬멧 밑에서 계속 삐뚤어지는 통에 아이가 엄청 짜증이 난 상태였죠. 결국 헬멧을 벗어 멀리 집어 던지는 바람에 저의 골동품 화병이 깨져 버렸어요. 저는 전화를 끊고 헬멧을 집어 말없이 냉장고 위에 올려 두었어요. 예전 같으면 저는 '저런, 안쓰러워라'라고 생각하며 헬멧을 제대로 씌워 주고, 화병 때문에 아무리 화가 나도 꾹 참고 아이를 보내 주었을 거예요. 그렇지만 이번엔 그러지 않았죠." 리는 자랑스럽게 이야기했다.

"로비는 통제력을 잃었어요. 격렬하게 화를 내며 저에게 덤비고, '안 돼, 나 헬멧 있어야 한단 말이야. 나 자전거 타야 된단 말이야!'라고 소리쳤죠. 제가 아이를 등 뒤에서 꽉 잡았더니, 이제는 뒤통수로 제 가슴을 치기 시작하더라고요. 저는 발버둥치는 아이를 안아 올려서 아이 방에 데려다 놓고, 아이가 떼를 쓰는 동안 옆에 앉아 있었어요. 잠시 후 떼쓰기를 멈추자 아이를 잠깐 안아 주었지요. 아이가 '이제 나가도 돼?'라고 물었어요. 저는 '네가 차분하게 행동할 수 있으면 나가도 되지'라고 답했고요. 로비는 그날 내내 매우 협조적이었어요. 우리는 깨진 화병을 로비가 어떻게 책임져야 할지 상의했고, 다음 두 달 동안 용돈을 절약해서 새 화병을 사는 데 5달러를 보태기로 했어요."

리는 '좋은 엄마'가 되기 위해서는 안 된다고 말하는 법을 찾아야 한다는 교훈을 얻었다. 그동안은 자기도 모르게 포기하고 굴복하는 방식으로 반응했지만, 계속 그렇게 하면 로비는 자신의 행동에 전혀 책임을 지지 않을 뿐이다. 부모가 아이에게 이런 식으로 반응하면, 대개 아이들은 다른 사람들의 권리를 전혀 존중하지 않고 무엇이든 자신이 하고 싶은 대로 해도 된다고 생각하게 된다. 책임은 무조건 다른 사람에게 미루고, 부모님 등 자신에게 영향을 미칠 수 있는 어른과 대화하는 일이 거의 불가능해지며, 결국은 거대한 틈이 생기게 된다. 자기에게만 가혹한 사고방식으로 인해 좌절할 때도 많았지만, 자신이 피해자 역할에 빠지면 로비에게 과도한 힘을 넘겨주게 된다는 원리를 리도 배워가고 있었다. 그리고 그런 힘의 불균형 때문에 아이가 화를 내거나 분노하게 되며, 안 된다고 하는 자신의 말도 무시하게 된다는 사실 또한 깨달았다.

16장
죄책감 버튼 :
"너에게 어떻게 보상해 줄 수 있을까?"

죄책감을 가진 부모는 아이의 필요를 자신의 필요보다 훨씬 중요하게 여기는 경향이 있다. 누가 물어보면 그들은 대개 자신의 필요가 무엇인지 제대로 말하지도 못할 것이다. 그들은 말을 해도, 말을 하지 않아도 죄책감을 느낀다. 이런 부모는 어릴 적에 주변 어른들의 필요가 자신의 필요보다 더 중요하다고 배우고, 자신이 책임지고 그들의 필요를 채워 줘야 한다고 느끼며 자란 경우가 많다. 그 책임을 가르칠 때 아주 유용한 동기 부여 기제가 바로 죄책감이다. 죄책감을 느끼는 부모는 자신을 돌보거나, 자신의 필요를 존중하거나, 적절한 경계를 설정하는 일을 좀처럼 어려워한다. 그들은 자신이 무엇을 잘못하진 않았는지에 대해서만 생각하기 때문이다.

이런 부모는 오직 한 가지 잘못에 대한 죄책감이 너무 압도적이기 때문에 아이와 함께했던 여러 긍정적인 순간들은 완전히 잊어버린다. 그리고 이렇게 죄책감을 가진 부모가 한 번 자신이 부족했다고 판단하면 어쩔 줄을 모르고 혼란에 빠진다. 부모의 행동을 변명하기 위한 구실로 죄책감이 사용되는 경우도 많다. 뭔가 잘못했을까 두려운 부모가 직접 상황을 개선하지 못하거나 개선할 생각이 없을 때, 죄책감을 느끼면서 '이렇게 죄책감을 느끼고 있으니 나를 탓할 수는 없겠지' 하고 빠져나가는 것이다. 선물이나 여행, 사탕 등으로 보상해 줄 방법을 찾으면서 부모는 자신이 아이를 행복하게 해 주고 있다는 착각에 빠지며, 이를 통해 잠시나마 죄책감에서 벗어나려고 한다.

죄책감을 가진 부모는 항상 "내가 좀 더 좋은 부모였더라면…" 하고 바란다. 이런 부모의 자녀도 마찬가지로 죄책감을 느끼며 자신에 대해 불안해하고, 부모를 괴롭히고 있는 죄책감이 전부 자기 책임이라고 생각하다 말썽을 부리기도 한다.

부모의 죄책감 버튼을 누르는 아이는 부모에게 '자신의 삶을 가지라', 그리고 과거에 놓친 일을 가지고 끙끙 앓기보다는 지금 중요한 일을 실천하라고 말하고 있는 것이다.

"헤어지는 것은 끔찍하고 해로운 일이에요."

레이철과 그레그(8세)

"제대로 된 엄마라면 어떻게 자기 아이를 알지도 못하는 사람에게 맡기겠어요?"

레이철은 8년 전 그레그가 겨우 3개월일 때 아이를 어린이집에 맡겼던 일을 얘기하면 아직도 눈물이 나는 자신이 놀라웠다.

"저는 그 일을 극복할 수 없을 것 같아요. 아직도 죄책감이 너무 심해요. 제가 아이를 망친 거죠. 저는 형편없는 엄마예요."

하지만 레이철은 훌륭한 엄마였다. 그는 그레그의 드센 성격을 이해하면서 몇 년 동안 하루가 멀다하고 부리는 말썽에 중립적으로 대처하기 위해 기질에 대해 열심히 공부했다. 그는 자녀양육 강좌도 꾸준히 들었지만, 여전히 아이가 말썽을 심하게 부리는 이유는 너무 일찍부터 어린이집에 다녔기 때문이라고 굳게 믿고 있었다.

"제가 아이를 떼 놓아서 아이를 망친 게 분명해요. 제가 계속 같이 있었다면 아이가 이렇게 심하게 고생하지 않았을 거예요. 저는 아이에게 끔찍한 학대를 했어요. 어떻게든 형편에 맞출 수 있을 거라고 생각했는데도, 결국 돈이 더 필요하다는 남편의 의견에 따랐거든요. 저는 아직도 그 일만 생각하면 남편에게 화가 나요."

"그 시기에는 죄책감이 당신의 삶에 어떤 영향을 끼쳤나요?"

내가 물었다.

"저는 쉬질 않았어요. 모든 사람을 항상 행복하게 해 주려고 노력했어요. 최대한 아이와 함께 있다가 빨래나 다른 집안일은 밤 열 시 이후에 했죠. 그러다 보니 심하게 지쳤어요. 남편에게 감정적으로 필요한 부분도 제가 다 돌봐 주었지만, 제 자신은 전혀 챙기지 않았거든요. 그러다 정말로 병이 났어요. 지독한 감기에 걸려서 몇 주 동안 집에 있었고, 그러고도 몇 달간 탈진 상태였어요. 그래서 제가 그 생활을 그만두게 된 거예요. 직장을 그만둘 구실이 생긴 거죠. 어차피 제가 버는 돈은 사실상 두 아이를 어린이집에 맡기는 비용으로 다 나갔거든요."

레이철은 그레그를 어린이집에 맡기며 3년 반 동안 다녔던 직장을 떠났다. 스트레스는 줄었지만 그래도 자신의 일이 그리웠다. "그들은 제 가족이나 다름없어요. 제 일도 정말 좋아했고요. 하지만 죄책감을 도저히 견딜 수 없었어요."

"하지만 아직도 죄책감은 그대로인 것만 같아요."

내가 지적했다.

수업을 듣던 다른 사람도 거들었다.

"그래요, 거의 5년 전 일이잖아요, 레이철. 당신은 지금 정말 잘 하고 있어요. 아이 둘도 아주 훌륭하고요. 왜 아직도 그 일에 대해 그렇게 속상해하고 있나요?"

"아이에게 평생 남을 상처를 입힌 것 같아서 그래요. 그레그는 늘 집에 있기를 좋아했어요. 그리고 엄마랑 떨어질 때마다 정말 힘들어했죠. 바로 그거예요. 아이랑 떨어져 있는 시간이 저에게 가장 큰 문제인 것 같아요."

레이철은 다시 울먹이기 시작했다.

"헤어지는 것이 왜요, 레이철?"

내가 물었다.

"저는 헤어지는 것은 죽는 거나 다름없다고 믿으며 자라왔어요."

그가 이렇게 대답하자 수업을 듣던 사람들이 전부 놀랐다. "제 엄마는 '경계선 성격'을 가진 심한 나르시시스트예요. 엄마는 삶을 다른 사람의 입장에서 바라본 적이 한 번도 없어요. 그리고 늘 무슨 병이나 상태를 지어내서 끊임없이 병원을 들락거렸죠. 게다가 저에게 조금이라도 좋은 일이 생기면 무척 샘을 냈어요. 근본적으로 자기 주변에 있는 사람들의 인생을 전부 망쳐놓았다고 보면 돼요."

"아빠는 순전히 혼인 선서를 지키고자 엄마를 평생 돌봤어요."

레이철은 계속 이야기했다.

"아빠도 엄마를 견디기 힘들어하긴 마찬가지였지만, 그래도 절대 엄마를 떠나지 않았어요. 대신 제가 항상 아빠의 탈출구가 되어 주었죠. 아빠가 우리 가족을 이렇게 삼각구도로 만들었기 때문에 제가 꼭 자리를 지켜야 했어요. 고등학교 때 하루라도 밖에서 자고 오면 죄책감에 시달렸죠. 남자 형제들은 자기가 하고 싶은 일은 무엇이든 했지만, 제가 대학에 가고 싶다고 하자 아빠는 제가 집에 남아 주기만 하면 차도 사 주고 돈도 주겠다고 했어요. 엄마랑 둘만 남는 것이 너무 두려웠기 때문이죠. 저는 결국 대학에 갔지만 아빠에게 엄청난 상처를 줬다고 생각했어요. 아빠를 어떤 상황에 혼자 남겨 두고 떠났는지를 생각하면서 심한 죄책감에 시달렸죠. 제가 대학을 졸업하고도 집으로 돌아가지 않자 아빠는 충격에 빠졌어요."

"그 삼각구도 안에서 자라면서 자신에 대해서는 어떤 생각을 하게 되었나요?"

내가 물었다.

"사랑하는 사람과 절대 떨어지면 안 된다는 생각이요. 저는 그 메시지를 아주 크고 선명하게 받았어요. 그것도 엄마랑 아빠 모두에게서요. 아빠는 그 토록 간절히 엄마를 떠나고 싶어 하면서도 그러지 못했지요. 그리고 저는 피도 눈물도 없는 배신자가 될까 봐 엄마 아빠 모두를 떠나지 못했고요. 저는 자신을 위해 뭘 한다는 것이 세상에서 제일 어려워요."

"그래서 당신은 그 모든 죄책감을 떠안고 살아왔군요."

"정답입니다!"

레이철은 공감을 표시했다.

"그럼 복직하느라 그레그와 헤어져야 했을 때에는 어떤 생각이 들었나요?"

내가 물었다.

"제가 이 세상에서 가장 나쁜 사람이라는 생각이죠. 아까도 말씀드렸지만, 헤어진다는 것은 곧 죽음(완전한 끝)이에요. 인간이 할 수 있는 가장 끔찍한 일이죠. 사랑하는 사람과 헤어지는 것은 배신이에요. 말할 수 없이 이기적인 행동이죠. 저는 절대 이기적으로 굴 수 없었어요. 무슨 대가를 치르더라도 엄마를 계속 행복하게 해 주는 일이 제 임무였으니까요. 그리고 아빠가 혼자서 엄마를 감당하지 않게 돕는 일도 마찬가지고요."

"그럼 그레그도 무슨 대가를 치러서라도 행복하게 해 줘야 한다고 생각하나요?"

내가 물었다. 레이철은 생각에 잠겼다.

"당신이 아빠나 그레그에게 한 행동의 죽음 및 배신의 측면을 감당할 수 없었던 나머지, 극심한 죄책감을 짊어지면서 스스로를 벌하기로 했다는 생각이 들어요. 그런 자기 처벌 덕에 어떻게든 버틸 수 있었던 거죠. 하지만 당신은 그 당시에 옳다고 느껴지는 일, 당신에게 꼭 필요했던 일을 했을 뿐이라고 한다면 어떤 기분이 들 것 같으세요?"

"그럼 이기적이라고 느껴질 것 같아요. 결국 제가 나쁜 아이라는 것을 인정하는 셈이 되겠지요."

레이철이 답했다.

"그럼 당신이 나쁘게 행동한 것에 대한 벌로 죄책감을 가지게 된 것인가요?"

내가 물었다.

"네, 그런 것 같아요. 엄마를 아빠에게 떠넘기고 떠난 것도 나쁜 일이었고, 그레그를 어린이집에 맡겨서 낯선 사람들에 둘러싸이게 만들고 떠난 것도 나쁜 일이었죠. 아직까지도 그것 때문에 너무 속상하고요."

레이철이 고개를 절레절레 흔들며 말했다.

"자기를 벌주는 일을 중단하면 어떤 위험이 있나요? 계속 죄책감을 느끼면 무엇을 얻을 수 있을까요?"

내가 물었다.

레이철은 잠시 생각해 보더니 대답했다.

"며칠 전에 차에 있는 그레그를 바라봤어요. 아이랑 같이 있는 시간이 너무 즐거웠죠. 그래서 '도대체 왜 아이가 어렸을 때부터 좀 더 오래 같이 있지 않았을까?' 하는 생각이 들었어요. 원래 그레그는 이렇게 얌전한데, 어떻게 저는 아이가 혼자 지내도록 내버려 둘 수 있었을까요? 저는 인생 대부분을 불안 속에서 지내 왔어요. 불안은 제가 실제로 벌어지고 있는 일을 감당하지 않을 수 있게 지켜 주는 안전망 같은 느낌이었죠. 죄책감을 느끼지 않는다면 저는 나쁜 엄마가 되잖아요. 좋은 엄마가 어떻게 3개월짜리 아이를 떼어 놓고도 마음이 편할 수 있겠어요?"

레이철은 스스로 '좋은 엄마는 아이와 떨어지지 않는다'라는 기준을 만들었지만 가족의 필요를 돌보기 위해 아이와 떨어질 수밖에 없었다. 그래서 자신이 죽어 마땅할 정도로 이기적인 사람이라고 느끼지 않기 위해서는 자기 비하적인 죄책감을 느껴야 했다. 그래야 어떻게든 자신을 받아들이고 살 수 있었기 때문이다.

"당신에겐 직장에 다니며 돈을 벌고 동료의 지원을 받는 시간이 꼭 필요했음에도 불구하고 그것이 가정을(두 가정 모두를) 망가뜨린다는 생각에 마음이 편할 수가 없었지요. 당신은 '사랑하는 사람들은 절대 헤어지지 않는다'라는 믿음을 가지고 자라 왔어요. 그것이 곧장 당신의 기준이 되기도 했고요. 그렇지만 도저히 그 기준에 맞출 수 없었기 때문에, 자신에게 죄책감을 떠안겨서라도 보상해 보려고 한 거예요. '내가 아이에게 해를 끼쳤다, 나는 아이를 제대로 돌보지 못했다, 아이가 심한 말썽을 부리는 것은 나 때문이다'라는 당신의 가설은 죄책감으로 자신을 처벌할 수 있는 근거가 되었죠. 죄책감이라도 느끼지 않으면 당신이 보기에 완전히 이기적인 사람이 되어 버리니까요. 그런 사람이 될 수는 없었던 거죠."

나는 레이철에게 그가 실제로 아들에게 해를 입혔는지, 아이의 말썽이 3년간 어린이집에 있었기 때문이라는 생각이 얼마나 정확한지 물었다.

"그게 정말로 정확한 사실이 아니라는 것은 저도 알아요. 그리고 다른 어른들과 함께 일하는 시간이 제게 얼마나 필요했었는지도 알고요. 그들은 내가 가지지 못한 부분을 지원해 줬어요. 그리고 저도 제 일을 정말 사랑했고요."

그는 다시 한 번 말했다.

"그 죄책감은 일이랑은 상관이 없는 것 같아요. 다만 가족과 헤어지는 상황에 대한 감정이죠. 당신이 아이와 헤어질 때마다 느끼는 죄책감이 어린 시절에 생긴 당신의 상처를 건드리고 있어요."

"음, 사실 저는 아이가 대학을 갈 것만 생각하면 벌써부터 어쩔 줄을 모르겠어요. 제가 그 상황을 어떻게 견딜 수 있을지 전혀 모르겠어요."

레이철이 덧붙였다.

"그 죄책감을 통해 무엇을 얻게 되나요?"

내가 다시 한 번 물었다.

"엄청난 불안이요."

그는 웃으면서 대답했다.

"더불어 당신이 착한 사람이 되지 않나요?"

내가 물었다.

"당신이 먼저 죄책감을 드러내면 '어머 레이철, 그런 일을 하다니 미안하지도 않나요?'라는 말을 듣지 않아도 되잖아요. 오히려 사람들은 당신의 상태를 살피면서 당신을 불쌍하게 여겨 주겠죠."

레이철은 당황한 표정이었다.

"그리고 부모님이 그렇게 해 주실 때가 좋았던 것 아닐까요?"

"어머 세상에. 그럼 저는 부모님에게 바라던 사랑을 얻기 위해 처음부터 이 모든 상황을 만들어 왔던 건가요? 와, 대단하네요. 그럼 제가 그 생각을 떨쳐내면 죄책감에서도 벗어날 수 있을까요?"

레이철이 생각에 잠겼다.

"한번 시도해 볼 만하죠."

내가 말했다.

"죄책감을 느낄 때마다 그 감정을 직장이나 그레그가 아닌 부모님과 연결시키는 자기 대화를 해 보세요. 그리고 어떻게 되는지 한번 지켜봅시다."

마지막 수업에 레이철은 '헤어짐은 독립과 성장의 계기가 된다'라는 새로운 기준을 가지고 왔다.

"이것을 기준으로 삼는 일이 결코 쉽지는 않았어요. 아직 이 말을 완전히 믿지도 못하겠고요. 하지만 제가 부모를 배신했고 그래서 살 자격이 없다는 생각이 들 때마다 죄책감이 저를 보호해 왔다는 사실을 이제는 알겠어요. 그것은 어처구니없는 일이죠. 그래서 이 죄책감은 그때 생긴 감정이지 그레그에 대한 생각이 아니라는 점을 계속 상기하려고 해요. 그러면 아이는 사실 아주 잘 지내고 있다고 생각하는 데 도움이 돼요. 그리고 가끔은 저 역시 잘 지내고 있다고 생각할 수도 있고요."

레이철은 꾸준히 자신의 죄책감과 싸워 갔다. 아직도 그레그를 학교에 데려다주거나 스쿨버스에 태우고 나면 불쑥 죄책감이 튀어나오곤 했지만, 이에 대해 자기 대화를 할 수 있게 되면서 불안을 가라앉히고 죄책감에서도 좀 더 빨리 빠져나올 수 있었다.

"아이에게 어떻게 보상해 줄 수 있을까요?"

데이비드와 캘리(10세)

"캘리는 쇼핑 중독이에요!"

수업에서 폭발버튼을 누르는 아이의 행동에 대해 이야기를 나누던 중 데이비드가 불평했다.

"어딜 가나 아이는 '아빠 나 저거 너무 갖고 싶어. 제바아아아알!'이라고 말해요. 그것 때문에 정말 미치겠어요.”

“그러면 그걸 사 주시나요?”

수업을 듣던 사람 중 하나가 물었다.

데이비드는 조금 주저하는 듯하다가 말했다.

“네, 대개는요. 저희도 정말 안 그러려고 하고 있어요. 그런데 안 된다고 할 때마다 아이가 가게 바로 앞에서 자지러져요. 그럼 어쩌겠어요? 결국 아이가 갖고 싶다고 하면 뭐든 사 주게 되긴 하죠. 심지어 100달러가 넘는 인형까지 갖고 있어요. 그럼 아이가 만족할 거라고 생각하시겠지만, 사 달라는 대로 다 사 주느라 저는 뼈가 빠지게 일을 해야 해요!”

“아이가 사 달라는 대로 사 주게 되는 동기는 무엇인가요?”

내가 물었다.

“그래야 애가 저를 더 이상 괴롭히지 않으니까요!”

그는 웃으며 대답했다.

“실은 모르겠어요. 아이가 혼자 노는 시간이 많아요. 그래서 갖고 놀 게 필요하고요. 이웃에 아이도 별로 없고, 또 외동딸이기도 해서요.”

“그것 때문에 괴로우신가요?”

내가 물었다.

“뭐, 아이가 외동인 거요? 잘 모르겠어요. 그런 것 같아요. 아이가 혼자서 노는 모습을 보면 마음이 안 좋아요. 재미있을 리가 없잖아요. 저희가 형제자매를 만들어 주지 못했으니까요.”

“형제자매가 있으신가요?”

내가 물었다.

“네, 남자형제가 둘 있죠. 동생이랑은 같이 시간을 많이 보내지 못했지만, 형이랑은 아주 친해요. 저희는 많은 것을 같이 했죠. 운동하고, 맥주 마시고,

음악 듣고 그런 것 있잖아요. 그리고 부모님을 불쌍해한 적도 많죠. 그런데 캘리에게는 자신의 좌절을 털어놓을 사람이 아무도 없잖아요. 그래서 아이가 엄마 아빠에게라도 힘든 일을 털어놓을 수 있도록 친하게 지내 보려고 노력했지만, 그게 어떻게 똑같겠어요."

"그럼 왜 아이를 하나만 낳기로 하셨나요?"

수업을 듣던 어떤 사람이 물었다.

"순전히 이기적인 이유예요. 처음엔 아예 아이를 낳을 생각이 없었어요. 그런데 어쩌다 보니 친구들의 말에 넘어간 거죠. 저희는 여행을 정말 좋아하는데, 아이를 둘 이상 가지면 여행이 완전히 불가능해진다고 생각했어요. 캘리는 이미 웬만한 어른보다도 항공 마일리지가 많아요. 그런데 이러다 언젠가 나쁜 쪽으로 폭발할까 봐 너무 걱정이에요. 부모가 형제자매를 만들어 주지 않아서 나중에 아이가 상담을 받아야 할지도 모르잖아요."

"아이가 형제자매를 원하고 있다고 어떻게 그렇게 확신하시나요?"

한 엄마가 물었다.

"저도 외동딸인데 딱히 형제를 바라지 않았어요. 만일 당신에게 형이 없었다면 너무 불행했을 거라고 생각하기 때문에 아이도 그렇다고 넘겨짚은 것일지도 몰라요. 저는 저만의 작은 세계를 만들며 지냈고 그걸 아주 좋아했어요."

"그건 너무 반가운 말이네요."

데이비드가 말했다.

"작년에 아이가 아내에게 여동생이 있었으면 좋겠다고 말을 하긴 했어요. 재밌는 일이죠. 제가 물으면 질문을 피하거든요. 그냥 거만한 표정을 지으며 '난 괜찮아, 아빠'라고만 말해요. 그러면 저는 마음이 더 안 좋아져요. 그냥 전부다 미안하다고 말해 보기도 했지만, 그러면 아이는 대꾸도 하지 않아요."

"아이는 그다지 신경도 쓰지 않는 일에 대해 당신만 자꾸 벗어나게 해 달라고 조르는 것 같네요."

내가 말했다.

"왜 거기서 꼭 벗어나야 하나요?"

데이비드는 캘리가 얼마나 많은 경험을 놓치고 있다고 생각하는지에 대해 계속 설명했고, 마침내 중요한 이야기를 털어놓았다.

"사실은 아이가 하나 더 있었어요. 캘리를 갖기 전이었는데, 출산 중에 그만 세상을 떠났죠. 저희는 아이에게 이름을 지어 준 뒤 장례식을 비롯해서 모든 의식을 다 치러 주었어요. 정신적으로 상당히 힘들었죠. 캘리에게 실은 아이가 하나 더 있었다고 이야기해도 괜찮다고 생각하시나요? 우리가 노력을 하긴 했었다고 말하면 아이를 달랠 수 있을까요?"

"아이가 외동으로 지내기 위해서는 당신에게 그럴 듯한 구실이 있어야 한다고 생각하시는 것 같네요."

내가 말했다.

"아, 제가 또 가설을 만들고 있군요, 그렇죠?"

"당신은 이미 아이를 하나만 갖기로 결정한 상태였는데, 만일 첫 아이가 살았다면 캘리를 가졌을까요?"

내가 물었다.

"아뇨."

데이비드는 곧바로 대답했다.

"그럼 당신의 죄책감은 오히려 그 아기가 살았다면 캘리는 태어나지도 못했다는 사실에 대한 반응이 아닐까 싶어요. 그 아기에 대해 조금 더 얘기해 주실 수 있나요?"

내가 물었다.

데이비드는 불편해하는 기색이었지만 입을 열었다.

"그래야 할 것 같네요. 처음에 저희는 한 번 시도해 봤으니 더는 하지 말자고 결정했어요. 그런데 그 뒤로도 정말 오랫동안 상당히 우울하더라고요. 너무 힘들었어요. 그래도 시간이 흐르고 나니 저희도 아이가 한 명은 꼭 갖고 싶다는 걸 깨달았어요. 아이를 하나 가지려 했었는데 그때까지도 못 가졌으니까요. 또 무슨 일이 생길지도 모르니 임신 기간 내내 너무 무서웠지만, 결국 캘리가 무사히 태어났어요. 그리고 여태까지 계속 정신이 없었죠! 그 아이는 분명히 두 사람 몫을 하고도 남는 애예요!"

"첫 번째 아기를 잃은 상처를 캘리가 갖고 싶어 하는 물건을 전부 사 주는 것으로 보상하고 있다고 생각하시나요?"

"아, 그거일지도 몰라요. 정말로 뭔가를 보상하는 느낌이 들긴 해요."

이어서 데이비드는 캘리가 혼자 있거나 어린이집에 가지 않아도 되도록 자영업을 시작했다고 말했다. 아내도 그와 함께 일했다. 하지만 창업의 선택지가 제한되어 있다 보니 별로 좋아하지 않는 일을 하게 되었다. 그는 여행 갈 돈을 마련하기 위해 지칠 때까지 아주 오랜 시간 일했고, 이제는 부부가 집에서 일하는 동안 캘리가 혼자 놀아야 한다는 상황에까지 죄책감을 느끼고 있었다.

"이 빌어먹을 사업에 꼼짝없이 붙들린 것 같아요. 이제 조금씩 줄여 가려고 하고 있긴 하지만요."

나는 캘리가 혼자 놀 때는 어떤지 물었다. 그는 아이의 상상력이 얼마나 과감한지, 그리고 기르고 있는 강아지, 고양이와 얼마나 가까운지에 대해 설명했다.

"제가 듣기에 캘리는 아주 잘 지내고 있는 것 같은데요."

내가 의견을 냈다.

"첫 아이가 죽지 않았다면 캘리가 여기 없었다는 사실에 대한 죄책감에 아직까지 매달려 있는 것은 아닐까요? 그리고 그 죄책감으로 인해 당신이 어렸을 때 가졌던 관계를 캘리에게는 주지 못하고 있다는 당신의 가설은 계속 커져만 가는 거죠. 일시적인 욕망일 수도 있지만 아이가 정말로 형제자매를 원했다면, 그것은 당신의 생각이 투사된 결과일지도 몰라요. 당신은 아이에게 진심으로 걱정하고 사과하는 모습을 보여 왔으니까요. 분명 아이는 자신이 뭔가 중요한 부분을 놓치고 있다고 생각하겠죠. 그럼에도 불구하고 아이가 잘 지낼 수 있게 하기 위해 당신은 뼈가 빠지게 노력하고 있었고요. 하지만 사실 그것은 자신의 결정으로 인한 죄책감에도 불구하고 잘 지내기 위한 것이었지요."

수업이 진행되면서 데이비드는 이토록 끝없는 죄책감을 만들어 낸 원인은 '아이들은 형제자매와 함께 자라는 것이 훨씬 좋다'라는 기준이었으며, 이것이 '캘리에게 형제자매를 만들어 주지 않은 잘못을 반드시 내가 보상해 줘야 한다'라는 가설로 이어지는 과정을 파악했다. 그는 자신의 경험을 캘리에게 곧장 전이시켰으며, 아이가 무엇을 원할는지를 자신이 멋대로 정했다는 사실도 알게 되었다. 자신의 관심사로 인해 그는 세상을 떠난 아기에 대한 죄책감뿐만 아니라, 아이에게 형제자매를 만들어 주지 않은 결정에 대한 자책을 갖게 되었다. 그는 일도 집에서 하고 캘리가 사 달라는 장난감은 전부 사 주면서 죄책감을 누그러뜨리려 했지만, 그 결과는 아이가 지나치게 많은 물건을 사 달라고 조르는 '쇼핑 중독'뿐이었다. 그로 인해 데이비드가 죄책감을 키울 구실은 오히려 더 늘어났다.

우리는 데이비드와 그의 아내가 여행을 다니면서 여유 있는 생활을 하기 위해 아이를 하나만 갖기로 한 결정을 진정으로 책임질 수 있도록 돕기 위해 노력했다. 그것이 이기적인 동기에 따른 결정이었다고 생각하다 보니 그는 늘 죄책감에 빠져 있었고, 그로 인해 자신이 해결해야 할 문제(그의 죄책감을 이용하여 갖고 싶은 것을 얻어 내는 방법을 터득한 아이)는 점점 더 커져 갔다.

나는 데이비드에게 자신의 결정을 보다 종합적인 관점에서 바라볼 방법을 찾을 수 있겠냐고 물었다. 어느 날 그는 수업에 와서 이렇게 말했다.

"지금까지 저는 형제자매를 만들어 주지 못해 미안하다고 사과하면서 캘리에게 제 결정을 인정해 달라고 요구해 왔던 것 같아요. 아이가 동생은 필요 없다고 말해 주길 바라면서요. 하지만 이제 저는 이를 꽉 물고 이게 제가 원하는 가족이었다는 사실을 받아들여야 해요. 그리고 아이도 이 가족과 함께 살아야 하는 거고요."

"바로 이 수업에서 들었던 것처럼, 외동으로 지내면서 아주 훌륭하게 자라는 사람도 많아요."

내가 지적했다. 데이비드는 자신의 기준을 '우리는 우리에게 맞는 결정을 내렸다. 아이들은 자신이 경험하고 있는 세상에 맞추어 적응하며, 그를 바탕으로 자신을 형성해 간다'라고 다시 적었다.

마지막 수업에서 그는 뭔가 사 달라는 말을 거절할 때 캘리의 부정적인 반응이 거의 없어지기 시작했다고 전했다.

"그리고 저는 아이가 실망하는 모습을 보여도 죄책감에 빠지지 않고 '이번엔 안 돼'라고 말할 수 있게 되었어요. 그래서 아이가 속상해하는 모습을 볼 때에도 그렇게까지 심하게 괴롭지는 않게 되었어요." 데이비드는 뿌듯해하며 말했다.

"그 죄책감이 무너지기 시작하는 것 같아요."

"내가 뭔가 할 수만 있다면."

크리스틴과 넬리(5세), 윌(18개월)

"저는 똑똑하고 예쁜 다섯 살짜리 딸이 있어요. 그런데 그 아이가 저랑 말을 일절 안 하고 있죠."

크리스틴은 아이가 시리얼을 안 먹었다는 소식을 전하기라도 하듯 태평하게 말했다.

"넬리는 제가 말할 때 대답도 하지 않아요. 부탁을 해도 듣지 않고요, 아이를 훈계하려고 하면 무시해요. 그러다 보니 고작 저를 쳐다보게 하려고 아이에게 소리를 지르고 있더라고요. 저는 '이 골칫덩이!'라고 악을 쓰면서 아이를 거칠게 붙들거나 밀쳐 버려요. 심지어 아이를 때리고 싶을 때도 있어요. 제 평생에 이렇게 화를 돋운 사람은 그 애밖에 없을 거예요!"

크리스틴은 말을 멈추고 심호흡을 한 뒤 다시 입을 열었다.

"그러고 나면 저는 너무 심한 죄책감에 시달려서 거의 하루 종일 정신을 못 차려요. 말 그래도 심장에 무리가 올 정도예요. 이따금씩 저는 그저 가만히 앉아서 멍하니 창밖을 바라봐요. 심지어 일도 못하겠어요. 그저 가만히 기다릴 뿐이죠. 아이를 데리러 유치원에 가서, 모든 것이 괜찮은지 이번엔 정말로 내가 끝장난 건지 내가 아이를 영원히 망쳐 놓은 건지 확인할 수 있을 때까지 남은 시간을 헤아리면서 시계를 쳐다보는 거예요. 그렇게 불안에 가득 차서 황급히 유치원으로 가면, 아이의 이름을 부르면서 저를 용서해 줄 조금의 기미라도 있는지, 아니면 이번엔 그렇게까지 심하진 않았던 게 아닐지 표정을 샅샅이 살펴요. 그렇지만 아이는 내 쪽을 보고도 눈도 마주치지 않고 그냥 지나쳐 버리기 일쑤죠. 어떤 날은 모든 것이 다 괜찮은 것처럼 굴기도 하고요. 어느 쪽이든 죄책감은 정말 심해요."

크리스틴은 넬리가 동생 월을 얼마나 공격하고 학대하는지 묘사하기 시작했다.

"넬리는 월을 싫어해요. 자기랑 같이 놀게 해 주는 법이 없죠. 그 아이는 동생을 밀어내거나, 때려서 상처를 줘요. 저는 도저히 참을 수가 없어요. 자기에게 인생을 함께 헤쳐 갈 동반자를 만들어 주려고 힘들게 두 번째 임신을 감수했는데 말이에요. 우리가 세상을 뜬 후에도 아이의 곁에 있어 줄 사람 말이에요. 넬리가 뭘이 싫다고 말할 때마다 저는 미칠 것 같아요."

"아이들의 관계는 넬리가 아닌 당신의 관심사라는 것을 아시겠나요?"

내가 물었다.

"당신은 넬리가 원하길 바라는 것이 있고, 그것을 기꺼이 받아들이라고 요구하고 있는 거죠! 당신의 바람과 꿈을 돌보는 것은 아이의 책임이 아니에요."

"하지만 남동생을 바라지 않을 이유가 뭔가요? 같이 놀 수 있잖아요."

"결국은 좋아하게 될 수도 있겠죠. 하지만 지금은 동생이 가족 안에서 자신의 위치를 위협하고 있으니까 화가 나는 거겠죠. 예전엔 당신을 온전히 독점할 수 있었는데 이제는 동생과 공유해야 하잖아요." 내가 말했다. "그러니 동생을 대하는 태도를 가지고 당신이 넬리에게 화를 내면, 아이는 당신이 동생은 좋아하지만 자신은 받아 주지 않는다고 생각할 수도 있겠죠. 넬리의 행동은 그런 생각을 했을 때 자신의 기분이 어떤지 보여 주기 위한 거예요."

"그래서 지난번에 차에서 넬리가 동생의 코를 닦아 주지 않은 걸까요? 제가 아이에게 휴지를 건네주면서 코를 닦아 주라고 했더니, 전력을 다해 거절했거든요. 저는 너무 화가 났죠. 아마 저는 넬리가 동생을 챙겨 주고 싶어 했으면 좋겠다고 생각하고 있었나 봐요."

"맞아요."

내가 말했다.

"아이들에게 형제가 있는 게 당신에게 왜 그렇게 중요한가요? 당신에겐 누가 있었나요?"

"여동생이요."

크리스틴은 조용히 대답했다. 그러고는 매우 힘들었던 어린 시절 이야기를 들려주기 시작했다.

"제 동생과 저는 아주 많이 달라요. 하지만 우리는 그 끔찍한 가정에서 살아남기 위해 서로를 돕는 동지였죠. 제 아빠는 아무 짝에도 쓸모없는 알코올 중독자였고, 엄마는 아빠가 폭발할 때 저희를 전혀 지켜 주지 못했어요. 게다가 우리는 찢어지게 가난했어요. 따뜻하게 난방을 해 본 적이 한 번도 없었던 것 같아요. 집에서도 코트를 입고 있었고 잘 때도 옷을 다 입고 잤죠. 먹을 것이 부족한 때도 많았어요. 동생과 저는 어린 시절 내내 함께 고생하면서 생긴 연대 의식('우리가 여기 함께 있다'는 종류의 결속감)이 있었어요. 서로를 위해서라면 못할 일이 없었죠. 제가 더 강한 편이고 동생이 좀 더 약했어요. 그래서 제가 동생을 위해 나서서 말도 하고, 아빠로부터 동생을 보호해 주기도 했고요. 아빠는 우리를 때리지는 않았지만 욕은 많이 했거든요. 그래서 제가 화가 나면 그렇게 끔찍한 말이 튀어나오는 거예요. 그게 제 데이터베이스에 저장되어 있으니까요."

"그래서 당신은 넬리와 윌도 당신과 동생이 가졌던 관계를 가지길 바라는군요. 하지만 당신과 동생은 어떤 환경의 피해자였고, 넬리와 윌과는 상황이 다르잖아요. 그 아이들은 당신과 당신 남편에 맞서 둘이 뭉칠 필요가 없는걸요."

크리스틴은 잠시 말이 없었다. 그런 뒤 자신이 전문가로서의 삶을 일구어 과거는 최대한 감추려고 했는데도 여전히 이렇게 어린 시절이 떠오른다는 것이 너무 수치스럽다고 말했다.

"마치 어떤 그림자가 제 뒤를 항상 따라다니는 것만 같아요."

그는 말했다.

"제가 얼마나 열심히 노력하든, 좀처럼 거기서 벗어나지 못하고 있어요.

직장에서 사람들 앞에서 프레젠테이션을 할 때면 제가 완전 가짜인 것처럼 느껴져요. 언제든 사람들이 제가 실제로는 어떤 사람이었는지 밝혀낼 것만 같아요."

"실제로는 어떤 사람인데요?"

내가 물었다.

"쓸모없고 밉상인 실패자요. 윌을 괴롭힌다고 제가 넬리에게 소리를 지를 때 저는 제가 당했던 걸 아이에게 물려주고 있는 것 같은 기분이에요. 제 쓰레기 같은 성격 때문에 아이를 얼마나 망쳐 놓은 걸까 무서워서 견딜 수가 없어요."

"어렸을 때도 죄책감을 느꼈나요?" 내가 물었다.

"그럼요."

크리스틴이 외쳤다.

"아빠는 전문 연주자였는데 저도 똑같은 악기를 연주하기를 강요했어요. 제가 고른 것이 아니니 좋아해 본 적도 없었죠. 그래서 저는 항상 아빠를 실망시켰다는 죄책감으로 가득했어요. 아빠가 저에게 가졌던 믿음과 희망을 저버린 것 같았죠. 게다가 저는 부모님이 얼마나 괴로운가에 대해 항상 죄책감을 가지고 있었어요. 그들은 경제적 어려움에 대해 저에게 항상 이야기했어요. 어린 시절 내내 제가 외웠던 주문이 있다면 '내가 뭔가 할 수만 있다면' 일 거예요."

나는 크리스틴에게 이렇게 제안했다.

"넬리가 당신의 버튼을 누를 때마다 당신의 수치심을 건드려요. 그래서 그렇게 무력함을 느끼는 거죠. 그 상처가 찔리면, 당신은 더 이상 상처를 찌르지 못하게 하기 위해 넬리에게 소리를 지르는 것으로 반응해요. 하지만 과거가 어떻게 두 사람 사이에 틈을 벌려 놓고 있는지 당신이 확인하기 위해서는 상처를 찌르게 해서 그 고통을 느껴야 해요. 아이가 찌를 때, 그것이 당신에게 어떤 말을 하려고 하는 것인지 스스로에게 물어보세요."

"우리는 정말 많이 닮았어요."

크리스틴이 말했다.

"우리는 쌍둥이 같아요. 그래서 저는 아빠가 저를 대하던 것처럼 제가 넬리를 대하고 있는 것은 아닐까 정말 무서워요. 제 입에서 아빠가 튀어나오는 것을 듣곤 하니까요."

"넬리가 윌을 돌봐 주길 당신이 바라는 것은 당연해요. 그것이 당신이 맡았던 역할이고, 그래서 나이도 더 많고 더 강한 아이에게 다시 그 역할을 기대하는 거죠. 당신의 역할을 넬리에게 투사하면서 제대로 하지 않는다고 화를 내는 거예요. 그리고 그것은 오직 두려움에 기반하고 있어요."

자녀들에게 바라던 것이 무엇이었는지 크리스틴에게 묻자, 그는 자신과 동생이 서로에게 느꼈던 책임감에 대해 좀 더 이야기했다.

"우리는 서로에게 우리가 가져 보지 못했던 부모가 되어 주었어요. 우리는 서로의 안전지대였죠."

수업에서 기준을 적어 보는 시간에 그는 이렇게 썼다.

"내 아이들은 서로와 무조건적이고 절대적이며 진실하고 영원한 관계를 맺어야 한다."

"이건 어린 아이들에게는 꽤 과도한 요구인데요."

내가 말했다.

"상당히 실패하기 쉬운 기준이죠."

자신의 기준에 도달할 수 있을 것이라고 생각하면서 크리스틴은 넬리에게 윌을 돌봐 주기를 요구했다. 깊은 틈을 건너 엄마의 요청을 들은 넬리는 그것을 엄마에겐 자신보다 윌이 더 중요하다는 뜻으로 받아들이고 동생에게 화를 내게 된 것이다.

"그 죄책감이 무엇으로부터 당신을 지켜 주었다고 생각하나요?"

내가 물었다.

"넬리에게 보인 반응에 대해 죄책감을 느끼지 않았다면 어떻게 되는 걸까요?"

"그러면 제가 진심으로 그런 소리를 했고, 제가 의식적으로(그래도 된다고 판단을 한 뒤) 그런 행동을 했다는 뜻이 되겠지요. 저에게 죄책감은 제가 더 좋은 부모가 되고자 하는 욕망이 있다는 뜻이에요."

나는 넬리를 향한 크리스틴의 분노가 직접적으로 윌을 향한 넬리의 분노로 이어진다는 것을 지적했다. 하지만 좋은 소식은 크리스틴의 분노와 죄책감이 그를 아무것도 못하게 만들기보다는 계속 노력을 하게 만들고 있다는 점이다. 우리는 크리스틴이 넬리와의 유대를 회복할 수 있는 방법에 대해 상의했다. 몇 주가 지나고, 즉각적인 진전과 실망스러운 후퇴를 모두 경험한 뒤 크리스틴은 마침내 돌파구를 찾았다고 선언했다.

"넬리에게 자신이 태어나던 날의 이야기를 해 주었어요. 그리고 저는 뱃속의 아기가 여자이기를 남몰래 바라 왔었다는 것도요. 아이는 지금 듣는 말을 믿을 수가 없다는 듯 저를 바라봤어요. 그리고 저는 윌이 얼마나 성가시게 느껴질지 충분히 이해하고 있으며, 때로는 나도 우리끼리만 있던 시절로 돌아가고 싶다고 말했어요. 아이도 자신이 동생을 얼마나 싫어하는지를 마음껏 드러내며 동의했어요. 저는 그런 말은 하면 안 된다고 나무라지 않으려고 이를 악 물었어요. 그러면 사태는 악화될 뿐이라는 것을 잘 알고 있었으니까요. 하지만 마침내 아이가 자발적으로 이렇게 말했어요. '엄마, 그냥 내가 남동생을 바라지 않았던 것뿐이야.' 그 뒤로 모든 것이 바뀌기 시작했어요. 둘이 거의 싸우지 않게 된 거예요! 넬리와 나는 다시 가장 친한 친구가 되었어요. 넬리가 원래 어떤 아이였는지 다시금 발견하게 되어 얼마나 기쁜지 몰라요."

"가장 좋은 부분은 이거예요."

그는 말을 이었다.

"어느 날 아이들이 친구네 집에서 놀고 있었는데, 친구의 남동생이 윌의 얼굴을 때린 거예요. 윌이 울음을 터뜨리자 넬리가 소리를 지르며 아이에게 달려가더니 아이를 팔로 둘러 막아 주더라고요. 친구의 엄마가 다가오자 넬리가 '얘가 내 동생 때렸어요! 아무도 내 동생 때리면 안 돼요!'라고 말했어요. 나중에 우리가 그 얘기를 하자 넬리는 '내가 윌을 보호해 준 거야. 걔가 내 동생을 때리려고 했으니까'라고 이야기했죠. 일주일이 지나자 넬리는 나에게 자기는 윌을 '사랑한다'고 고백하더라고요!"

동생에 대한 분노를 표현할 수 있게 해 주면서 크리스틴은 자신이 넬리를 (아이의 감정을 비롯하여 무엇이든) 얼마든지 받아들이고 있다는 것을 보여 주었다. 넬리는 자신의 처지를 걱정하지 않아도 된다는 것을 깨달았고, 더 이상 윌에게 위협을 느끼지도 않게 되었다. 즉, 얼마든지 윌을 받아들일 수 있게 된 것이다.

크리스틴이 과거의 수치심과 넬리를 향한 반응 사이에 일단 연결고리를 만들자, 그는 자신은 결코 받지 못했던 것을 넬리에게 줄 수 있었다. 크리스틴의 새로운 기준은 단순히 '모든 가족은 서로를 존중해야 한다'로 바뀌었고, 그리하여 평생의 관계에 대한 강요는 사라졌다. 하지만 그 관계가 만들어질 가능성은 어느 때보다도 높아졌다.

17장
억울함 버튼 :
"왜 맨날 내가 해야 돼?"

억울한 부모는 자신이 제대로 인정받지 못하고 있다는 생각이 들 때마다 비난이나 분노를 드러낸다. 자신의 아이가 자신이 바라는 대로 하지 않으면 그들은 아이들을 탓한다. 하지만 이런 부모들에겐 억울함에 매달리는 상황 자체가 매우 중요하기 때문에, 아이들은 좀처럼 그 기대를 채울 수 없다. 그들은 버튼이나 누르는 이 아이들을 키우느라 자신의 인생이 망가지고 있다고 생각하므로 자신의 억울함이 정당하다고 느낀다. 그들은 이 억울함이 사실 다른 문제 때문이라는 사실을 인정하는 대신 그저 자녀를 탓하려 한다. 억울한 처지를 고수하면 내면의 수치심으로부터 자신을 보호할 수 있기 때문이다. 그저 자녀를 탓하면 자신의 비밀을 지킬 수 있다. 그들은 자신의 고통을 제대로 직면하지 못한다.

억울한 부모는 자신은 좋은 부모가 아니라는 두려움과 수치심, 그리고 과거의 어떤 사람을 만족시켜야 한다는 책임감에서 나온 반응을 보이곤 한다. 그래서 아이가 자신이 원하는 대로 하지 않으면, 과거에 자신이 다른 사람의 바람에 따라야만 했을 때 생긴 오래된 상처가 다시 벌어진다. 그는 아이가 자신에게 너무 많은 것을 요구하거나, 자신에게서 뭔가를 빼앗아 가거나, 자신의 에너지를 전부 소진시키거나, 자신의 길을 가로막는다고 생각하기도 한다. 그렇게 희생당하는 일은 물론 달갑지 않을 수밖에 없다. 하지만 부모가 화를 더 많이 낼수록 자녀는 더 많은 것을 요구하기 때문에, 문제는 계속해서 악화된다.

억울함 버튼이 눌리면 부모는 자신이 이용당하고, 인정받지 못하고, 자원을 빼앗기고 있으면서도, 오도 가도 못하게 갇혀 있다고 느끼게 된다. 그래서 종종 아이가 자신에게 다가오지 못하게 막는 반응을 보이기도 한다. 억울한 부모의 자녀는 자신이 혹사당하고 부당하게 비난당하고 있다고 느끼며 혼란을 겪는다.

아이들이 억울함 버튼을 누를 때 그들은 더 이상 자신을 비난하지 말고 본인의 문제를 스스로 감당하면서 부모로서 명확한 규칙과 기대, 제한과 경계를 만들어 달라고 청하고 있는 것이다.

"너는 내가 해 주는 일을 당연하게 여기고 있어."

필과 제시카(13세)

"빨리 아빠, 우리 늦었어!"

딸이 필에게 외치는 말은 이뿐이지만, 아이의 말투에는 "이 한심한 멍청아!"가 담겨 있었다. 필은 제시카가 자기에게 저런 말투로 말하는 경우를 아주 여러 번 봤고, 그때마다 폭발버튼이 눌렸다. 제시카는 늘 그렇듯 준비가 늦었고 필은 늘 그렇듯 참을성이 없었다. 하지만 여느 때처럼 아이에게 서두르라고 소리 지르는 대신, 그는 차고에 있는 작업실에 가서 아이가 학교 갈 준비를 마칠 때까지 기다리기로 했다. 그런데 아빠가 차고에 있는 줄 몰랐던 제시카가 비어 있는 자동차 운전석을 보고는 '그 말투'로 아빠를 불러 버렸다.

"그 말을 들었을 때에는 뭘 어떻게 해야 할지 모르겠더라고요. 덫에 걸린 기분이었어요."

필이 설명했다.

"그래서 어떻게 하셨나요?"

같이 수업을 듣던 엘리가 물었다.

"그냥 듣기만 했죠. 항상 밖에서 **아이를 기다린** 것은 저였다고 투덜거리며 차에 타서, 학교 가는 내내 부글부글 끓는 화를 눌렀어요. 이런 일이 정말 부지기수예요. 자기를 위해 이 모든 일을 다 해 주고 있는데 말이에요. 무슨 자기는 여왕이고 저는 시종인 줄 아는 것 같아요. 그것 때문에 너무 화가 나요."

"그럼 왜 계속 모든 걸 해 주시나요?"

엘리가 물었다.

"저도 똑같은 일을 해요. 달리 어떻게 해야 할지를 모르겠어요. 아마도 아이랑 마주 앉아서 내가 학교에 데려다줄 때에는 네가 지켜야 할 규칙이 있다고 말해 줘야 하는 거겠죠. 그렇지만 그렇게 해 본 적은 없어요. 너무 번거로우니까요."

필이 인정했다.

"그 순간에 그냥 아이에게 '나한테 그런 말투로 얘기하는 건 별로 듣기 좋지 않아. 네가 하고 싶은 말을 다른 방식으로 해 보겠니?'라고 말하는 것은 어떨까요?"

내가 제안했다.

"막상 그 자리에서는 그런 말을 전혀 못하겠어요. 그저 화나고 억울한 마음이 사라질 때까지 꾹 참을 뿐이죠."

필이 말했다.

"하지만 그건 절대 사라지지 않을 텐데요. 어떻게 해도 영원히 말이에요."

엘리가 거들었다.

"맞아요."

필이 말을 이었다.

"그래서 가끔씩은 정말로 폭발하기도 하죠. 그러면 아이가 엉엉 울고 나서 저랑 일절 말을 안 해요. 아내는 엄청나게 속상해하고, 온 집이 엉망이 되는 거죠!"

우리는 필의 가설은 '제시카는 나를 한심한 바보라고 생각하면서 나를 하인처럼 대한다'라고 정리했다. 나는 그에게 이 중에 혹시 비현실적이라고 느껴지는 부분이 있는지 물었다.

"아이가 저를 정말로 한심한 바보라고 생각하지는 않겠죠. 하지만 아이의 말투는 정말로 저를 경멸하는 것처럼 들려요. 그 애는 제가 해 주는 일은 무엇이든 그저 당연하게 여기고 있는 게 틀림없어요."

그가 답했다.

"그럼 당신은 그 말투가 정말로 거슬리시는 거군요. 어렸을 때 그렇게 제대로 인정받지 못하고 당연히 여겨지셨던 적이 있나요?"

"꼭 그렇지는 않지만, 저의 엄마가 제가 엄마를 당연히 여긴다고 생각한 적은 있어요. 제가 텔레비전을 보고 있는데 엄마가 쓰레기를 내다 놓으라고 했거든요. 알았다고 말했지만, 어느샌가 엄마가 씩씩거리며 쓰레기를 들고 거실을 가로질러 제 앞까지 오더니 버럭 화를 내며 문을 쾅 닫고 나가는 거예요. 분명히 뭔가 할 말이 있었던 모양이었어요."

"그래서 무슨 생각을 하셨어요?"

내가 물었다.

"엄마는 나를 게으르고 쓸모없는 망나니라고 생각한다고요. 그리고 쓰레기를 내놓지 않았으니 엄마는 더 이상 나를 사랑하지 않겠구나 하고 생각했어요. 엄마는 늘 제가 **어떻게 하는가**에 따라 제한적인 사랑을 줬거든요.”

“그럼 지금 당신의 관점에서 생각해 보면, 그때 어머님은 어떤 생각이셨을까요?”

“잘 모르겠어요. 엄마가 여러 번 부탁을 했을 수도 있고, 부탁하고 나서 시간이 많이 지났을 수도 있겠죠. 제가 말씀드렸듯이, 엄마는 아마 제가 엄마의 노고를 당연히 여긴다고 생각했던 것 같아요. 엄마는 항상 자신이 부탁한 일을 제가 즉시 해 주길 바랐죠.”

“아마 그때 어머님도 폭발버튼이 눌리셨던 것 같은데요. 그로 인해 당신은 결국 매우 슬픈 메시지를 받게 되었고요. 부모자식 간의 틈을 보여 주는 완벽한 예시네요.” 나는 이렇게 지적했다. “그리고 지금은 당신이 제시카에게 똑같은 일을 하고 있는 것 같고요.”

“그게 무슨 말씀이시죠?”

그가 물었다.

“제시카가 당신을 당연히 여기고 있다고 느끼면, 당신의 마음은 격렬한 억울함에 휩싸이죠. 그러면 아이는 아마 당신이 절대 의도하지 않았던 메시지를 받게 될 거예요. 마찬가지로 아이도 당신을 당연하게 여기려는 의도가 아니었을 거예요. 당신이 그렇게 받아들인 거지요.”

필은 그 쓰레기 장면을 비롯하여 그와 비슷한 엄마와의 사건들에서 얻은 믿음이 ‘나는 다른 사람을 위한 일을 하지 않으면 사랑받지 못할 것이다’였다는 점을 발견했다. 필이 자녀를 키울 때에는 이것이 ‘나는 내 아이가 원하는 일은 무엇이든 해 주어야 한다’로 바뀌어 적용되었다. 그러나 그에 대한 감사의 표시가 명확히 보이지 않으면, 폭발버튼이 눌리는 것이다.

“그럼 제시카를 위해 그토록 많은 일을 해 주고 있는 이유는 그렇지 않으면 아이가 당신을 사랑해 주지 않을까 두렵기 때문인가요?”

내가 물었다.

"아니에요, 그렇게 말하긴 좀 그렇죠. 서로 사랑한다면 당연히 그렇게 해야 하니까 저도 하는 거예요."

"아이에게 안 된다고 하면, 아이를 사랑하지 않는다고 말하는 것이나 마찬가지라고 생각하시나요?"

"음, 제가 이렇게 아이를 사랑하는데 아이가 그렇지 않다고 생각할까 봐 걱정하는 것은 맞는 것 같아요. 그럼 이제 이해가 되네요. 하지만, 말도 안 되지 않나요. 아이가 절 사랑한다는 것은 저도 잘 알고 있어요. 그게 문제예요. 멋대로 반응이 튀어나오는 순간에 당신이 제게 '아빠가 자신을 사랑하지 않는다고 생각할까 봐 거절하지 않는 건가요?'라고 물어본다면, 저는 '물론 아니죠. 방법을 모르기 때문에 하지 않는 겁니다'라고 대답할 거예요. 저는 억울함이 쌓이고 또 쌓일 때까지 어쩔 줄 모르다가 결국 폭발해 버려요. 그런 뒤 모든 사람이 기겁할 정도로 험악하게 안 된다는 말을 해 버리죠."

필은 다른 조각을 하나 더 찾아냈다.

"저는 또한 모든 사람이 즐겁기를 바라요. 누가 불행해하는 모습을 보지 못하죠. 엄마의 기분이 안 좋을 때마다 저는 엄마의 기분을 풀어 주기 위해 뭔가를 해야만 했어요. 엄마의 행복이 제게 달려 있다고 생각했어요. 그래서 내가 다른 사람들의 행복을 위해 이 모든 일을 했는데, 사람들이 행복해지지 않거나 전혀 신경 쓰지 않을 때면 억울함이 쌓이죠. 그들이 제가 하는 일을 그저 당연하게 받아들인 거니까요."

"하지만 당신이 엄마를 돌봐 줬던 방식 그대로 제시카도 당신을 돌봐 주기를 바라지는 않잖아요, 그렇죠?"

엘리가 물었다.

"하지만 당신이 전혀 생각지도 못한 순간에 그 오래된 일이 당신을 덮치는 거죠. 이제 이해가 되네요!"

필이 자신의 기준을 '나는 아이가 바라는 일 중 일부는 들어주고 일부는 거절하면서도 여전히 좋은 부모일 수 있다. 왜냐하면 나 역시 중요한 존재이기 때문이다'로 조정할 수 있다면, 엄마에게서는 한 번도 배우지 못했던 건강한 경계선을 만들어 갈 수 있다. 필과 제시카 사이에 경계선이 생기면 아이에게 거절을 할 수 있게 될 뿐 아니라, 거절당한 아이가 어떤 기분이 들었는지를 전부 책임지지 않아도 된다. 그러면 필은 자신은 억울하다며 아이를 탓하지 않게 될 것이다. 그는 오직 아이만이 아니라 자기 자신과 자신의 필요도 존중하며 균형을 찾아갈 수 있을 것이다.

"네가 더 현명하게 굴어야지."

캐서린과 베일리(4세), 앨리스(14개월)

"베일리와 앨리스는 대체로 잘 어울려 지내요." 강좌 초반에 캐서린이 말했다.

"베일리는 동생과 노는 것을 아주 좋아해요. 그런데 계속 반복되는 문제가 딱 한 가지 있어요. 대단한 일은 아닌데 제 폭발버튼이 계속 눌려요. 저도 왜 이러는지 모르겠어요."

캐서린은 앨리스가 태어난 뒤로, 두 딸이 소파에서 어울려 놀 때마다 계속 같은 일이 벌어지고 있다고 사람들에게 얘기했다.

"베일리가 앨리스 위에 올라타려고 하면 앨리스가 칭얼거리기 시작해요. 그러면 제가 베일리에게 다가가서 그렇게 놀기에는 네가 너무 크니 내려와 달라고 말하죠. 제가 마음이 편하고 차분할 때에는 베일리를 일으켜서 다른 놀이를 시켜 주지만, 여유가 없을 때에는 '넌 너무 크잖아, 베일리. 빨리 내려와. 네가 더 현명하게 굴어야지. 앨리스는 저렇게 작은데'라면서 즉각적으로 야단을 쳐요. 그럼 베일리는 꼭 한 번 더 세게 앨리스의 배나 등을 찔러서 앨리스를 울려요. 더구나 이게 줄어들기는커녕 점점 더 심해지고 있는 것 같아요."

"베일리를 보면 어떤 가설이 머릿속에 떠오르시나요?"

내가 물었다.

"지금은 아이가 짐승처럼 굴고 있으니 더 현명하게 행동해야 한다고요. 그런데 그러지 못하게 하려면 어떻게 해야 하는지를 모르겠어요."

캐서린은 답했다.

"당신이 못하게 할 수 없다면 어떨까요?"

내가 제안했다.

"그건 베일리에게 달린 일이라면요?"

"하지만 베일리는 겨우 네 살인 걸요."

캐서린은 말했다.

"아이가 어떻게 혼자서 그만둘 수 있겠어요?

나는 캐서린에게 자신은 형제자매들과 어떻게 지내고 있는지 얘기해 달라고 청했다. 그는 7남매 중 넷째로 위아래로 모두 형제가 있었다. 언니오빠들이 그를 괴롭혔지만 부모님은 캐서린이 남동생을 괴롭힐 때만 야단을 쳤다.

"저는 짐승이라고 찍혔어요."

캐서린이 말했다. 그리곤 생각이 트이기 시작했다.

"어머 세상에, 직접 말로 하진 않았지만 제가 그 끔찍한 꼬리표를 아이에게 물려주고 있었군요. 전혀 생각도 못하고 있었어요. 그럼 이젠 어떻게 해야 할까요?"

"만일 그때 베일리가 '네가 더 현명하게 행동했어야지'라는 말에서 자기는 나쁜 사람이라는 메시지를 받았다면, 정반대의 메시지가 필요할 수도 있겠지요."

나는 이렇게 제안했다.

"아이에게 착하다고 말해 주라는 말씀인가요?"

캐서린이 물었다.

"착하다기보다는 능력이 있고 도움이 된다고 말해 주면 좋겠죠. 소파에서 앨리스랑 놀고 있을 때 말고 다른 때에 베일리에게 앨리스가 무슨 말을 하는 것 같냐고 물어보세요."

내가 말했다.

"아, 베일리는 항상 앨리스가 무슨 말을 하려고 하는지 나름대로 생각해서 제게 알려 줬어요."

"아주 좋네요. 그럼 앨리스가 내는 각각의 소리가 무슨 의미인지, 아이가 행복할 때, 불행할 때 등등에는 어떤 소리를 내는지 베일리에게 물어보세요. 마치 아이가 전문 통역사인 것처럼, 앨리스가 무슨 말을 하려 하는지 알 수 없을 때 아이의 도움이 꼭 필요한 것처럼 베일리에게 물어보세요. 그런 뒤 다음에 소파에서 같은 일이 일어나고 앨리스가 칭얼거리면, 또 베일리에게 앨리스가 하는 말이 무슨 뜻이냐고 물어보세요. 단, 베일리가 정답(내려오라고 말하고 있다)을 얘기해 주길 기대하기보다는 정말 순수하게 궁금하다는 말투로 물어봐야 해요. 너는 너무 크다고 말하는 대신 베일리에게 앨리스의 투정을 통역할 수 있는 힘을 주면, 베일리의 초점도 당신의 꾸지람을 방어해야 한다는 쪽에서 앨리스의 말에 귀를 기울이는 쪽으로 옮겨 갈 거예요. 앨리스가 너무 재밌다고 말했다며 당신을 몇 번 시험할 수도 있어요. 그러면 일단은 최대한 들어 주다가, 앨리스의 소리가 더 명백해졌을 때 다시 한 번 뭐라고 말하는지 물어보세요. 당장 달려가서 앨리스를 구해 주지 않고 버티기란 쉽지 않을 거예요. 상황이 너무 심해지면 베일리를 안아 올려서 다른 방으로 데리고 가세요. 하지만 귀에 못이 박히게 들은 잔소리는 자제하셔야 해요."

다음 주에 캐서린은 얘기하고 싶은 일이 너무 많았다. 그는 베일리에게 앨리스의 말에 대해 얘기했고, 아이는 너무 신나서 자기만이 들을 수 있는 앨리스의 '말'을 엄마에게 알려 주었다.

"결국 소파 소동은 또 일어났어요. 그리고 저는 선생님이 제안했던 말을 단단히 준비해 놓고 아이들 옆에 누워 있었지요. 늘 그랬던 것처럼 소동이 일어나자, 저는 예전에 저와 엄마 사이에 있었던 일과 똑같은 패턴이 펼쳐지는 광경을 바라볼 수 있었어요. 저는 지난 일들을 떠올리기 시작했죠. 엄마는 저를 '짐승'뿐만 아니라, '바보'라고도 불렀었거든요."

캐서린은 엄마를 '아빠의 지적 그늘 아래에서 사는 사람'이라고 묘사했다. 아빠는 아이큐 테스트에서 천재 수준의 점수를 받은 적이 있으며 아이들에게 자주 그 얘기를 꺼냈다. 엄마는 항상 뉴욕타임즈의 십자퍼즐을 하며 아빠의 수준을 따라잡으려고 했지만 끊임없이 실패했다. 남편은 항상 자신이 모르는 질문의 답을 알고 있었다. 캐서린은 어른이 되어서야 마침내 예전에 엄마가 '바보 같다', '별로 똑똑하지는 않다', '머리가 빨리 돌아가진 않는다'며 자신을 놀렸던 이유가 그저 본인이 우월감을 느끼기 위해서였다는 사실을 이해할 수 있었다. 하지만 자신은 바보가 아니었다고 깨닫기까지 캐서린은 너무 오랫동안 고통에 시달렸다.

"소파에 누워 있는 동안 이 모든 일이 떠오르면서 이 문제를 해결하고 베일리에게 자신감과 자립심을 심어 주는 일이 얼마나 중요한지 더할 나위 없이 분명해졌어요. 그래서 저는 예전보다도 훨씬 더 집중하게 됐죠. 베일리에게 앨리스의 말을 제대로 통역하려면 네 역할이 중요하며 무엇이 옳은 일인지도 스스로 판단해야 한다고 말했어요. 그러자 베일리는 이렇게 말하기 시작했죠. '내 생각에 앨리스는 나한테 뭔가 말하고 있는 것 같아, 엄마. 나는 그게 무슨 말인지 알아. 나한테 볼에 뽀뽀하고 악수를 한 다음 엄마한테도 뽀뽀를 날려 주라고 말하고 있는 거야.' 그러더니 그렇게 하기 시작했어요."

캐서린은 이어서 계속 말했다.

"하지만, 가장 놀라운 것은 제가 베일리의 나쁜 행동에 온통 정신이 팔려 완전히 놓치고 있던 퍼즐 조각이에요. 제 눈을 믿을 수 없었지만 사실이었어요. 새로운 관점에서 이 소파 소동을 두세 번 지켜보고 나니, 14개월 된 앨리스(작고 순진한 우리 앨리스)가 실은 언니를 소동으로 끌어들이고 있는 모습이 보이더라고요! 두 아이가 소파에 올라가자마자 베일리는 가만히 있었는데도 앨리스가 칭얼거리기 시작하더라고요. 앨리스는 어떻게 하면 상황이 자신에게 유리하게 흘러가는지 알아차렸던 거죠! 하지만 제가 그 상황을 온전히 베일리에게 넘겨주고 멀리 떨어져서 지켜봤더니, 앨리스도 더 이상 칭얼거리지 않았어요. 그리고 소동은 완전히 사라졌죠."

캐서린은 자신의 형제자매들이 자신에게 꼬리표를 붙여서 거기에 가둬 버렸던 일에 대해 깊이 원망하고 있었다. 그는 자신의 억울함을 베일리에게 직접 투사하여 그가 어린 동생을 괴롭히고 있다고 몰아세웠다. 베일리는 고작 네 살이라 아직은 더 현명하게 굴지 '않아도 되는' 거였지만, 캐서린은 자신의 과거를 투사하면서 아이에 대한 비난이 정당하다고 생각했다. 그는 소동이 발생할 때마다, 베일리가 짐승처럼 굴었다는 자신의 가설을 점점 더 객관적으로 따져 보게 되었다.

캐서린은 자신이 자신의 아이를 설명할 때 떠올리던 단어가 그동안 자신이 그토록 싫어하던 바로 그 단어였다는 사실에 어안이 벙벙해졌다. 그는 '나는 너무 크고 너무 멍청해'라는 자신의 믿음이 패턴이 되어 자신의 딸에게까지 곧장 적용된 상황을 명확히 확인했다. 다행히 캐서린은 그동안 자신이 어떤 사람인가를 재정립하기 위해(나는 짐승이 아니며, 멍청하지 않다. 이것은 엄마의 문제였을 뿐 내 문제가 아니다) 막대한 노력을 해 왔었기에, 이 마지막 연결 고리를 재빨리 끊어 버릴 수 있었다.

"왜 맨날 내가 해야 돼?"

샐리와 앤드루(7세)

"왜 맨날 전가요? 왜 맨날 제가 바뀌어야 하고, 제가 이해해야 하고, 제가 모든 일을 도맡아야 하나요? 왜 한 번도 다른 사람이 저를 위해 바뀌는 적은 없는 거예요?"

수업 시간에 아이의 감정과 관점을 헤아리는 방법에 대한 조언을 듣던 샐리는 벌컥 화를 냈다.

"제 관심사는 전부 뭐에 관한 내용인지, 그것을 통해 제가 보내는 메시지는 무엇인지 확실히 말씀드릴게요! 매일 아침 제 관심사는 분노와 스트레스, 원망으로 가득 차 있어요. 저는 앤드루를 학교에 데려다주고, 옷을 입히고, 이를 닦게 하고, 버스에 태워야 해요. 여동생은 얼마든지 혼자서도 준비를 다 하는데, 그 애는 쫓아다니면서 잔소리를 하지 않으면 아무 일도 못해요. 할 수만 있었다면 저한테 숨도 대신 쉬어 달라고 했을 거예요. 조금 더 있으면 저는 완전히 소진돼 버릴 것만 같아요. 애한테 하는 말이라곤 '빨리 내려와, 왜 아직도 이를 안 닦았어?, 그림 좀 그만 그려, TV 꺼, 옷 입어, 도대체 내가 몇 번을 말해야 하니?'뿐이에요. 좋지 않은 줄은 알지만, 그 말을 하지 않을 수가 없어요."

수업을 듣던 다른 부모가 키득키득 웃더니 "우리 집 아침이랑 똑같네요!"라고 말했다.

"앤드루도 이런 일을 다 할 줄 알아요. 근데 그저 제 신경을 긁으려고 고집을 부리는 거죠. 게다가 그 애는 심각하게 게을러요. 그런데 왜 아이가 제 할 일을 하기를 기대하면 안 되는 건가요? 일곱 살짜리한테 우주선을 만들라는 것도 아닌데요."

앤드루가 할 일을 제대로 하기 힘들어하고 있고, 집에서 그림을 그리거나 TV를 보고 싶은 상태이며, 내키지 않을 때에는 아침에 일어나서 학교 가기가 좀처럼 쉽지 않다는 점을 인정해 주면서 유대를 형성해 보라고 제안하자, 샐리는 질색을 했다. "그거 아세요? 그건 그냥 '통속 심리학'일 뿐이에요. 결국 내가 원하는 대로 움직이도록 아이를 살살 조종하라는 거잖아요. 그러면 제 통제력과 권위를 아이에게 넘겨주는 셈이라고요."

"새삼스럽게 아이를 믿어 주고 아이의 편에서 이야기를 들어 주려면 참 어색하다는 건 저도 알아요. 자라면서 그런 일을 한 번도 경험해 보지 못한 우리 같은 사람들에겐 완전히 외국어 같죠."

내가 말했다.

"그리고 처음엔 아이들이 무슨 짓을 하든 무조건 봐주라는 말처럼 들리기도 할 테고요."

이후에 함께 과거를 살펴보다 샐리는 자신이 앤드루에 대해 왜 저항감을 느끼는지 설명이 될 만한 이야기를 들려주었다. 그의 어린 시절은 외롭고 암울했다. 그의 부모의 관심은 온통 열여덟 살이나 많은 오빠에게 쏠려 있었다. 그는 매우 아파서 오래 살 수 없는 상황이었기 때문이다. 결국 오빠는 샐리가 열여덟 살 되던 해 세상을 떠났다. 샐리는 어린 시절 내내 물리적으로나 정서적으로나 자신이 직접 가정을 돌봐야 했다. 그것은 좀처럼 견디기 힘든 일이었다. 그래서 그는 자신의 아이에게 또다시 그 일을 해야 하는 상황을 참을 수가 없었다. 이제는 자신이 받을 차례가 되어야 한다고 생각했다. 그는 온몸 구석구석까지 진이 다 빠진 듯한 기분이었다. 이렇게 계속 다른 사람을 챙기다간 아무것도 남지 않을까 두려울 정도였다. 이때까지 샐리는 자신의 필요를 앤드루의 필요보다 훨씬 더 중요하다고 느꼈고, 그래서 그는 아이를 더 돌봐 주라는 제안이라면 일단 거부하려고 했다.

"저한테는 이렇게 해 주는 사람은 한 명도 없었어요. 그런데 왜 제가 아이에게 그렇게 해야 하나요? 어떻게 이렇게 항상 저만 다른 사람을 챙겨야 할 수가 있어요?"

그는 억울하다는 듯 말했다.

샐리의 엄마는 샐리를 있어야 할 곳에만 묶어 두면서, 너의 희망은 그저 헛된 생각이고 야망은 비현실적이라는 메시지를 줬을지도 모른다. 샐리는 텔레비전에 푹 빠져 지내면서 언젠가는 완벽한 가정을 꾸릴 거라는 꿈을 가졌었다. "텔레비전에 나오는 가족 드라마의 모습이랄까요."

그는 이렇게 말했다. 특히 샐리가 "지금은 거의 비슷한 가정을 갖게 되었죠. 그런데 왠지 죄책감이 느껴져요. 저는 그럴 자격이 없는 것 같거든요"라고 덧붙였을 때에는 모든 사람이 놀랐다.

"당신이 앤드루에게 잔소리를 늘어놓고 소리를 지르는 이유는, 자신이 완벽한 가족 드라마의 주인공처럼 되지 못하게 무의식적으로 막기 위해서가 아닐까 싶네요. 그러면 계속 편안한 상태를 유지하면서 당신이 분수에 넘치는 행복을 누리지 못하게 할 수 있으니까요."

나는 깊이 생각하던 것을 꺼냈다.

"재미있는 생각이네요."

샐리가 말했다.

"아무리 그래도 심각하게 아픈 자녀가 있는 집보단 나으니 나름 만족할 수 있었을지도 몰라요."

다음 주에는 샐리가 수업에 와서 외쳤다.

"들려드릴 이야기가 있어요!"

우리는 열렬히 귀를 기울였다.

"지난밤에 앤드루가 소풍을 갔다 저녁 시간에 딱 맞게 집에 돌아왔어요. 아이는 문을 벌컥 열고 들어오더니 '엄마랑 같이 밥 먹기 싫어. 엄마는 내가 좋아하는 음식은 절대 안 해 주잖아. 엄마하고는 말도 하기 싫어. 엄마 싫어 해'라고 목이 터져라 외쳤어요! 그런데 앤드루 없이 오후를 보내서 그랬는지 아이가 고함치는 내용이 너무 엉터리여서 그랬는지는 알 수 없지만, 전혀 화가 나지 않더라고요. 아이에게 전혀 소리를 지르지 않았어요. 그저 '우리는 지금 밥을 먹으려는 참이니까, 우리랑 같이 차분히 밥 먹고 싶지 않거든 저 방에 가서 그림 그리면서 놀고 있어'라고 말했죠. 아이는 흥분해서 '내가 그림을 어떻게 그려. 난 그림 그릴 줄 몰라'라고 대꾸하면서도, 잠시 후에 정말 거실로 갔어요. 저녁을 먹는 내내 저는 뭐라고 말을 해야 할지 계획을 짰지요. 선생님도 자랑스러우실 거예요. 심지어 적어 두기까지 했어요. 저녁을 다 먹고 저는 아이가 있는 테이블로 가서 옆에 앉았어요.

나 : 네 말을 들어 보니 오늘 좀 힘들었던 것 같은데.(샐리는 자신의 기술을 뽐내기라도 하듯 웃었다!)

앤드루 : 맞아. 최악이었어.

나 : 뭐가 그렇게 최악이었어?

앤드루 : 버스 타는 게 너무 시끄러워.

나 : 누구랑 같이 앉았는데?

앤드루 : 계속 혼자 앉았지.

나 : 집에 오는 길에? 아니면 나비 공원으로 가는 길에?

앤드루 : 나비 공원 가는 길에. 나랑 같이 앉고 싶어 하는 친구는 하나도 없어.

아이는 인상을 찌푸리기 시작했다.

나 : 슬픈 일이네. 이리 와서 엄마 무릎 위에 앉을래?

아이는 고개를 끄덕이더니, 내 무릎 위에 올라와 울기 시작했다.

나 : 나랑 같이 앉고 싶어 하는 사람이 없으면 정말 슬프지, 그렇지?

앤드루 : 응, 그런데 그게 다가 아니야. 나비도 나한테 와서 앉지 않았어. 내 친구들한테는 다 앉았는데 나한테는 한 마리도 안 왔어.

우리는 나비가 누구에게 앉았고 그 이유는 무엇일지 계속 이야기를 나누었어요. 그리고 다른 색깔 셔츠를 입고 다시 나비 공원에 가 보자는 계획을 세웠죠. 재밌는 부분은 여기예요. 그 순간 저는 문득 고개를 들었고 건너편 유리문에 비친 우리의 모습을 봤어요. 아이가 버스에 혼자 앉았다고 할 때부터 속이 약간 이상했었는데, 우리 둘이 함께 유리문에 비쳐지고 있는 모습을 보자 갑자기 진짜로 메스꺼워졌어요. 공황 발작이 일어나는 줄 알았다니까요. 현기증이 나서 머리를 손으로 감싸 안았죠. 결국 저는 몸이 안 좋아서 방으로 가야겠으니 일어나 달라고 앤드루에게 말했어요. 현기증이 사라지지 않더라고요. 나중엔 심장 마비가 오는 줄 알았어요. 정말 압도적인 경험이었죠. 이튿날 아침이 되자 현기증은 사라졌지만 아직까지도 완전히 괜찮지는 않아요. 지금까지 겪었던 중 가장 이상한 느낌이었어요."

교실 전체가 넋을 잃고 조용해졌다. 누군가가 "와"라고 중얼거린 것이 전부였다.

"앤드루가 집에 왔을 때 그렇게 속상한 상태였으니 만일 제가 평소처럼 반응했다면 상당히 험악하게 흘러갔겠죠. 그리고 아이가 버스에서 혼자 앉은 일이나 나비에 대해서도 알지 못했을 거예요. 아무래도 그 나비가 제 뱃속으로 간 것 같아요!"

샐리가 수업 동료들에게 몇 가지 긍정적인 논평을 듣는 동안 나는 간단히 생각을 정리했고, 이렇게 말했다.

"제 생각에 당신이 유리문에서 본 모습은 당신이 평생을 간절히 바라던 장면인 것 같아요. 당신은 앤드루를 안고 달래 주고 있는 자신을 본 거죠. 지금까지 누군가가 당신에게 해 주기를 바라던 바로 그 모습을요."

샐리는 나를 빤히 쳐다보더니 솟아오르는 감정을 꾹 누르며 고개를 끄덕였다.

"그 바람을 직접 확인하니 정서적 고통이 너무 막대해서 그것으로부터 당신을 지키기 위해 몸이 신체적 고통으로 반응한 건 아닐까 싶어요. 그런 고통은 조금씩 서서히 받아들이는 편이 나을 테니까요."

'앤드루는 내 신경을 긁으려고 게으름을 부리며, 그것 때문에 내 에너지가 전부 고갈되고 있다'라는 가설로 인해 샐리는 억울함을 느꼈고, 자신이 하라는 일을 하지 않으면 심하게 화를 냈다. 그의 믿음이 '나는 모든 일을 책임져야 하며, 전혀 가치 없는 존재이다'였기 때문에, 이것은 '아이들은 절대 불평하지 않고 할 일을 해야 한다'라는 기준으로 전환되었다. 그럼에도 샐리의 믿음은 여전히 아이가 벌인 일은 전부 자신이 책임져야 한다는 생각으로 이어졌기에, 억울함은 계속 커져만 갔다. 그는 더 이상 다른 사람을 책임지고 싶지 않아서 앤드루 역시 자신의 인생을 가로막는 짐이라고만 생각했다.

우리는 그것이 스스로를 치유하는 길이기도 하다고 말하며, 샐리가 앤드루와 공감하는 연습을 이어갈 수 있도록 한뜻으로 격려했다. 그러는 과정에서 고통을 겪기도 하겠지만, 속으로 곪아서 억울함을 키우기보다는 밖으로 끌어내어 산산이 흩어 버리는 편이 낫지 않은가. 자신에게 절실히 필요하던 사랑을 앤드루에게 줄 수 있다면, 자신의 고통을 만들어 내던 상처(그의 버튼)도 치유할 수 있을 것이다. 그가 앤드루를 이해와 무조건적인 수용으로 안아 줄 수 있을 때, 아이의 반항적 행동을 해결할 수 있을 뿐 아니라 아이에게 주는 마음을 자신에게도 줄 수 있다.

3부

폭발버튼 해제 방법

18장

중립을 위한
아홉 가지 습관

우리가 직면하고 있는 중대한 문제는
그것을 야기했을 때와 같은 수준의 생각으로는 해결할 수 없다.
—알베르트 아인슈타인

지금까지 우리는 당신의 폭발버튼이 왜 눌리는지 알아보았다. 폭발버튼을 만드는 모든 조각과 아이들이 그 버튼을 누르고 싶어 하는 이유도 세세히 살펴보았다. 그리고 다양한 가족의 이야기를 통해 폭발버튼을 누르면 어떤 현상이 일어나는지도 알아보았다. 그러면 이제 당신도 **당신**의 폭발버튼을 제거할 준비를 마친 것이다.

우리가 바라는 바와 달리, 오랫동안 가지고 있던 패턴을 하루아침에 뜯어고쳐 다른 식으로 반응할 수 있게 만들어 줄 마법의 공식은 존재하지 않는다. 하지만 당신과 아이가 소통하며 유대와 협력 관계를 만들고 책임감 있는 행동을 촉진할 수 있게 도와줄 유용한 도구는 충분히 얻을 수 있다.

폭발버튼이 눌릴 때마다 당신은 습관적으로 반응하게 된다. 따라서 마음에 들지 않는 반응을 바꾸기 위해서는 새로운 습관을 만들어야 한다.

중립을 위한 아홉 가지 습관

다음의 습관은 당신이 자신의 폭발버튼을 제거하고 중립적 태도를 갖출 수 있게 도와줄 도구이다. 순서를 꼭 지켜야 할 필요는 없다. 그리고 사람에 따라 습관이 몇 가지 더 필요할 수도 있다.

1. 정확히 인식하라.
2. 심호흡을 하라.
3. 자신의 감정에 이름을 붙여라.
4. 자신의 가설이 무엇인지 확인하라.
5. 개인적 공격으로 받아들이지 말라.
6. 한 발짝 물러서서 상황을 관찰하라.
7. 긍정적인 자기 대화를 활용하라.
8. 자신의 기준과 믿음을 정의하라.
9. 자신의 기준을 조정하라.

옛날 습관으로 돌아가고 싶다는 유혹은 실로 엄청날 것이다. 물론 자신이 인식을 새롭게 바꾸자 자녀의 행동도 거의 즉각적으로 바뀌었다는 부모도 있겠지만, 기본적으로는 충분한 시간과 인내가 필요하다고 생각하고 있어야 한다.

먼저 폭발버튼이 눌리는 사건이 발생한 **후에** 이러한 습관을 되짚어 보는 연습에서부터 시작해 보자. 다음에 다시 폭발하면 그때 가서 쏟아지는 생각이나 감정을 살펴보면 되겠지 하고 생각하지 말라. 나중에 시간을 내어 적어 본 뒤, 어떻게, 왜 자신의 폭발버튼이 눌렸는지 자기 대화를 하고, 다음에는 그것을 감지할 수 있도록 계획을 세워 보자. 새로운 습관을 들이고 나면 결국에는 사건이 벌어지고 있는 **중**에도 다르게 대응할 수 있을 것이다.

1. 정확히 인식하라

그저 자신이 무슨 일을 하고 있는지 아는 것만으로도 큰 발전이다. 효과 없는 양육 방식을 당장 고쳐 준다고 장담할 수는 없지만, 당신을 그렇게 만든 무의식적 메시지를 들여다보는 창을 하나 낼 수는 있다. 또한 메시지가 무엇인지 인식했다고 해서 곧장 그것에서 자유로워질 수는 없지만, 메시지를 바라보는 새로운 관점을 얻으면 그것의 영향력은 확실히 줄일 수 있다.

다음에 폭발버튼이 눌리면 먼저 몸의 상태를 파악하라. 어떤 일이 벌어지고 있는가? 손바닥에 땀이 나기 시작하는가? 명치가 딱딱해지는가? 가슴이 답답한가? 심장 박동이 빨라지는가? 어떤 엄마는 그것이 '그저 불길하고 이상한 느낌'이라고 묘사하기도 했다. 감정이 폭발하면 다양한 신체적 반응도 함께 나타난다. 이를 잘 기억해 두었다가 폭발버튼을 제거하기 위한 단서로 활용해 보자.

인식이란 무엇인가

- 당신의 신체적 · 정신적 상태를 파악하는 것
- 자녀의 반응을 정확히 인지하는 것
- 당신의 관심사가 얼마나 강력한지 주의를 기울이는 것
- 자녀에게도 똑같이 중요한 그들의 관심사가 있다는 사실을 파악하는 것
- 당신의 가설을 확인하는 것
- 당신 자신과 당신의 감정을 책임지는 것
- 행동 밑에 숨겨진 자녀의 감정을 살펴보는 것

---

2. 심호흡을 하라

이렇게 어마어마한 감정을 어떻게 호흡 따위로 조절할 수 있냐며 이 간단하면서도 효과적인 도구를 무시하는 부모들도 상당히 많다. 감정에 휩싸일 때 혹은 자신의 마음을 표출할 때 우리는 숨을 참는 경향이 있다. 그러면 마

치 우리의 몸과 정신 간의 연결이 끊어지는 것만 같다. 그럴 때 그저 깊이 숨을 들이쉬었다 내쉬는 동작만으로도(마음에 집중을 하고 자신의 호흡을 느끼면서 세 번에서 스무 번 사이로 호흡의 횟수를 세어 보라) 마음을 가라앉히고 생각을 가다듬을 수 있다.

호흡에 마음을 집중시키기 위해서는 훈련이 필요하다. 우리는 숨 쉬는 동작을 그저 당연하게 생각한다. 항상 무의식적으로 행해지기 때문이다. 그러나 이를 의식적으로 통제하면 마음을 진정시키는 데 활용할 수 있다. 『일상의 축복 : 주의 깊은 양육을 위한 내적 연습』의 저자 존 카밧진과 밀라 카밧진은 "호흡을 의식하면 또렷한 의식과 분명한 인식이 있는 현재의 순간으로 몸과 마음을 데려올 수 있다"라고 언급한 바 있다. 이 책은 당신이 '인식을 신장'시키고 양육에 보다 주의를 기울일 수 있도록 호흡 테크닉에 대한 광범위한 조언을 제공하고 있다.

다음에 차에서 신호 대기를 하고 있을 때, 자신의 호흡에 집중하면서 들숨과 날숨을 합쳐서 한 번으로 최대 스무 번까지 세어 보자. 세다 보면 어느 샌가 숫자를 놓칠 수도 있다. 잡념이 끼어들어 호흡에 집중하던 정신이 흐트러지기 때문이다. 숫자를 놓쳤다는 것을 발견하면, 처음부터 다시 시작하라. 의식적으로 호흡하는 습관을 들이기 위해 꾸준히 연습하면 마음을 가라앉히기 위한 든든한 전략을 하나 마련할 수 있을 것이다.

3. 자신의 감정에 이름을 붙여라

당신에게 감정이 덮치기 시작하면 그대로 인정하라. 당신에겐 그럴 권리가 있다. 단, 그 감정을 **온전히 받아들여야** 한다. 그리고 그 감정은 아이들이 아니라 당신이 책임져야 한다. 따라서 감정을 무작정 부정하거나, 아이를 비난하고 비판하면서 그들에게 떠넘기지 말라. 또한 당신의 감정을 합리화해야 한다고 생각하지 말고, 그저 있는 그대로 받아들여라. 자기 자신을 탓하지 않는 것도 매우 중요하다. 우리는 대부분 기회만 되면 무슨 핑계를 동원해서든 자신을 호되게 질책한다. '내가 만일 …할 수만 있었다면, 내가 만일 …하지만 않았다면' 등의 생각은 자기를 파괴하는 행위일 뿐만 아니라, 앞으로 자신의 행동을 바꾸는 데에도 전혀 도움이 되지 않는다. 자신에게 친절하고 자신을 존중하라. 당신은 완벽하지 않으며, 완벽할 필요도 없다. 만일 그랬다면 아무도 당신과 살고 싶어 하지 않았을 것이다.

상황이 끝나고 나면, 당신의 감정을 적어 보라.

나는 너무 화가 난다. 소리를 지르며 집에서 뛰쳐나가고 싶다.

나는 폭발하기 직전이다.

갑자기 죄책감이 너무 심하게 느껴진다.

모든 기운이 빨려 나간 것 같다.

모든 것이 가망 없이 느껴진다.

당신이 느낄 수 있는 감정		
슬픔	적대적인	시샘하는
당연하게 여겨지는	반대에 가로막힌	투명인간이 된 듯한
이용당하는 듯한	통제 불능의	도발당한
소진된	격분한	위로받은 듯한
위협당한	짓밟힌	고갈된
방향을 상실한	가망 없는	한심한
기진맥진한	복수심에 가득 찬	버려진 듯한
배신당한	무력함	덫에 빠진 듯한
분노가 폭발하는	억울함	
죄책감	벌을 받고 있는 듯한	

'아이는 나를 괴롭히려고 저러는 것 같다'는 생각이다. 생각과 감정은 밀접하게 붙어 있지만 분명히 구분해야 한다. 대개는 감정을 먼저 파악한 뒤 그 감정을 일으킨 생각(가설)을 찾는 편이 더 쉬울 것이다.

당신의 감정을 아이에게 말하고 싶을 수도 있다. 그렇다면, 반드시 문장을 '나'라는 단어로 시작하라. "너 때문에 내가…"라고 말하고 싶은 유혹에 빠져선 안 된다. 심지어 화가 났다 하더라도 "나는 정말 화가 나. 방금 네가 한 말 때문이야"가 "감히 나한테 그딴 식으로 말하지 마"보다 훨씬 더 책임감 있는 접근이다.

당신이 느끼는 감정에 정당성이나 이유를 찾을 필요는 없지만, 그것을 행동으로 옮기지 않기 위해 노력할 수는 있다. 당신이 의식적으로 감정에 이름을 붙이면, 그것을 객관적으로 의식하면서 즉각적인 반응으로 이어지지 않게 자신을 통제하는 데 도움이 된다. 감정에 따라 즉각적으로 반응한다고 당신이 얻을 수 있는 것도 없거니와 아이에게 가르칠 수 있는 것도 없다는 점을 기억하라.

어렸을 때부터 자신의 감정을 무조건 쌓아 두는 편이 익숙했을 수도 있다. 그럴 때에는 감정에 이름을 붙이고, 충분히 그것을 받아들인 뒤 그에 대해 이야기해 보는 훈련을 하면 도움이 된다.

4. 자신의 가설이 무엇인지 확인하라

감정에 이름을 붙인 후에는 그것에 연결되어 있는 가설을 파악해 보라. 무슨 생각이 들어서 그런 기분을 느끼게 되었을지 자신에게 물어보라. 그것은 빛의 속도로 마음을 가로질러 튀어나오는 자동적 반응이기에 의식조차 할 수 없는 경우가 대부분이다. 따라서 최대한 적어 보자. 당신을 가장 당황시킨 지점이 무엇인지 정확히 이름을 붙여 보자. '나는 내 아이가 싫다.' 너무 수치스러운 나머지 깊이 숨기고 있던 생각을 말해 보라. '아이를 낳는 게 아니었어.' 인정사정없이 솔직해야 한다. 그러면 당신의 가설을 살펴보고 재평가할 수 있는 새로운 기회를 맞이하게 된다. 막상 보고 나면 웃음이 나올지도 모른다!

내가 가설이 무엇인지 물었을 때 한 엄마는 이렇게 대답했다. "그 애는 악마예요!" 그는 얼굴이 빨개져서 긴장한 듯 웃으며 말했다. "하지만 그건 어처구니없는 생각이죠. 진짜 그렇다는 건 아니에요." 자신의 생각을 객관적으로 인식하자 자신의 가설이 그다지 정확하지 않다는 사실을 확인할 수 있게 되었다.

자신의 가설을 확인하고 나면, 한 발짝 더 나아가기 위해 끝에 '왜냐하면…'을 붙여 보자. 그런 뒤 자신과 대화를 해 보자.

'그 애는 악마이다' 왜냐하면… '여동생을 때렸기 때문이다.'

그러면 그 가설을 '그 애는 여동생에게 화가 났다'로 바꾸는 데 도움이 될 것이다. 이 가설은 '그 애는 악마이다'에 비해 분노를 일으킬 가능성이 훨씬 낮다.

그런 뒤 4장에서 다루었던 것과 같이 다음의 질문을 자신에게 던지며 가설의 정확성을 확인하라. 이것이 사실인가? 이것은 합리적인가, 비합리적인가? '그 애는 악마이다'는 비합리적인 생각이다. 그러나 설령 입 밖에 내지 않았다 하더라도, 그 생각이 자신의 감정에 영향을 끼쳤다는 사실을 그 엄마는 곧바로 알아차릴 수 있었을 것이다.

'저 아이는 커서도 정리정돈을 못할 것이다'처럼 당신의 가설 중 맞는 말이라고 느껴지는 부분이 있다면, 당신의 반응으로 돌아가서 다시 한 번 그것을 잘 살펴보라. 그 반응이 마음에 들었는가? 그 반응이 효과가 있었는가? 그렇지 않다면 다시 생각해 보라. 생겨나는 감정은 어쩔 수 없지만, 그 감정은 분명 당신의 가설로 인해 만들어진다. 따라서 설령 당신의 가설이 정확해 보이더라도, 그 가설이 문제를 일으키고 있다는 결론은 변함이 없다. 아직 당신이 살펴보지 않은 다른 관점(보다 생산적인 관점)이 있지는 않은지 자신에게 물어보라. 여전히 "이 가설이 어때서?"라는 생각이 떠나지 않는다면, 다른 사람들의 의견을 들어 보아도 좋다. 당신의 배우자나 친한 친구들도 그렇게 생각하는가? 다른 사람들도 모두 당신에게 동의하지만 당신의 반응은 여전히 효과가 없다면, 양육 전문가에게 도움을 청하는 방법도 생각해 볼 만하다.

가설을 좀 더 정확하게 고쳐 보기 위해 필요한 일들

- 당신의 폭발버튼이 얼마나 심하게 눌렸는가
- 자신의 가설을 어느 정도까지 인식하고 있는가
- 당신과 자녀 간의 역학관계를 바꾸겠다고 얼마나 굳게 결심했는가
- 그 변화를 만들어야 할 책임은 당신에게 있다는 점을 인정하고 있는가
- 자신의 가설을 어느 정도로 믿고 있는가
- 그 가설을 유지하는 일이 얼마나 정당하다고 느끼는가
- 자신의 가설을 포기하는 상황을 얼마나 두려워하고 있는가

가설을 좀 더 현실적이면서도 정확하게 바꿔 보라. '그 아이는 필요한 물건을 찾을 수 없으면 심하게 괴로워한다' 혹은 '여동생은 정말로 아이의 신경을 톡톡히 건드린다'고 생각하면 '저 아이는 정말 버르장머리가 없다'라고 생각할 때에 비해 아이에게 공감하기 훨씬 쉬워진다. 이렇게 생각을 바꾸면, 당신도 자연스럽게 '아이가 그렇게 힘들어할 때 내가 도와줄 수 있는 방법은 무엇일까?'를 궁금해할 수 있게 된다.

폭발버튼이 눌렸을 때 자동적으로 떠올리는 가설을 파악하기까지는 아마도 시간이 좀 걸릴 것이다. 생각을 정리하기 전에 일단 당신의 감정이 가라

앉을 때까지 기다리는 훈련부터 시작해 보라. 아이 **자체가** 문제라기보다는 아이가 문제를 **겪고 있다는** 생각을 계속 염두에 두어야 한다.

5. 개인적 공격으로 받아들이지 말라

당신의 아이가 전등 스위치를 계속 껐다 켰다 하는 이유가 그저 당신을 짜증나게 하기 위해서라고 생각한다면, 그것은 아이의 행동을 개인적 공격으로 받아들인다는 뜻이다. 딸의 불손한 태도는 면전에서 당신을 모욕하기 위한 짓이라고 짐작할 때도 마찬가지이다.

폭발버튼이 눌리는 일은 당신의 관심사, 당신의 부담, 당신의 분노 등 모두 당신과 관련되어 있는 사건이다. 가설을 좀 더 생산적인 것으로 바꾸면 보다 객관적으로 아이의 문제를 바라볼 수 있게 된다. 그러고 나면, 건방진 행동을 보며 아이에게 소리를 지르는 대신(이렇게 해선 예의 바른 행동을 가르칠 수도 없다) 아이가 왜 화가 났는지 헤아려 보거나 당신과 아이가 둘 다 진정될 때까지 잠시 자리를 피하기로 결정할 수 있을 것이다.

그 행동은 당신에 대한 반응이 아니라는 점을 잊지 말아야 한다. 아무리 아이의 분노가 당신을 향하고 있다 해도, 아이가 당신에게 욕을 하거나 나쁜 부모라고 비난을 한다 해도, 그것은 당신에 대한 반응이 아니다. 아이 자신의 감정에 대한 반응이다. 그 감정에 집중하라. 그것이 당신에 대한 분노라고 생각하는 한 아이에게 도움을 줄 수 없다.

당신이 아이의 행동을 자신에 대한 공격으로 받아들이고 있었다는 사실을 발견했다면, 다음의 질문을 던져 보자.

나는 왜 내 자신에게 초점을 맞추는가?
나는 아이가 겪고 있는 문제에 관심을 둘 수 있는가?

이렇게 방어적으로 행동하면서 내가 보호하려고 하는 것이 무엇일까?

왜 나는 내 아이를 간과하고 있는가?

6. 한 발짝 물러서서 상황을 관찰하라

당신의 감정과 가설을 파악할 수 있을 때 문제를 보다 정확히 인식할 수 있다. 그러면 스스로를 관찰할 수 있게 된다. 이렇게 한 발 물러서는 자세는 매우 유용하다. 그동안 문제에 너무 깊이 빠져들어 있었다가 갑자기 물러서면 완전히 포기한다는 뜻으로 여겨질 수도 있다. 하지만 일단 한 발 물러서 보면 오히려 더 나은 관점을 찾는 데 도움이 된다.

물러서는 것은 냉정하거나 무관심해지라는 뜻이 아니다. 정신적·정서적 객관성을 가지고 상황을 분명하고 중립적으로 보라는 의미이다. 물러서야만 다가갈 수 있다. 즉 당신 자신(당신의 걱정, 두려움, 편견)을 제외해야 비로소 문제 자체를 볼 수 있다. 이렇게 유용한 위치를 확보하면 가능할 줄은 꿈에도 몰랐던 창의적인 해결책이 떠오를 것이며, 눈앞에 닥친 그 문제도 당신과 아이 모두에게 소모적이고 진 빠지는 힘겨루기가 아니라 획기적인 배움의 경험으로 삼을 수 있을 것이다.

정신적으로 한 발 물러서기가 영 어렵다면, 물리적으로 상황에서 벗어나는 것도 도움이 된다. 다른 방으로 가거나 밖으로 나가자. 당신이 나간다고 해서 아이가 이긴다는 뜻이 아니다. 당신이 그만큼 자신의 감정을 통제할 수 있는 힘이 생겨서 책임 있게 행동할 수 있었다고 생각해 보자. 감정이 격해져 즉각적으로 아이에게 비난을 퍼붓거나 창피를 주는 것보다는 잠시 나가 있는 편이 훨씬 낫다.

한 아빠는 수업 시간에 자신이 애용하는 주문을 알려 주었다. "물러나, 물러나, 물러나." 그러면 마음이 가라앉을 때까지 자리를 피하기가 좀 더 수월해진다고 한다. 한 엄마는 "먼저 가슴이 답답해지기 시작해요. 그때 바로 자리를 뜨면 괜찮아지더라고요. 다른 방으로 가서 심호흡을 하고 생각을 정리하는 거죠. 그런 뒤 좀 더 중립적인 상태로 아이에게 돌아가요. 그런데 화가정말 머리끝까지 솟을 때까지 버티다가 아이에게 나가 있겠다고 하면, 아이는 '안 돼. 가지 마!'라고 소리 지르며 저를 쫓아와요. 그러면 아이하고 떨어져 있을 수가 없어지죠"라고 설명했다.

당신의 통제력이 흔들리기 시작한 후에 자리를 뜨려고 하면, 특히 아이가이미 비난받았다고 느끼고 있는 상태라면, 아이는 당신이 화가 나서 떠나 버리는 것은 아닌지 절박하게 확인하려고 할 가능성이 높다. 그럴 땐 아이에게차분하게 화장실에 간다고 말한 뒤 자리를 떠라. 그래도 소용이 없다면, 아이와 함께 있되 당신이 그 사건에 대해 차분히 이야기할 수 있을 때까지 완전히 다른 일을 하라.

아이들은 우리가 상황을 통제해 주기를 진심으로 간절히 원한다. 아이들에겐 상황을 책임지고 해결해 줄 부모가 필요하다. 때로는 마치 아이들이 스스로 통제권을 가지길 원하는 듯 **보이기도** 하지만, 그것은 단지 그들이 지금매우 두렵고 혼란스럽기 때문이다. **당신이 한 발 물러설 수 있을 때, 중립성과 존중을 통해 당신이 다시 통제권을 가질 수 있게 된다.**

스스로 한 발 물러서고 있다고 느껴질 때, 자신에게 다음의 중요한 질문을던질 수 있을 것이다.

이 행동은 나에게 무엇을 말하고 있는가?
내가 알아야 하는 것은 무엇인가?
이 아이를 내가 어떻게 도울 수 있을까?

7. 긍정적인 자기 대화를 활용하라

　자신의 감정과 가설을 확인하고 난 뒤에도 여전히 속이 상할 수 있다. 이때 필요한 전략이 바로 자기 대화이다. 이는 자기 자신과 자신이 머릿속으로 생각하는 상황을 분석하기 위한 방법이다. 현재 상황에 대해 스스로와 이야기해 보라. 동시에 심호흡을 하는 것도 좋다! 아래에 서술된 핵심질문을 자신에게 건네 보라. 자신의 감정을 파악한 뒤, 그런 감정을 느껴도 된다고 허락해 줘라. 또한 당신이 파국적으로 생각하느라 지금 이 순간의 현실을 보지 못하고 있다는 점을 상기시켜라. 당신의 반응이 아이에게 어떤 영향을 끼치고 있는지 말해 보라. 아이는 겁에 질렸는가? 화가 났는가? 부모의 말에 귀를 닫아 버렸는가? 그 이유는 무엇인가?

　긍정적인 자기 대화란 당신의 자동적 생각(부정적인 자기 대화)과는 정반대이다. 의식적으로 당신의 생각에 초점을 맞춘 뒤, 자신이 부정적인 방향으로 휘말리고 있는 상태가 포착되면 이를 바로잡는 것이다. 마음이 너무 복잡하면 심호흡을 하며 정신을 호흡에 집중시키자. 그런 뒤 자기 대화를 시작하면

자기 대화

자기 대화를 시작할 때 다음의 질문이 도움이 될 수 있다.
나는 왜 그 가설을 만들었는가?
그 생각은 어디서 나왔는가? 언제부터 그런 생각을 했는가?
어쩌다 이 문제를 개인적 공격으로 받아들이게 되었는가?
아이가 책임져야 할 일을 내가 책임지려 하고 있진 않은가?
아이를 보면 떠오르는 사람이나 사건이 있는가?
내가 만일 이렇게 행동했다면 어떤 일이 생겼을까?
이로 인해 떠오르는 어린 시절의 사건이 있다면 무엇일까?
아이에게 내가 기대하는 바는 무엇일까? 그것은 현실적인가?

좀 더 수월하게 당신의 생각에 초점을 맞출 수 있다.

자기 대화로 모든 문제에 대한 해답을 찾을 수는 없다. 하지만 그 상황에 대해 훨씬 더 정확히 인식할 수 있게 된다. 그리고 그 새로운 인식은 다음에 당신이 보일 반응에 반드시 영향을 끼친다.

자기 대화를 하는 또 하나의 방법은 마음이 안정적일 때 차분히 적어 보는 것이다. 그런 뒤 당신이 걱정되거나 당황했을 때 그것을 꺼내 읽으면 다른 방식으로 생각할 수도 있다는 점을 스스로에게 상기시킬 수 있다. 이 자기 대화에는 실제로 있었던 사실과 아이를 정확하고 현실적으로 관찰한 내용을 바탕으로 아이의 모든 측면을 분석해서 적어 두어야 한다. 당신이 아이와 함께 겪었거나 당신이 목격했던 훈훈한 일화를 곁들이며 아이의 장점에 대한 묘사를 포함하면, 사실 아이도 건강한 인간으로서 충분히 제 몫을 할 수 있다는 사실을 스스로에게 상기시킬 수 있다.

8. 자신의 기준과 믿음을 정의하라

폭발버튼이 눌리던 상황에서 당신이 기대하던 바는 무엇이었는지 자신에게 물어보라. 가령 '나는 아이가 제 시간에 숙제를 마치기를 기대했었다'라고 해 보자. 그 기대를 당신이 가지고 있는 더 많은 기대들을 찾는 데 활용할 수 있는 기준으로 바꾸어 보자. '숙제는 매우 중요하며 이를 틀림없이 완성하기 위해서는 언제나 노는 일보다 우선으로 삼아야 한다.' '항상', '결코', '언제라도' 등의 단어를 사용하면 당신의 기준이 아이에게 얼마나 강력하게 다가갈지 짐작하는 데 도움이 된다. 그리고 합리적인 내용으로 다듬지 말라. 이 상황에서 당신이 아이에게 가장 바라는 바를 솔직히 서술하라. 숙제를 제때 해 두길 바라는 당신의 기대는 흠 잡을 데 없이 적절할 수도 있지만, 당신이 솔직히 적은 단호한 기준을 살펴보면 당신이 일단은 휴식이 필요한 아이에게 자신의 경험을 투사하고 있는 모습을 발견할지도 모른다. 다시 말해, 당신은 과거에 당신이 했어야 하는 방식으로 아이도 숙제를 하길 바라면서, 당신의 기대를 채워 줄 수 있는 나름의 방법을 아이 스스로 찾아볼 기회를 주지 않았다는 사실을 깨달을 수도 있다. 당신의 자녀도 자신의 관심사를 가지고 있으며, 당신의 관심사가 당신에게 중요한 만큼 아이의 관심사도 아이에게 중요하다는 점을 기억하라. 그 순간에 아무리 당신의 관심사가 더 효과적인 대책으로 보인다 해도 상관없다.

그 기준은 당신이 자기 자신을 위해 만든 것이기도 하다는 점을 잊지 말라. 그 기준이 어떻게 만들어졌는지 스스로에게 물어보라. 겉으로 드러났든 아니든 당신이 채우려고 애쓰고 있는 기대도 분명히 존재한다. 당신은 그 기대를 아이에게 물려주고 있는가? 그 기대를 보상하려 하고 있는가? 아니면 그 기대에 저항하고 있는가?

자신의 기준을 확인하면 거기에 조정이 필요하다는 생각이 곧장 찾아올 것이다. 물론 그 기준을 계속 지키면서 아이를 거기에 맞추고 싶을 수도 있다. 만일 그렇다면, 당신이 자신에 대해 가지고 있는 믿음을 더 깊이 파고들어가야 한다. 먼저 아이를 볼 때 당신의 어떤 모습이나 비슷한 상황에서 당신의 부모님이 했을 만한 일이 떠오르진 않는지 생각해 보자. 당신이었다면 결코 당신의 자녀처럼 행동하지 않았을 것이라는 생각이 들 수도 있다. 그 이유는 무엇인가? 만일 그랬다면 무슨 일이 생겼을까? 혹은 부모님이 무슨 말을 했을까? 이때 가설이 **도움**이 될 수 있다. 그때 당신은 자신에 대해 어떤 생각이나 느낌을 가졌을지 추측해 보라.

9. 자신의 기준을 조정하라

기준을 바꾼다고 하면, 납작 엎드려 아이들의 잘못을 눈감아 주고 그들이

하고 싶은 대로 뭐든 할 수 있게 해 주거나 모든 통제권을 아이에게 넘겨야 한다고 생각하며 두려워하는 부모가 많다. 반대편 극단으로 향한다는 두려움 때문에 우리는 이미 잘 알고 있는 방법에 매달리게 된다. 당신의 기준을 조정한다는 것은 중간쯤의 적당한 곳, 즉 당신과 아이가 모두 이해받고 존중받을 수 있는 균형점을 찾는다는 뜻이다. 여기서 성공하려면 무엇보다도 유연성을 발휘해야 한다. 그러면 계속 규칙을 지키고 기대치를 높게 가지면서도, 각 상황의 개별적 필요를 더욱 적절히 채워 갈 수 있을 것이다.

기준을 낮추는 것이 아니라 조정하는 활동의 목표는?

- 아이에게 전달되는 메시지에 필연적으로 담기는 당신의 경직된 마음과 흥분한 목소리를 누그러뜨릴 수 있게 도와서, 아이가 당신의 진심을 들을 수 있게 하는 것
- 당신과 자녀 모두가 자신이 아닌 다른 사람이 되어 살아야 한다는 압박감에서 벗어나는 것
- 당신의 어린 시절에 접했던 기준을 21세기 다른 가정에서 살고 있는 다른 아이에게 투사하지 않는 것
- 당신 자신에게 숨 돌릴 여유를 마련해 주어, 당신이 즐겁게 아이를 키우고 아이도 당신과 즐겁게 지낼 수 있게 하는 것
- 당신이 자녀를 개별적 기대를 적용해야 하는 개별적 필요를 가진 개별적 인간으로 생각할 수 있게 돕는 것
- 당신이 이루지 못한 꿈과 희망을 끝까지 자녀에게 떠맡기며 살지 않게 하는 것
- 당신의 자녀가 자신의 꿈과 희망을 가지게 하는 것

비현실적인 기준을 순순히 받아들이는 아이는 없다. 심지어 겨우 두 돌배기 아이조차 자신의 개인적 권리와 존엄을 지키기 위해 고군분투한다. '나는 되도록이면 아이가 내 말을 잘 들어주길 바란다'는 '아이들은 언제나 어른이

하는 말을 잘 들어야만 한다'에 비해 좀 더 유연한 기준이다.

우리 자신에 대해 비현실적인 기준을 가지고 있으면 정신적으로나 신체적으로 탈진할 수 있다. 그런 기준은 실제와 다른 사람이 되고자 우리가 스스로에게 부과한 압박과 기대에서 나온다. '나는 아이에게 필요한 것을 항상 채워 줘야 한다'라는 기준을 지키기란 불가능하다. '나는 아이에게 필요한 것을 전부 채워 주기란 불가능하다는 사실을 알지만, 그러기 위해 최선을 다할 것이다'라는 기준은 현실적이면서도 솔직하고, 인간에게 꼭 필요한 유연성을 갖추고 있다.

그렇다고 당신이 이미 가지고 있는 수준에 안주하면서 더 나아지길 바라지 말라는 뜻이 **아니다.** 당신이 할 수 있는 일과 없는 일, 될 수 있는 사람과 없는 사람을 현실적으로 판단하라는 **뜻이다.**

폭발 측정기 – 무엇을 할 것인가

폭발버튼이 오래된 상처와 믿음에 단단히 연결되어 있을수록, 당신의 감정이 폭발 측정기의 4단계까지 치솟을 가능성도 높아진다. 그러나 당신이 사태를 정확히 파악함에 따라 바늘도 차츰 내려오게 된다.

버튼이 눌리면 우선 당신이 몇 단계인지 확인한 뒤 다음의 내용을 되뇌어 보자.

1단계 : 축하해! 너는 드디어 싸울 때를 고르는 법을 터득했고, 확실히 지금은 싸울 때가 아니라고 판단했어. 너는 아이에게도 관심사가 있다는 것을 이해했고, 아이의 행동을 개인적 공격으로 받아들이지도 않았어. 그대로 지나가게 내버려 둬. 인생은 짧아!

2단계 : 문제에 집중해. 아이를 탓하지 마. 네 감정은 너의 것이라는 사실을 되새기며 그에 대한 책임을 져야 해. 그리고 한 발 물러나.

3단계 : 자리를 떠나. 심호흡을 해. 자기 대화를 시작해. 2단계로 내려간 다음에 아이에게로 돌아가.

4단계 : 그만! 아주 크게 심호흡을 해. 기다려야 해. 진정되고 나면 어쩌다 이렇게까지 되었는지 살펴봐. 그리고 나중에, 심지어 며칠 후라도, 아이와 함께 상황을 되짚어 보며 어떻게 하면 둘이서 상황을 다르게 풀어갈 수 있었을지 상의해 봐.

• 당신의 폭발버튼을 누른 행동이 무엇인지 파악해 보세요.

  아이가 사람들을 향해 끔찍한 표정을 지어 보였다.

• 그 행동에 대해 당신이 떠올린 가설은 무엇인지 파악해 보세요.

  저 아이는 못되고 무례하며 볼썽사납다. 다른 사람들을 배려할 줄 모른다. 버르장
  머리가 없다. 하지 말라고 해도 듣지 않는다.

• 당신의 자녀와 당신 자신에 관해 떠오른 두려움을 묘사해 보세요.

  저 아이는 절대 친구를 사귀지 못할 것이다. 아무도 저 애를 좋아하지 않을 것이
  다. 나도 아이를 좋아하지 않을 것이다. 나는 아이를 전혀 통제하지 못한다. 내가
  어떻게 키웠기에 저런 아이가 되었을까?

• 이 행동을 보고 떠오르는 사람/사건이 있나요? 그 이유는 무엇인가요?

  나와 내 엄마. 엄마는 항상 나에게 "그 잘난 척 하는 웃음을 내 앞에서 치워라"라
  고 말했다.

• 그로 인해 당신에게 생긴 두려움이 있다면 적어 봅시다.

  내가 계속 아이에게 보기 흉하다고 말하게 될까 두렵다. 그러면 아이는 내가 우리
  엄마를 원망했듯 나를 원망하게 될 것이다. 결국 우리는 서로를 좀비라도 보듯 쳐
  다보게 될 것이다!

• 그 행동으로 인해 위협받은 당신의 양육 기준은 무엇인지 설명해 봅시다.

  아이가 좋은 사람으로 자라서 아이도 잘 지내고 사람들도 아이를 좋아할 수 있게
  만드는 일이 내 임무이다.

• 내가 어렸을 때 이런 식으로 행동했다면 어떻게 되었을지 적어 보세요.

  우리 엄마는 나에게 버르장머리 없는 자식이라고 소리를 질렀을 것이다. 아빠는
  다시는 나를 데리고 외출하지 않겠다고 으름장을 놓았을 것이다.

• 그 일이 일어났을 때 당신 자신에 대해 가지고 있던 믿음은 무엇이었는지 파악해 보세요.

나는 엄마나 아빠가 바라는 사람은 절대 될 수 없을 것이다. 나는 모든 것이 부족하다. 나는 언제나 모든 사람에게 상냥하고 공손해야 한다.

• 이 믿음은 당신이 아이를 키우는 데 어떤 영향을 끼쳤나요?

내가 그렇게 완벽해야 한다면, 내 딸 역시 완벽하기를 기대해야 한다. 그래서 아이가 무례하게 굴면 나는 기겁한다.

• 이 믿음을 발견하면서 당신이 알게 된 점이 있다면 설명해 봅시다.

내 기준이 아주 비현실적인 것을 보니, 아마도 나는 아이에게 너무 엄격했던 것 같다. 내가 그렇게 완벽해야 했다면, 완벽하지 않은 아이를 낳지도 않았을 것이다. 아이가 무례하길 바라지는 않지만, 나도 부모님과 마찬가지로 아이에게 너무 부족하다는 메시지를 보내고 있었을지도 모른다. 그래서 아이가 내게 이렇게 반응하는 것이다.

• 새롭게 조정한 기준을 적어 보세요.

나는 아이가 그저 아이답길 바랄 뿐 완벽하길 바라지 않는다. 아이는 본보기를 통해 배워 갈 것이다.

- 당신의 폭발버튼을 누른 행동이 무엇인지 파악해 보세요.

_____

_____

_____

- 그 행동에 대해 당신이 떠올린 가설은 무엇인지 파악해 보세요.

_____

_____

_____

- 당신의 자녀와 당신 자신에 관해 떠오른 두려움을 묘사해 보세요.

_____

_____

_____

- 이 행동을 보고 떠오르는 사람/사건이 있나요? 그 이유는 무엇인가요?

_____

_____

_____

- 그로 인해 당신에게 생긴 두려움이 있다면 적어 봅시다.

_____

_____

_____

- 그 행동으로 인해 위협받은 당신의 양육 기준은 무엇인지 설명해 봅시다.

_____

_____

_____

• 내가 어렸을 때 이런 식으로 행동했다면 어떻게 되었을지 적어 보세요.

_____

_____

_____

• 그 일이 일어났을 때 당신 자신에 대해 가지고 있던 믿음은 무엇이었는지 파악해 보세요.

_____

_____

_____

• 이 믿음은 당신이 아이를 키우는 데 어떤 영향을 끼쳤나요?

_____

_____

_____

• 이 믿음을 발견하면서 당신이 알게 된 점이 있다면 설명해 봅시다.

_____

_____

_____

• 새롭게 조정한 기준을 적어 보세요.

_____

_____

_____

19장
실패와 좌절도
필요한 과정이다

에스트라공 : "나는 이런 짓을 계속할 수 없네."
블라디미르 : "그것은 자네 생각이지."
─사무엘 베케트, 『고도를 기다리며』

당신의 폭발버튼이 어떻게 만들어졌는지, 그것이 아이를 키우는 데 어떤 영향을 미치는지, 그것을 제거하기 위해서는 어떤 일을 해야 하는지 알게 된 뒤, 오히려 그 어느 때보다 깊은 좌절에 빠질 수도 있다. 당신이 하고 싶다고 해서 바로 할 수 있을 리가 만무하기 때문이다. 전체 과정을 이해하고 나서 한껏 자극받고 고무되었다가도, 계속 예전의 습관으로 되돌아가는 자신을 보며 좌절과 패배감에 시달리게 될지도 모른다. 그럴 땐 마음을 다잡고 이것이 꼭 필요한 과정 중 하나라는 점을 떠올리자.

능력의 4단계

윌리엄 하웰은 '능력의 4단계'를 통해 학습 영역에서 사람이 인식을 길러가는 과정을 설명했다. 이 단계는 무언가를 알기 전의 무지에서 출발하여 새롭게 배운 행동 패턴을 자동적으로 능숙하게 구사하는 상태까지 이어진다.

컴퓨터 사용법을 배우는 과정이 좋은 예시가 될 것이다.

1단계 : 무의식적 무능력. 집에 컴퓨터가 생기기 전에도 얼마든지 잘 살고 있었다.

2단계 : 의식적 무능력. 컴퓨터가 있으면 삶이 더 편해진다는 것을 알면서도 내겐 통하지 않는다. 프로그램을 사용하는 법도 모르겠고, 컴퓨터 용어는 전혀 이해가 되지 않는다. 나는 정말 무능력한 것만 같고 실수도 계속 저지른다.

3단계 : 의식적 능력. 필요한 작업을 컴퓨터로 수행하는 법을 익혔다. 하지만 새로운 프로그램에 도전할 때면 긴장해서 주의를 기울여야 한다.

4단계 : 무의식적 능력. 나는 프로그램을 쉽고 자신 있게 쓸 수 있고, 새로운 것도 금방 배운다. 컴퓨터와 밀접하게 연결되었으며 매우 편하다고 느끼고, 그것을 사용하는 이득도 충분히 얻는다.

이를 자녀양육에 적용해 보면, 능력의 4단계는 이렇게 될 것이다.

1단계 : 무의식적 무능력. 나는 장기적 결과를 전혀 고려하지 않고 그저 자동적으로 반응한다. 나는 매우 지쳤으며 만사가 원망스럽다.

2단계 : 의식적 무능력. 내가 하는 말과 행동의 영향력에 대해 알게 된다. 나는 다르게 행동하는 방법도 배웠지만 막상 투지에 불타는 아이와 얼굴을 마주하면 다 잊어버린다. 나는 죄책감, 분노를 느끼며, 자신이 무능력하다는 생각이 든다.

3단계 : 의식적 능력. 꾸준한 노력과 지원으로, 나는 새로운 기술을 사용하는 데 집중할 수 있게 되었다. 대부분의 경우에 효과가 있다. 희망을 갖게 된다.

4단계 : 무의식적 능력. 거의 매번 효과적인 소통 방식을 자동적으로 활용할 수 있다. 나는 성공적이고 충실한 부모가 된 기분이며, 가족들과 함께 있는 시간이 즐겁다.

당시에 자녀양육의 어떤 영역을 다루게 되는가에 따라 단계를 올라갔다 내려오기를 반복하기도 한다. 우리가 유치원생 아이에게 잠자리에서 동화책을 읽어 줄 때에는 4단계(쉽고, 여유롭고, 밀접한 소통이 가능한)이지만, 10대 자녀에게 제한선을 정해 줄 때에는 자동적 요구와 반응으로 가득 찬 1단계로 내려오기도 한다. 아이의 나이로 내가 몇 단계인지가 결정될 수도 있다. 유아를 대할 때에는 좀 더 효과적으로 행동하다가도 더 큰 아이에게는 참을성이 없어지는 부모도 많고, 그 반대의 경우도 얼마든지 있다.

예전과 다른 방식으로 아이를 키우기 위해 답을 찾는 부모들은 대부분 2단계 근처(의식적 무능력)에서 맴돈다. 여기가 가장 기운 빠지는 단계이다. 어떻게 해야 하는지는 알지만, 좀처럼 실행에 옮길 수는 없기 때문이다. 그러면 어떤 사람은 부모교육 따위 아무 소용없다고 외치면서 자신의 양육도 '충분히 괜찮다고' 합리화하며 도전을 포기하고 예전에 하던 방식으로 되돌아간다. 또 어떤 사람은 고통과 혼란을 견디고 성과를 얻어 낸다. 그러면 그 성과는 정말 어마어마하다!

1단계란 자신이 자동적으로 반응하고 있다는 사실(아이가 그저 철이 없다고 생각하기, 당신의 행동과 감정을 아이 탓으로 돌리기, 아이에게 자신이 원하는 모습을 강요하기)조차 모르는 상태이다. 스스로에게 질문을 던지고 자신이 지금 아이와의 틈을 벌리고 있지는 않은지 점검할 때마다, 당신은 자신의 인식을 2단계로 올리게 된다. 당신 자신과 당신의 행동을 책임지는 법을 배울 때, 그리고 가끔씩이라도 당신의 반응을 인지하고 중단할 수 있을 때, 3단계에 도달한다.

연습을 많이 할수록 1~2단계로 미끄러지는 경우도 줄어든다. 당신의 인식이 발전할수록 새롭고 효과적인 자동적 반응이 당신의 양육에 스며들고 있음을 발견하게 될 것이다. 예전에는 적절히 행동하기가 너무 힘들고 심지어 고통스러웠다면, 이제는 거의 제2의 천성으로 느껴진다. 예전에는 너무 자동적으로 튀어나왔던 말들을 지금을 입 밖에 낼 꿈도 꾸지 않을 때, 비로소 당신은 4단계에 도달한 것이다.

2단계의 좌절 – 의식적 무능력

아직 저런 단계에 도달하지는 않았지만 패턴을 바꾸고 폭발버튼을 제거하기 위해 필요한 모든 것은 배운 상태라면, 아마도 당신은 2단계 언저리에서 오락가락하고 있을 가능성이 높다. 아직도 격한 반응을 보이는 자신에게 화가 나고 죄책감이 들 수도 있지만 그래도 차분히 마음을 가다듬어라. 그것이 정상이다. 포기해선 안 된다.

실패했다고 낙담하거나 좌절하지 않고, 그저 1단계에서 행복하게 지낼 수도 있다. 의식하지 않는 부모들은 자신의 양육을 보며 좌절하지도 않는다. 그들은 그저 자기가 아니라 아이에게서 잘못을 찾을 뿐이다. 속담에도 있듯, 모르는 것이 약이다. 분열과 혼란, 당황과 갈등 없이는 변화를 일으킬 수 없다. 변화할 이유가 없기 때문이다. 그러니 만일 지금 무능함과 좌절을 느낀다면, 이는 사실 당신이 발전하고 있다는 반가운 소식이다!

사람들이 의식을 가지는 정도는 다양하다. 의식이 **있거나 없다**고 생각하기보다는 의식이 더 높거나 낮다고 생각하라. 당신의 의식은 온오프 스위치가 아니라 강약 다이얼이다. 『의식 있는 삶의 기술(The Art of Living Consciously)』의 저자 나다니엘 브랜든은 "의식은 강하게 작용할 수도 있고

약하게 작용할 수도 있다. 그리고 어떤 상황에서는 내가 의식을 가지고 있는지 여부가 문제가 아니다. … 오히려 그 상황에서 효율적으로 행동하기 위해 필요한 만큼의 의식을 동원할 수 있는가의 문제이다"라고 말했다.

자신의 반응에 의문을 느끼고 아이를 다른 방식으로 키우고 싶다고 생각하며, 당신의 생각과 감정을 살펴보고 자신의 행동에 책임을 지기 시작했다면, 아직 실천에 옮기지 못한다 하더라도 당신은 여전히 자신의 의식을 키우고 있는 중이다. 자신이 무능하게 느껴지더라도 그 감정을 낡은 패턴과 습관에 눌러앉는 핑계로 삼기보다는 변화를 향해 한 걸음 더 나아가기 위한 원동력으로 활용해 보자.

실패에서 얻는 이득

『영혼의 돌봄』의 저자 토마스 무어는 우리는 실패에 감사하며 그것을 새롭고 창의적인 빛으로 받아들여야 한다고 주장했다. 그는 실패를 패배의 원인이라고 생각하는 것이 아니라, 실패와 한계를 받아들이면 우리가 '우리의 부족한 점을 꿰뚫어 보면서 거기에 과도하게 동일시하지 않게 만들어 주는 실패의 신비'에 빠져들 수 있게 해 준다고 말했다.

우리 아이들이 넘어지고 또 넘어지지 않았다면 결코 걸음마를 배울 수 없었을 것이라는 사실을 명심하라. 실패를 받아들이지 않는다면, 우리는 다른 사람에 대해서도 거의 관대함을 가지지 못할 것이며, 더 좋은 방법에 대한 비전도 갖지 못했을 것이다. 우리는 마음속에 어두운 부분이 있다는 사실을 달가워하지 않는다. 그래서 그것을 다락방 깊은 곳에 감춰 두고 다른 사람에겐 좀처럼 이야기하지 않는다.

부모교실의 가장 큰 장점 중 하나는 이따금씩 부모들이 난생 처음으로 자신의 어두운 면을 고백하게 된다는 점이다. 다른 사람에게 절대 이야기하고 싶지 않았던 자녀와의 악몽 같은 사건을 한 부모가 어렵게 털어놓으면, 다른 세 명의 부모가 웃으며 "무슨 말씀이신지 알아요. 우리 집도 맨날 그래요"라고 말해 주는 광경은 정말 고무적인 경험이다. 웃음소리만으로도 치유가 된다. 우리가 자신에게 실수나 실패를 허용해 주지 않는다면, 그것이 모두 배움의 일부라는 교훈을 우리 아이들에게는 어떻게 가르칠 수 있겠는가?

실수가 곧 실패일 때

해럴드와 마저리는 자기 머리를 심하게 뽑는 일곱 살 아들 콜먼에 대해 걱정이 많았다. 그 머리카락을 윗입술에 문지르면서 안정감을 찾는 습관이 생긴 모양이었다. 실수를 저지르거나 야단을 맞을 때마다 아이는 머리를 만졌다. 이따금 그는 "난 너무 바보야. 난 정말 왜 이럴까?"라는 말을 덧붙이기도 했다. 해럴드는 아이가 그 습관을 자신에게서 배웠을까 두렵다고 곧바로 고백했다.

해럴드는 '실수는 곧 실패이다'를 좌우명으로 삼고 있을 정도로 실패를 용납하지 못하는 사람이었다. 아이들이 틀림없이 모든 일을 제대로(자기가 바라는 대로) 배울 수 있게 해 줘야 한다는 생각을 자신의 사명으로 삼고 있었다. 어느 날은 콜먼이 차에서 컵 뚜껑만 덜렁 집다 물을 쏟자, 해럴드가 어쩌다 그랬냐고 물었다. 콜먼은 "제가 바보라서요"라고 대답했다. 아들이 낙담하지 않게 해 주고 싶은 마음에 해럴드는 이렇게 말했다. "네가 왜 바보야. 그냥 조심성이 없었던 거지." 해럴드는 반드시 콜먼이 잘못한 점, 컵을 제대로 집는 법, 그리고 물을 쏟으면 차에서 곰팡이 냄새가 난다는 사실을 지적해 줘야 한다고 생각했다. 그는 실수를 했을 때에는 반드시 '교정'을 위한 비판을 받아야 한다고 믿었다. 또한 컵을 제대로 집는 법은 반드시 자신이 면밀하게 가르쳐 줘야 할 뿐, 아이가 스스로 터득할 수 있다고는 생각해 본 적이 없었다. 하지만 콜먼은 실수를 고치는 법을 배우는 대신, 자신은 모자란 사람이라는 생각을 배우게 되었다.

나는 해럴드에게 그가 어렸을 때 물을 쏟았다면 어떻게 되었을지 물었다. "오," 그는 외쳤다. "언젠가 한번 제가 저녁 식탁에서 우유를 쏟았을 때, 저희 엄마는 식탁을 통째로 엎었어요. 모든 것이 날아갔죠." 그래서 거기서 무엇을 배웠는지 물었다. 그는 "다시는 절대 우유를 엎지르지 말라!"라고 답했다.

해럴드는 엄마에게서 실수를 용납하지 않는 태도를 배웠다는 사실을 알지 못했다. 그는 자신의 과거를 현재의 기준과 연결시키지 않았다. 그의 고통은 계속 보호된 채로 있었고, 그래서 실수를 다른 방식으로 대할 수도 있다는 가능성은 전혀 깨닫지 못했다. 그래서 누군가가(자신을 포함하여) 실수를 저지르면 고통이 건드려지면서 비판이 터져 나왔다.

"하지만 제대로 하는 방법이 분명히 있는데 왜 제가 그것을 가르쳐 주면 안 되나요? 그냥 내버려 둬서 물을 쏟아도 상관없는 줄 알게 만들 순 없어요." 그는 주장했다. 하지만 내가 물을 쏟은 것에 대해서는 아무 말하지 않고 콜먼에게 종이 타월로 물을 닦아 달라고 부탁하면서, 잔소리 없이 쏟은 물에만 책임을 지게 하면 어떠냐고 제안하자, 해럴드는 그것도 좋은 생각이라고 인정했다.

차츰 해럴드는 콜먼이 머리카락을 뽑는 버릇도 모든 일을 제대로 해야 한다는 압박감에서 나온 반응이라는 점을 볼 수 있게 되었다. 콜먼은 해럴드보다 훨씬 예민한 기질을 가지고 있어서 비판을 가슴에 담아 두며 자신을 어리석은 사람이라 생각했고, 머리를 뽑는 것으로 스스로에게 벌을 주었던 것이다. 그 후에 자기 처벌의 고통을 달래는 데에도 역시 머리카락을 활용했다.

해럴드는 콜먼이 왜 머리를 뽑는 버릇을 갖게 되었는지 이해하기 시작했고, 더 이상 그것으로 아이를 야단치지 않았다. 그러자 콜먼의 습관이 점점 사라지기 시작했다. 해럴드는 여전히 콜먼이 매사를 제대로 처리하는 법을 배워야 한다고 믿고 있지만, 지금까지 그가 자신과 다른 사람에게 가하던 압력에 대해서도 훨씬 객관적으로 의식할 수 있게 되었다. 지금 그는 의식적 자녀양육의 1단계와 2단계 사이에서 고군분투 중이다.

죄책감의 쓰임새

세상에는 나쁜 죄책감과 좋은 죄책감이 있다. 나쁜 죄책감은 우리를 상황에 가둬 꼼짝도 하지 못하게 만들며, 자기 판단(self-judgement)과 결합하여 계속 포기하고 주저앉을 핑계를 만들어 낸다. '흠, 어차피 난 제대로 하지 못할 텐데 뭐. 내가 누굴 속이겠어?'는 나쁜 죄책감의 목소리이다. 좋은 죄책감은 동기를 부여해 주거나 상황을 뒤흔드는 계기가 될 수 있다. '방금 내가 반응한 방식 때문에 너무 속상해. 내가 왜 그랬을까?'는 좋은 죄책감의 목소리이다. 이를 통해 당신은 변화를 향해 나아갈 수 있다.

아이들의 운동 경기와 음악 발표회를 놓치고 주중에는 얼굴조차 제대로 보지 못해 아이들과 깊은 관계를 맺지 못하는 일벌레 부모들은 죄책감에 대한 반응으로 호화로운 선물을 주며 자녀의 사랑을 사려고 할 수도 있다. 이것은 나쁜 죄책감이다. 하지만 죄책감에 귀를 기울이고 이를 활용하여 우선순위를 다시 점검해 볼 수도 있다. 이것은 좋은 죄책감이다. 그 목소리에 귀를 기울여 보자. 특히 우리가 가치에 맞게 행동하고자 할 때 죄책감은 필수적인 역할을 담당한다. 그것을 무조건 멀리 밀어내고 부정하려 하거나, 죄책감이 생겼다고 자신을 비난하지 말라. 그러면 죄책감만 더 심해질 뿐이다! 혹시 거기에 당신이 참고할 만한 건설적인 내용이 있진 않는가?

나쁜 죄책감 아래에는 원망이 숨어 있는 경우도 많다. 이런 죄책감을 느끼게 만든 원인으로 인식되는 사람이나 사건을 일단 원망할 수 있기 때문이다.

따라서 부모로서 실패했다고 느껴지면, 내가 이렇게 죄책감을 느끼게 '만든' 내 아이에게 원망을 느끼게 될 가능성이 가장 높다.

죄책감을 느끼는 자기 자신을 시도 때도 없이 비판한 나머지, 우리는 죄책감을 느끼는 것에 대해서까지 죄책감을 느끼면서 끝없이 죄책감을 만들어 낸다! 절대로 죄책감을 그냥 내버려 둘 수 없다. 마음속 재판관이 불호령을 내릴 것이다. 우리는 다른 어떤 사람보다 자기 자신에게 가혹하기 때문이다. 안젤레스 에리엔의 조언을 기억하라. 마음속의 악마와 재판관이 우리에게 찾아와 문을 두드리면, 반갑게 맞이하되 곧장 손님방으로 안내하여 온 집안을 망가뜨리지 않게 해야 한다.

아이의 말썽에 대해 자신을 탓할 때도 많다. 죄책감이란 좀처럼 움직이지 않는 감정이기도 하다. '그건 다 내 잘못이야'는 아이가 잘못한 일에 대한 책임을 전부 부모가 짊어지게 만든다. 이런 부모는 배우자, 친구, 학교, 아이의 기질, 아이의 감정적 혼란 등 다른 요인이나 변수는 전부 재빨리 무시한다. 부모 혼자서 책임을 도맡으면, 스스로 졌어야 할 책임에서까지 아이를 완전히 풀어 주게 된다. 그런 자기 비난은 내면적이며 자기중심적이고 수동적이다. '나는 어쩌다 이렇게 실패자가 되었을까? 나도 좋은 부모가 되려고 했었는데. 이렇게 끔찍하게 망쳐 놓았다니 믿을 수가 없다.' 이런 부모는 자신의 해묵은 습관을 바꿔야겠다고 쉽게 결심하지 못한다. 죄책감은 그저 깊어질 뿐이다.

변화를 위해서는 '나는 그럴 만한 가치가 있는 사람이야'라는 믿음이 필요하다.

상황을 되돌아보기

우리는 언제든지 죄책감을 느낀 그 상황으로 돌아가 볼 수 있다. 며칠 전이든 몇 주 전이든 상관없다. 나는 수업을 들으러 온 부모들에게 어린 시절에 특히 상처가 되었던 사건을 떠올려 보라고 청하는 경우도 많다. 그런 뒤 그들의 엄마나 아빠가 오늘날 그들에게 다가와 "내가 …했을 때를 떠올려 보렴. 나도 지금까지 그 일을 절대 잊지 않았다는 점을 알아 주었으면 좋겠다. 당시에는 바로 사과하기가 너무 힘들었어. 하지만 그건 내가 잘못한 일이야. 내가 실수를 했구나, 정말 미안하다"라고 말하는 모습을 상상해 보게 한다. 심지어 그 사건이 30년 전에 있었던 일이라 해도, 사람들의 눈엔 눈물이 맺힌다. 너무 늦은 때란 결단코 없다!

"그런 말을 해서 정말 미안하다. 그것 때문에 네가 속이 정말 많이 상했을 거야. 다시 한 번 이야기하면서 다른 해결책을 찾아보고 싶어" 혹은 "네가 했던 말을 잘 생각해 봤는데 그때 내가 틀렸었다는 결론을 내렸어"라고 말한다면, 당신은 아이에게 중요한 교훈을 가르쳐 주는 셈이다. 우리는 아이들에게 그들이 한 말이나 행동을 다시 한 번 돌아보는 법을 가르치고자 한다. 그리고 아이들이 뭔가 미안할 일을 했을 때 누가 시켜서가 아니라, 진심으로 그게 옳다고 생각해서 사과하는 법을 가르치고자 한다. 그렇다면 우리도 그렇게 행동해야 하지 않겠는가?

아이에게 길러 주고자 하는 태도를 우리가 본보기로 보여 주지 않는다면, 우리는 사실 "내가 하는 행동이 아니라 내가 하는 말을 따라야 해. 나는 내가 틀렸다고 인정하고 싶지 않지만, 너는 네가 틀렸다고 인정해야 해"라고 말하는 것이나 마찬가지이다. 처음부터 당신이 항상 옳기만 하다고 주장하지 않으면, 아이가 어쩔 수 없이 당신을 그 연단에서 끌어내려야 할 때에도 그렇게 심하게 떨어지지 않을 수 있다. 심지어 온전히 착지할 수도 있을 것이다.

당신의 감정에 대해서는 사과할 필요가 없다. 하지만 그 감정으로 인해 당신이 하는 행동은 별개의 문제이다. 당신이 화가 났다면 그 분노에 대해서는 사과할 필요가 없지만, 당신이 그 화에 못 이겨 부적절한 반응을 퍼부었다면 일단 자신의 분노를 충분히 인지한 상태에서 그 반응에 대해서는 사과할 수 있다.

사과는 너무 자주 하지만 **않는다면** 놀라운 효과를 발휘할 수 있다. 만일 당신이 하루 종일 사과를 하고 있다면, 나쁜 죄책감이 당신을 지배하고 있기 때문이다. 그럴 때 당신은 자신의 행동에 책임을 지지 않고 그저 사과를 남발하고 있을 뿐이다. 머지않아 아이는 당신의 말을 흘려듣게 된다. 이는 자신의 죄책감을 아이들을 밀어내기 위한 수단으로 이용한다는 신호이다.

부모들은 잘못을 인정하거나 생각을 바꾸면 자신이 권위를 잃는 건 아닐까 걱정한다. 상당수의 부모들이 원칙이란 반드시 지키면서 끝까지 밀고 나가야 한다고 생각한다. 설령 그것이 홧김에 저지른 실수였다는 사실을 깨달았다 할지라도 말이다. 사회가 뭐라 하든 시어머니가 뭐라 하든 상관하지 않고 당신이 직관적으로 옳다고 느껴지는 일을 했을 때, 당신의 진실함 속에서 진정한 힘과 권위가 드러난다. 당신 자신을 대하듯 아이에게도 솔직하게 대하라. 그러면 진정한 권위를 가지고 아이와 마주할 수 있다. 자신이 내뱉은 말을 진심으로 후회하면서도 끝까지 고집을 꺾지 않으면 결국 솔직하지 못한 허상의 권위를 세우게 될 뿐이다. 그리고 당신의 아이도 반드시 그 사실을 알아차린다.

의심

죄책감은 의심(모든 것에 대한 의심)과 함께 나타난다. 지금 내가 옳은 말과 행동을 하고 있는 걸까? 아이에게 필요한 것이 무엇인지 과연 내가 알 수 있을까? 내게는 지금 무엇이 필요한지 알고 있나? 나는 내 자신을 믿을 수 있을까? 내 아이를 믿을 수 있을까? 얼마나 밀어주고 얼마나 물러나야 하는 걸

엄마 탓하기

내 수업에서는 자신의 부모, 배우자의 부모, 친구, 미디어, 그리고 벗어나려고 발버둥치고 있는 그 방법으로 아이를 키우는 얼굴도 모르는 '다른 부모들' 때문에 무지막지한 압박을 느낀다고 토로하는 부모들이 아주 많다. 이 세상은 너무 과도하게 훈육을 하고 있거나 혹은 너무 적게 하고 있다며 쉴 새 없이 우리를 감시한다. 혹여 아이가 공공장소에서 말썽이라도 부리면 부모는 창피한 정도가 아니라 비난당하는 느낌을 받는다. 우리가 아이에 대해 막중한 책임감을 느끼고 그들의 행동을 통제하기 위해 절박하게 노력한다는 사실은 두말할 나위가 없는데도 말이다. 부모들이 과거의 패턴을 바꾸려고 노력할 때에도 마찬가지로 외부에서 무수한 힘이 나타나 우리를 반대 방향으로 밀어붙인다. 그러면 부모들은 양쪽에서 옴짝달싹 못 하게 끼어 버린 느낌을 받는다.

우리가 '엄마 탓하기'의 세대와 연결되어 있는 한, '그건 다 내 잘못이야'라는 생각은 특히 엄마들을 괴롭히는 커다란 폭발버튼으로 작용한다. 엄마들은 슈퍼마켓에서, 교사 학부모 회의에서, 은행에서 쉴 새 없이 평가의 눈길을 받는다. 그런 눈길과 참견, 조언을 차단하고 무엇이 최선인지는 자신이 알고 있다는 믿음을 가지기란 좀처럼 쉽지 않다. 이런 스트레스 속에서 단단히 버티며 자녀양육의 새로운 철학을 지키기는 참으로 어렵다. 특히 아직 아이가 적절히 행동하지 않는 상태라면 말이다.

성급하고 자기비판이 심한 엄마는 이런 곤경 속에서 분노를 느끼기 쉬우며, 그것을 흔히 아이에게 퍼붓곤 한다. 그럴 땐 잠시 휴식 시간을 가지면서 깊이 심호흡을 하고 내가 모든 사람의 모든 요구를 들어줄 수는 없다는 사실을 되새기는 활동이 반드시 필요하다. 특히 엄마들은 완벽한 기준에 도달하고자 노력한다. 그러면 기준에 못 미치기 너무 쉬울 수밖에 없다.

까? 그 일을 했어야 하나 말았어야 하나?

의식을 갖춘 부모(2단계, 3단계, 4단계)는 의심에 빠질 때가 많다. 이는 단계가 올라가도 마찬가지이다. 우리가 상황을 객관적으로 인식하면서 의식적으로 아이를 기르고자 할수록, 균형을 찾기 위해 애쓰며 계속 줄타기를 하게 된다. 방법을 정하기 전에 시간을 충분히 들여 스스로에게 질문을 던지고, 협상하고, 문제에 대해 토론한다면, 당신이 기꺼이 위험을 감수하고 실수를 저지르면서 사람답게 행동할 수 있다는 의미이다. 의식을 갖추지 못한(1단계) 부모는 모든 것에 확신을 가지고, 좀처럼 질문하지 않으며, 결코 의심하지 않는다.

그러고 나면 걱정이 찾아온다!

이러한 걱정은 마음껏 움직이지 못하게 당신을 가둔다. 너무 걱정을 많이 하면, 우리는 통제에 집착하게 된다. 우리는 걱정으로부터 자신을 보호하기 위해 아이를 과잉보호하며 그들이 자신의 삶을 살지 못하게 붙잡아 둔다. 의심이 찾아오면 한 발 물러나서 일단 걱정으로부터 벗어난 뒤 그 의심이 말하고자 하는 바가 무엇인지 살펴보자. 물론 우리에게 의식이 있는 한 걱정도 반드시 있을 수밖에 없다.

자신이 이미 아이에게 해를 입혔을까 걱정하는 부모도 많다. 그럴 땐 잠시 머리를 식히자. 완벽한 인간은 없다. 당신은 지금까지 가지고 있던 지식과 의식을 바탕으로 할 수 있는 최선을 다해 아이를 키웠다. **이제** 당신은 그것보다도 더 많이 알게 되었다. **이제** 당신은 자신에 대한 정보도 더 많이 갖추게 되었다. 그럼 **이제**부터 변화를 위해 또 한 걸음씩 나아가면 된다. 설령 다른 방식으로 아이를 키우고 싶다는 바람을 진작부터 가지고 있었다 할지라도, 당신이 **이제**야 마음의 준비를 마칠 수 있었던 것이다.

폭발버튼이 눌렸을 때 나타나는 나의 감정에 대해 좀 더 정확히 알고 있었다면, 내가 <u>즉각적으로 반응하지 않게 막을 수 있었을</u> 것이다.
(아이의 동기에 대한 당신의 생각)

내게 생겨나는 감정을 허용해 줘도 된다는 것을 알고 있었다면, 나는 <u>아이에게 화를 냈을 때에도 덜 방어적으로 느꼈을 것이며, 그렇게 분노를 느낄 권리가 있다는 것을 이해했을</u> 것이다.

내가 느끼는 죄책감을 받아들였다면, <u>나는 사탕을 먹으며 기분을 전환하려 하지 않았을 것이다. 만일 내가 받아들일 수 있었다면, 울면서 더 깊은 곳의 감정을 살펴보았을</u> 것이다.

나의 모든 감정을 내가 책임졌다면, 나는 <u>그것이 무엇인지, 최소한 내 자신에게는 말할 수 있었을</u> 것이다.

내가 실수를 해도 된다고 생각하면, 나는 <u>모든 일을 망쳐 놓고 돌이킬 수 없는 피해를 입힐 뿐 아니라 남편이 나를 끝도 없이 비난할까</u> 두려웠다.

내 가설을 바꾸면, 내가 <u>문제를 합리화하면서 상황을 현실적으로 바라보지 않게 될까 봐</u> 두려웠다.

내가 죄책감을 느끼지 않으면, 나는 <u>아무렇게나 끔찍한 것을 하고 사람들이 내가 자식에게 관심이 없다고 생각할까</u> 두려웠다.

나는 아이들이 나를 <u>실수를 저지르기도 하지만 반드시 책임을 지는 사람, 그리고 아늑하고 안전한 피난처로</u> 바라봐 주길 원한다.

다음 질문들 중 하나 혹은 두 가지 모두에 답해 보세요.

A

폭발버튼이 눌렸을 때 나타나는 나의 감정에 대해 좀 더 정확히 알고 있었다면, 내가_____것이다.
_(아이의 동기에 대한 당신의 생각)

내게 생겨나는 감정을 허용해 줘도 된다는 것을 알고 있었다면, 나는_____
_____것이다.

내가 느끼는 죄책감을 받아들였다면,_____
_____것이다.

나의 모든 감정을 내가 책임졌다면, 나는_____
_____할 수 있었을 것이다.

내가 실수를 해도 된다고 생각하면, 나는_____
_____두려웠다.

내 가설을 바꾸면, 내가_____두려웠다.

내가 죄책감을 느끼지 않으면, 나는_____
_____두려웠다.

나는 아이들이 나를_____
_____로 바라봐 주길 원한다.

B

폭발버튼이 눌렸을 때 자신의 감정에 어떻게 대응하는지 설명해 보세요. 반응하기 전에 당신의 감정이 어떤지 알고 있나요? 감정을 쌓아 두거나, 터뜨리거나, 그 감정의 책임을 아이에게 돌리는 성향이 있나요?

당신이 지금 자신의 감정이 무엇인지 이름을 붙이고 그것을 받아들이면서, 그 감정에 책임을 졌다면 상황이 어떻게 달라졌을까요? 그것이 아이를 향한 반응에는 어떤 영향을 끼쳤을까요?

자신이 저지른 실수에는 어떻게 대처하는지 묘사해 보세요. 숨어 버리려고 하나요? 당신이 실수를 했다는 것을 아이들에게도 알려 주나요?

(죄책감이 있다면) 어떤 종류의 죄책감을 느끼는지 설명해 보세요. 좋은 죄책감인가요, 나쁜 죄책감인가요? 나쁜 죄책감을 떨쳐 버리고자 할 때에는 무엇이 두려운가요? 좋은 죄책감이 변화를 촉진할 수 있게 해 주고 있나요?

20장

당신의 분노는
당신이 책임져라

때로는 비명이 논문보다 낫다.
-랠프 월도 에머슨

　분노는 가장 흔히 폭발버튼을 누르곤 하는 감정이다. 폭발 측정기에서 봤듯이 분노는 짜증부터 격노까지 매우 다양한 단계로 솟아오른다. 이것은 인간이 좋아하지 않는 감정이기도 하다. 자신이 분노해도 싫어하고, 분노하는 모습을 보기도, 분노를 다루기도 싫어하며, 자기 아이가 분노하면 더더욱 싫어한다. 우리는 대부분 분노는 장려하기는커녕 받아들일 수 없다고 가르치는 가정에서 자랐다.

　어렸을 때부터 우리의 분노는 허용되지 않거나 부정당한 경우가 많기 때문에, 우리는 이를 나쁜 감정이라고 생각하게 된다. 그래서 우리는 분노가 일어나면 핑계를 만들어 내거나, 다른 사람 탓으로 돌리거나, 억누르는 법을 터득하게 된다. 그래서 우리는 대부분 분노(우리의 분노든 아이의 분노든)에 생산적으로 대처하는 데 필요한 도구를 갖추지 못하고 있다. 게다가 우리가 마음속에 품고 있는 믿음도 분노는 나쁜 감정이라고 말한다. 그래서 분노가 치밀어 오르면, 우리는 어릴 적부터 해 왔던 대로 밖으로 폭발시키거나 안으로 곪게 두는 방식으로 반응한다.

부모님이 일방적으로 지시를 할 뿐 내 입장의 이야기는 전혀 듣지 않아서 늘 내가 물러날 수밖에 없었다면, 내 아이가 좀처럼 물러서지 않고 내 말을 따르지 않을 때 아마 나는 매우 가혹하게 반응할 것이다. 그러다 힘겨루기에 들어가면, 사실 이것은 어린 시절의 나와 아이의 싸움이 된다. 둘 중 아무도 어떻게 책임을 져야 하는지 모른다.

분노는 어떤 역할을 하는가

아이에게 화가 나면 우리는 아이가 그 대가를 치르게 만들고 싶어진다. 처벌(신체적으로나 정신적으로 아이를 곤란하게 하거나, 상처를 주거나, 창피를 주는 모든 일)은 우리를 분노하게 '만든' 행동에 대한 앙갚음이다. 우리는 아이를 방에 가두고 때리고 소리를 지르고 아이에게 주던 혜택을 빼앗는다. 이 모두가 우리의 분노를 진정시키고 아이의 분노를 질책하기 위한 수단이다. 처벌은 아이에게 행동에 대한 책임이나 의무를 가르치는 일과는 아무 관련이 없다. 다만 아이에게 두려움이나 수치심을 주입할 수 있을 뿐이다. 그러면 이따금 아이의 행동이 바뀌면서 부모가 바라던 결과가 나오기도 한다. 하지만 이것은 대부분 아이에게 처벌의 6R, 즉 원망(resentment), 반항(rebellion), 보복(retaliation), 자존감 저하(reduced self-esteem), 억압(repression), 복수(revenge)를 가르칠 뿐이다.

"다섯 살 된 우리 아이가 요청을 했어요." 어느 날 수업 시간에 한 엄마가 웃으며 말을 꺼냈다. "부모교실 가서 자기가 잘못했을 때 방으로 보내는 것 말고 다른 방식을 찾아왔으면 좋겠대요. 방으로 가면 그저 화가 더 심해질 뿐이라 전혀 소용이 없다는 거예요. 그걸로 배우는 것도 하나도 없대요!"

우리는 그 작은 아이의 통찰력에 감탄했다. 엄마의 말에 따르면 아이의 주장은 정확히 이랬다고 한다. "엄마는 내가 뭘 잘못했는지 생각해 보라고 하지만, 실제로 생각나는 건 내가 얼마나 화가 났는지밖에 없어!"

하지만 일단 폭발버튼이 눌리면 창의적인 생각은 엄두도 낼 수 없다. 그저 화가 날 뿐이다. 그러곤 벌을 준다. 그런데 그 벌이 소용이 없으면 더 화가 나고, 아이는 다시 문제를 일으킨다. 그러면 더 엄한 벌을 준다. 이렇게 악순환은 반복된다. 하지만 우리는 아이를 탓하거나 벌주지 않으면, 아이가 잘못을 하고도 '그냥 빠져나가게' 될까 두려워한다.

당신의 분노를 받아들이기

중립적이기 위해, 문제 상황에 집중하기 위해, 그리고 비난을 멈추기 위해, 반드시 분노가 없어야 한다고 생각할 필요는 없다. **우리는 분노할 권리가 있으며, 마찬가지로 아이들도 분노할 권리가 있다.** 우리는 자신의 감정을 존중해야 하는 동시에, 그것에 책임을 져야 한다. 즉 그것을 온전히 받아들여야 한다. 이는 우리가 아이에게 말하는 방식에 주의를 기울이는 노력에서부터 시작해 볼 수 있다.

1. "넌 정말 버르장머리가 없어. 지금 이 난장판을 좀 보렴. 내가 몇 번을 얘기해야 하니? 나는 네 쓰레기 치워 주는 사람이 아니야. 부엌 싹 치우기 전까지는 집 밖에 못 나갈 줄 알아."

2. "부엌에 이렇게 음식이 널려 있는 걸 보니 나는 너무 화가 나. 이 난장판을 내가 치울 순 없어. 네가 지금 바로 치워 줬으면 좋겠어. 다 치우고 나면 바로 친구네 놀러가도 좋아."

두 분노의 표현 중 아이에게 무책임하게 던져지는 말은 어느 쪽인가? 책임 있게 전해지는 말은 무엇인가? 틈을 벌리는 말은 무엇인가? 명확하게 메시지를 전달하는 쪽은 무엇인가? 아이에게 수치심을 남기는 쪽은 무엇인가? 아이에게 책임감을 느끼게 해 주는 말은 무엇인가? 어느 쪽 아이가 요청을 받아들이고 어느 쪽 아이가 부모 말을 흘려듣게 될까?

분노에 차서 말을 한다 해도, 그 분노를 제대로 인정하고 있다면 아이도 메시지를 들을 수 있다. 1번 시나리오에서 아빠는 "내가 몇 번을 얘기**해야 하니?**"라고 하면서 사실 분노에 즉각적으로 반응하여 아이를 비난하고 있다. 2번의 반응은 분노가 표현되었다 하더라도 솔직하고 책임감 있다. 아이는 분명 아빠가 화가 났다는 사실을 알아차릴 것이다. 그래서 부엌을 어지럽힌 행동에 대해 죄책감을 느낄 수 있지만(좋은 죄책감), 아빠를 화나게 만들었다는 죄책감을 느낄 필요는 없다(나쁜 죄책감). 그만큼 아이가 문제에 책임을 져야 한다는 요청을 받아들이기도 쉬워진다.

줄리가 수업에 와서 이렇게 말했다. "지금 저희 집은 공사를 하고 있어요. 매일 난장판 속에서 사는 날이 몇 주가 넘어가자 넋이 나갈 것 같더라고요. 안 그래도 그날은 일진이 사나웠는데 집에 들어갔더니 늘 그랬듯 석고가루가 온 집을 뒤덮고 있는 거예요. 그 난장판 속에 여덟 살 된 아들 캐머런의 레고까지 사방에 흩어져 있더라고요. 거기서 제가 폭발해 버렸죠. 이성을 잃었어요. 저는 위층으로 달려가서 캐머런에게 소리를 질렀어요. '난 내 방으로 갈 거야. 너 엄마 찾지 마. 그리고 내가 다시 나왔을 때에는 저 레고가 제자리에 들어가 있어야 돼. 이놈의 집구석을 더 이상 참을 수가 없어!' 몇 분이 지나자, 조용히 내 방문을 두드리는 소리가 들렸어요. 제가 들어오라고 했죠. 아이가 조심스레 문을 열더니 머리를 빼꼼히 내밀었어요. 그러곤 아주 조용히 '그냥 엄마가 어떤 기분일지 나도 이해한다고 말해 주고 싶어서. 만일 나랑 얘기하고 싶으면 아래층으로 와'라고 말했죠. 정말 대단하지 않나요!"

줄리는 캐머런이 한정 없이 떼를 쓸 때 어떤 감정을 느끼는지 아주 오랫동안 살펴 왔다. 드디어 그 보람이 나타났다. 이제는 줄리 자신도 캐머런을 탓하지 않으면서 자신의 '떼'를 제대로 받아들일 수 있게 되었다. 아이는 그가 얼마나 화가 났는지 볼 수 있었지만, 자신이 풀어 줘야 한다는 책임을 느끼지는 않았다. 그가 아이에게 레고를 치우라고 하자, 아이는 반발하지 않고 레고를 치웠다. 줄리의 분노는 격렬했고 아이도 그것을 알았지만, 거기에 책임을 느끼거나 그로 인해 공격받는다고 생각하기보다는, 자유롭게 그 감정에 공감하면서 협조할 수 있었다.

'너 때문에 너무 화가 나'는 우리가 자신의 분노를 얼마나 철저히 다른 사람 탓으로 돌리는지를 잘 보여 주는 표현이다. 우리는 저 말을 무수히 들었고, 다른 사람에게 그대로 하고 있다. 이제는 이 악순환을 멈추고 "…할 때 나는 너무 화가 나"라고 정확히 밝혀야 한다. 그러면 말의 의미도, 그에 따른 책임 소재도 극적으로 바뀐다.

우리의 분노는 우리가 만든 감정이다. 화를 내는 것 자체는 괜찮다. 하지만 우리가 그것을 받아들이고 책임져야 한다.

아이에게 당신을 책임지라고 하지 말라

셰릴이 열심히 일해서 사 준 옷을 여섯 살짜리 딸 니콜이 못마땅해할 때마다, 셰릴은 아이의 목을 졸라 버리고 싶었다. 니콜은 그 옷이 너무 풍성하거나 바보 같다고 불평했다. 셰릴의 반박은 이런 식이었다. "너한테 이런 옷 사 줄 돈을 벌려고 내가 얼마나 오랫동안 일했는지 알아? 넌 네가 얼마나 운이 좋은지 모르지? 어떻게 이걸 싫다고 말할 수가 있어?" 그러면 니콜은 대들었고 결국 힘겨루기에 빠져들 수밖에 없었다. 셰릴의 반응은 "내가 입으라면 입어"에서부터 "좋아, 너 입고 싶은 대로 입어. 난 신경 끌 테니까"까지 다양했지만, 어떤 것이든 니콜을 비난의 웅덩이에 빠뜨리는 말이었다.

셰릴은 매우 가난한 가정에서 자랐다. 아이들이 입을 옷도 많지 않았지만, 그나마도 다 물려받은 것이었다. 셰릴은 10대가 되어 자기 돈으로 옷을 사기 전까지 새 옷을 입어 본 적이 없었다. 기발한 재주로 셰릴은 그 암울한 과거에서 빠져나왔지만, 여전히 그 기억을 감추기 위해 아등바등하고 있었다. 그의 딸에게 예쁜 옷을 잔뜩 사 주는 일이 대표적인 노력 중 하나였다. 그는 딸이 왜 그런 풍족함에 감사하지 않는지 이해할 수가 없었다.

"당신이 그렇게 화를 내면서 니콜에게 당신의 수치심을 책임지게 하고 있는 부분이 보이시나요?" 내가 물었다. 셰릴은 곧바로 알아들었다.

『영혼의 자리(Seat of the Soul)』의 저자 게리 주커브는 이를 정확히 설명했다. "당신이 자신이 겪어 온 일에 책임을 지지 않으면 결국 다른 사람에게 책임을 넘기게 된다. 게다가 당신의 경험에 만족하지 못하는 상태라면, 그 사람을 조종하여 변화를 만들어 보려고 할 것이다." 우리 삶의 역경을 아이들의 짐으로 떠맡겨선 안 된다. 아이들이 그 물살에 휩쓸려 언제 파도가 갑자기 잔잔해질지 아니면 거칠어질지 계속 노심초사하고, 엄마 아빠가 잔잔해지려면 자기들이 착하게 굴어야 한다고 생각하게 만들어선 안 된다. 아이들이 우리가 문을 열고 들어올 때 무슨 일이 벌어질지 짐작할 수가 없어서 우리의 눈치를 살피게 만들어선 안 된다.

'너 때문에 두통이 도져. 내가 너 쫓아다니게 만들지 마. 사람들이 뭐라고 생각하겠니? 할머니 앞에선 얌전히 있어. 너 때문에 이제부터 내가 어떻게 하는지 잘 봐! 너 때문에 내가 일찍 죽고 싶다.' 이것이 전부 어른들의 안녕을 아이에게 책임지게 만드는 발언이다. 당신의 부모가 자신의 감정을 당신이 책임지길 바랐다면, 이제는 당신이 당신 아이에게 똑같은 기대를 가지는 상황도 충분히 생길 만하다.

책임을 지면 바람직한 경계선이 생긴다

우리가 자신의 감정에 책임을 지면 아이들도 자신의 감정에 책임을 져야 한다는 원칙을 더 잘 이해할 수 있다. 아이가 자신의 감정과 행동을 스스로 책임지게 하면 우리는 좀 더 거리를 두고 중립적인 태도를 취할 수 있다. 이 위치에 서면 우리도 아이들과 싸우면서 그들의 문제와 감정을 억지로 뜯어고치려고 하는 것이 아니라, 그들을 지지하고 격려할 수 있다. 건강한 경계선이 생기면 아이들이 스스로 자신이 할 수 있는 일을 생각해 볼 수도 있고, 아이에게 스스로 책임지는 법을 가르쳐 줄 수도 있다.

제인은 지금은 네 살이 된 아들 마이클이 태어났을 때부터 쭉 부모교실에 다녔다. 그는 매우 예민하면서도 고집 센 성격에 쉴 새 없이 화를 내고 그것을 반드시 비명(크고 길고 잦은 비명)을 질러 표현하는 아이와 함께 시끌벅적한 4년을 보냈다. 제인은 아이를 향해 솟구치는 분노를 통제하려고 안간힘을 썼지만, 아이가 화를 낼 때면 자신이 얻어맞거나 벌을 받고 있다는 기분이 들었다. 그는 아이가 해 달라는 일도 너무 많고, 화를 달래 주기 위해 너무 오랫동안 시달려야 하는 처지도 원망스러웠다. 하지만 자신의 폭발버튼을 제거하기 위해 열심히 노력한 뒤, 그는 아이가 화를 내는 원인은 자신이 아니며, 따라서 그것은 자기가 책임질 일도 아니라는 사실을 이해할 수 있게 되었다. "어깨에 있던 무거운 짐을 내려놓은 것 같았어요." 그는 말했다. 그는 수업 시간에 아무리 순한 사람이라도 분노를 터뜨릴 만한 이야기를 들려주었다.

어느 날 아침, 마이클이 식탁에서 아침을 기다리고 있었다. 제인은 마이클이 토스트를 자를 때 아주 까다롭다는 점을 잘 알고 있기에 아이에게 직접 잘라 보겠냐고 물었지만, 아이는 그냥 엄마가 잘라 달라고 말했다. 제인이 토스트를 잘라서 접시에 담고 아이 앞에 놓아 주었다. 갑자기 마이클은 접시가 자기에게서 너무 멀다고 소리를 질렀다. "토스트를 집으려면 내가 이렇게 구부려야 하잖아!" 예전에는 아이의 날카로운 칭얼거림을 들으면 도저히 참을 수가 없어 제인도 아이에게 소리를 질렀고, 그러고 나선 결국 씩씩거리며 아이가 해 달라는 대로 해 주거나 아이를 무시해서 다시 떼를 쓰게 만들곤 했다. 하지만 이제 그는 아이의 기질을 잘 이해하고 있었고, 그것은 자신이 아닌 아이의 문제라는 점도 알고 있었다.

차분하게 그는 말했다. "어, 접시가 너무 멀었니?"(아이를 인정해 주었다) "그럼 좀 더 가까이 오게 접시를 당겨 보렴."(아이에게 자기 문제에 대한 권리를 넘겨주었다)

"싫어, 손이 안 닿는단 말이야. 엄마가 해 줘야지." 마이클이 더욱 신경질적으로 말했다.

마이클이 얼마나 금방 돌이킬 수 없는 상태에 이르는지 잘 알고 있는 제인은 이렇게 말했다. "좋아, 하지만 엄마는 이거 먼저 정리해야 해. 잠깐 기다려." 아이가 저렇게 도와달라고 조르는 이유는 사실 통제권을 되찾기 위해서라는 사실을 알고 있었지만, 제인은 자신에게도 사정이 있다는 점을 알려 주었다. 그러자 아이는 기꺼이 기다렸다. 곧 제인이 접시를 가까이 밀어 주었지만, 아이는 여전히 못마땅했다.

"방향이 이상하잖아!" 그는 소리를 질렀다. 그건 정말 누구라도 화를 터뜨릴 만한 상황이었다. 제인도 소리를 지르기 일보 직전이었고, "좋아, 방향이 어떻게 될지 보여 줄게"라며 토스트를 쓰레기통에 던져 버리고 싶었다. 하지만 제인은 한 발 물러섰다. "토스트가 딱 어떻게 놓였으면 좋겠는지 머릿속에 그림이 있었구나." 그는 공감하는 말투로 마이클의 고집이 아닌 문제 상황에 초점을 맞췄다. "나는 그 그림이 뭔지 몰라. 그래서 내가 접시를 다르게 놓으면 네가 속이 상하는 거야. 그러니까 네가 바라는 대로 직접 접시를 돌려 보는 게 좋을 것 같아."

제인은 아이가 자신이 왜 화가 나는지 이해할 수 있도록(네 살배기는 그걸

모를 때가 많다) 무슨 일이 일어났는지 설명해 주었고, 아이의 감정을 인정해 주면서 아이를 안심시켰으며, 자신의 문제에 대한 책임도 가르쳐 주었다. 제인은 능수능란하게 아이에게 무슨 일이 일어났는지 파악할 수 있었다. 아이의 버릇없고 제멋대로인 행동을 보며 속수무책으로 싸움에 휘말리는 대신, 아이의 관점을 이해하면서 그것을 인정해 주었기 때문이다.

마이클은 곧바로 진정했다. 경직되었던 아이의 몸에서 긴장과 스트레스가 빠져나가는 것이 눈에 보이는 듯했다. 그리고 그는 "아" 하고 중얼거리더니, 자기가 바라는 방향으로 접시를 돌렸다.

제인은 마이클의 분노를 부정하거나 금지하지 않고 아이에게 분노할 권리를 인정해 주면서, 아이가 자신의 문제를 스스로 해결할 수 있는 힘을 불어넣어 주었다. 그는 마음을 추스를 수 있었고, 제인은 아이가 해 달라는 일을 잠자코 해 주기보다는 아이에게 진정으로 필요한 부분을 채워 주면서 아이가 마음을 가라앉힐 수 있게 도와주었다. 그래서 제인은 인내심, 에너지, 통제력을 빼앗겼다고 느끼지 않고, 마이클과 자기 자신을 위해 옳은 일을 했다는 확신과 기쁨을 느끼며 오히려 기운을 얻었다.

제인과 마이클 사이에 경계선이 생기자, 그들은 있는 그대로의 자신이 될 수 있었다. 제인은 이렇게 말했다. "이제 뭔지 알 것 같아요. 그것은 제가 그을 수 있는 선 같은 거예요. 아이는 저쪽에서 자신의 문제를 가지고 있고, 저는 이쪽에서 제 문제를 가지고 있죠. 그는 그의 세계, 그의 풍선 속에서 자신의 작은 위기를 겪고 있어요. 하지만 그건 저하고는 상관이 없죠. 이제는 아이의 방식에 맞게 아이와 관계를 맺을 수 있어요."

분노가 변화를 바라는 신호일 때

억눌린 분노(우울증, 질병, 불안 등으로 나타나기도 한다)를 대면하는 일은 두

찻주전자 이론

물이 담긴 찻주전자의 뚜껑을 덮고 불에 올리면, 물이 끓으면서 증기의 힘이 '뚜껑이 날려' 버릴 것이고 물도 다 넘칠 것이다. 하지만 뚜껑에 구멍이 있으면 증기가 적당히 빠져나갈 수 있다. 분노를 비롯하여 모든 종류의 감정이 바로 이 증기와 같다. 빠져나갈 곳이 없으면 그것은 언젠가 '뚜껑을 날려' 버리거나 격한 분노로 끓어 넘치게 된다. 하지만 빠져나갈 곳이 있으면 적당히 평정심을 유지할 수 있다.

렵고 불편하다. 우리는 몸을 통해 물리적으로 불안을 겪는다. 심장 박동이 빨라지고, 목소리가 떨리며, 눈물을 흘리거나, 수치심을 느끼기도 한다. 이것은 전혀 달갑지 않은 일이다.

그 불편함을 피하기 위해 우리는 분노를 무조건 덮어 버린다. 게다가 사람들도 다들 분노를 드러내선 안 된다고 말하지 않는가. 그러니 마치 남을 위해 봉사라도 하는 것만 같다. 하지만 분노는 비아냥, 비판, 원망, 죄책감, 심지어 만성적 지각 같은 수동공격적인 행동 등의 형태로 어떻게든 스며 나오게 되어 있다. 그러다 생각지도 못한 순간에 폭발한다. 그럴 때 우리는 전혀 손을 쓰지 못한다. "어쩔 수가 없었어요. 저를 주체할 수가 없더라고요." 아이에게 악을 쓰고 난 뒤 죄책감을 느끼는 부모들은 이렇게 한탄하곤 한다.

하지만 자신의 분노를 정확히 인식하고, 이를 지금 꼭 필요한 변화의 계기로 받아들인다면 어떨까? 당신이 직접 그 변화를 만들지 않아도 된다. 그저 분노에게 맡겨라. 그러면 막대한 분노가 걷잡을 수 없이 쏟아져 나올까 두려워하는 사람도 많다. 한 번에 조금씩 드러내자. 단, 반드시 그것을 인정하고 책임져야 한다.

열어 두기 : 3단계 – 의식적 능력

감정에 다가가는 능력이 신장되면 의식과 창의성도 높아진다. 자신의 생

356

각과 감정에 책임을 지면 당신의 관점도 달라져, 어느 정도 거리를 확보할 수 있게 된다. 그러면 당신은 자신의 '정서적 지성'을 충분히 파악한 상태에 도달했기 때문에, 그때그때 정확히 어떤 말이나 도구를 활용하는지는 크게 중요하지 않다. 3단계에 이르면 우리는 자신의 분노를 더 이상 다른 사람의 탓으로 돌리지 않는다. 그렇게 한 발 물러나면(때로는 그제야 처음으로) 해결책을 발견할 수 있다.

내가 딸 몰리와 마음을 터놓을 수 있게 된 뒤, 아이의 행동에 대한 나의 관점이 바뀌고 아침마다 아이가 얼마나 힘들었을지가 비로소 눈에 들어오기 시작하자, 마치 내 마음의 다락방이 전부 말끔해진 듯한 기분이었다. 이제는 더 이상 내 마음이 분노와 두려움, 조급함으로 어지럽지 않았다.

나는 집에 있던 작은 장식용 항아리를 두 개 발견해서 몰리에게 어떤 것이 더 마음에 드는지 물었다. 아이는 둘 다 너무 좋아했지만 어쨌든 하나를 골랐다. 나는 그것을 세면대 위 선반에 올려 둔 뒤 두 항아리 사이에 동전을 잔뜩 쌓아 두었다. 매일 아침, 우리가 욕실에서 같이 옷을 입을 때 먼저 옷을 다 입은 사람이 자기 항아리에 동전을 하나 넣는 게임이었다. 둘이 꼭 경쟁을 한다기보다는 그냥 작은 상금을 받는 느낌이었다. 몰리는 항아리 뚜껑을 열고 동전을 떨어뜨리고 뚜껑을 다시 닫는 과정 전체를 정말 좋아했다. 동전 더미가 다 사라지면 우리는 항아리를 비워서 누가 이겼는지 동전을 세어 본 뒤, 처음부터 다시 시작했다. 물론 몰리가 좀처럼 정신을 못 차려서 동전이고 뭐고 신경도 쓰지 않는 아침도 있었다. 하지만 오늘은 아이에게 평소보다 관심이 조금 더 필요한 날이라는 점을 내가 얼마든지 이해할 수 있었기 때문에, 전혀 화를 내지 않고도 옷 입는 일을 도와줄 수 있었다. 이제는 더 이상 그것이 내 문제라고 느껴지지 않았다.

아이가 나에게 *버릇없고 무례하게 말할 때*, *내가 아이에게 적절한 예의를 가르*
(폭발버튼을 누르는 행동)
치지 못한 것일까 두렵기 때문에 나는 화가 난다.

화가 나면 나는 *입을 닫고 속으로 화를 내며 자리를 뜨는 행동*으로 반응한다.

나는 *엄마가 심하게 화가 나면 항상 조용해졌기* 때문에 내가 그 점에 분노한
(과거에 내게 있었던 일)
나머지 이런 식으로 반응하게 되었다고 생각한다. *엄마는 항상 화를 혼자 쌓아*
두고 있었지만, 나는 그것을 알고 있었다.

나는 내 분노의 책임을 *내 딸*에게 넘겼다. 왜냐하면 *아이가 내게 공손하게 말*
했다면 내가 이렇게 화가 나지도 않았을 것이기 때문이다.

내가 분노에 책임을 진다면, 나는 *아이와 정면으로 맞붙어야* 할 것이다.

나는 *조용히 입을 다물고 그 문제를 피하*면서 책임을 회피했다.

그 상황에서 내가 내 분노를 받아들였다면, 나는 *지금 네 말투가 마음에 안*
*들어. 하고 싶은 말을 다른 말투로 다시 말해 줬으면 좋겠어*라고 말했을 것이다.

그렇게 하면 아이가 *빈정거리거나 나를 무시하는* 행동으로 반응할까 봐 두렵
다.

나는 *내 자신을 탓하고 아이에게 내 기분을 말하지 않으며, 아이가 자신의 행동을*
책임지지 않아도 되게 해 주면서 결국 아이의 기분을 내가 대신 책임진다.

아이에게 책임을 넘겨주면, 나는 *아이가 내게 화를 내며 나와 말도 하지 않을까*
두렵다.

하지만 그렇게 하면 나는 아이에게 *자신의 말과 말투에 좀 더 주의를 기울여야*
*한다는 점*을 가르칠 수 있을 것이다.

나의 분노를 받아들이기

다음 질문들 중 하나 혹은 두 가지 모두에 답해 보세요.

A

아이가_____할 때,
　　　　　(폭발버튼을 누르는 행동)

_____일까 두렵기 때문에 나는 화가 난다.

화가 나면 나는_____으로 반응한다.

나는_____때문에
　　　　　(과거에 내게 있었던 일)

내가 그 점에 분노한 나머지 이런 식으로 반응하게 되었다고 생각한다.

나는 내 분노의 책임을_____에게 넘겼다. 왜냐하면

_____때문이다.

내가 분노에 책임을 진다면, 나는_____해야 할 것이다.

나는_____면서 책임을 회피했다.

그 상황에서 내가 내 분노를 받아들였다면, 나는_____

_____라고 말했을 것이다.

그렇게 하면 아이가_____행동으로 반응할까 봐 두렵다.

나는_____해 주면서

결국 아이의 기분을 내가 대신 책임진다.

아이에게 책임을 넘겨주면, 나는_____될까 두렵다.

하지만 그렇게 하면 나는 아이에게_____

_____을 가르칠 수 있을 것이다.

B

당신의 분노가 자녀의 감정에 어떤 식으로 방해가 되는지 설명해 보세요.

아이를 탓할 때 당신은 어떤 감정(긍정적인 그리고 부정적인)을 느끼는지 묘사해 보세요. 죄책감이 드나요? 잘못을 모면한 기분이 드나요?

자신의 분노에 스스로 책임을 지고 더 이상 아이를 탓하지 않는다면, 당신은 어떤 말을 하게 될까요?

그러면 아이의 반응은 어떻게 달라질까요?

21장
자신을 믿고
우리 아이를 믿자

어른들은 혼자서 아무것도 이해하지 못한다. 언제나 모든 것을
일일이 설명해 주어야 하니 어린 나에게는 여간 벅찬 일이 아니다.
—생텍쥐페리, 『어린 왕자』

아이의 성격을 만들어 내고, 아이의 문제를 해결하고, 그들의 고통을 책임
지는 일이 무조건 우리에게 달린 문제가 아니라는 사실을 알게 되면 자녀양
육도 훨씬 수월해진다. **아이들이 우리 자신의 연장선상에 놓인 것이 아니라
는 사실을 깨달으면 그들의 개별성을 믿을 수 있게 된다.** 그리고 때로는 아
이들에게 두려움을 안겨 주곤 하는 그들의 신비와 미스터리도 모두 건강하고
적절한 현상으로 받아들이게 된다. 이런 믿음이 있으면, 아이들이 우리에게
배우는 만큼이나 우리도 아이들에게서 많은 교훈을 배울 수 있다.

우리 아이들은 폭발버튼을 누르는 행동을 통해 우리가 깊이 묻어 두고 있
던 문제를 드러낸다. 그러면 우리는 그것을 직시하거나 아니면 피해야 한다.
만일 문제를 직시하면, 치유가 일어날 수 있다. 그들의 행동은 자신의 필요
가 무엇인지 알리기 위해 보내는 신호인 동시에, 우리가 그 필요를 채워 줄
수 있는 유일한 방법은 아마도 먼저 우리의 필요를 돌보는 것이라는 사실을
(때로는 꽤 과격하게) 지적하는 표현이기도 하다.

우리가 부모에게서 가장 간절히 바라던 모습은 우리가 아이에게 가장 해

주기 힘들어하는 부분이기도 하다. 심지어 우리가 받지 못했던 부분을 아이에게 과잉보상하는 반응을 보이고 있다 할지라도 말이다.

마사의 엄마 캐서린은 언제나 바쁘고 자기중심적인 유명 작가이자 교사이다. 마사는 대개 보모와 함께 시간을 보냈다. 어쩌다 아이가 엄마와 함께 있더라도, 아이는 책과 물을 들고 때론 몇 시간씩 차에 있어야 했다. 엄마의 제자들에게 언제나 우선권이 돌아갔고, 그럴 때 마사는 절대 방해해선 안 된다는 지시를 받았다. 엄마가 부유했음에도 불구하고 마사는 늘 물려받은 옷만 입었고 친구의 부모가 초대를 해 줘야 겨우 야외로 놀러 갈 수 있었다. 아이는 고등학교에 입학할 나이가 되자마자 기숙학교로 쫓겨났고, 오직 크리스마스와 봄방학에만 집에 오라는 허락을 받았다.

마사는 자신이 절대 가질 수 없었던 엄마가 되기로 결심했다. 임신을 하려고 노력한 지 5년이 지나도 아이가 생기지 않았을 때에는 가슴이 무너지는 듯했다. 그와 남편은 결국 딸을 입양했다. 마사는 아이가 해 달라는 일은 물론 그보다 훨씬 많은 일을 챙겨 주며 캐럴린을 애지중지 키웠다. 그는 캐럴린을 데리고 나갈 때가 아니면 외출조차 하지 않았다. 그리고 아이가 바라는 바가 무엇일지 전부 예상하여 미리 준비해 두었다.

어느 날 수업에서 마사는 쭈뼛쭈뼛 자신이 무서운 감정을 느끼고 있다고 말했다. 그는 며칠 전에 자신이 이제 아홉 살이 된 캐럴린에게 불쑥 "너는 이기적이고 고마워할 줄을 몰라. 이리 와서 나한테 고맙다고 말해. 아니면 오늘 저녁밥은 없을 줄 알아"라고 말해 버렸다고 고백했다. 그런 말이 나오자 마사는 겁에 질렸지만, 그래도 말은 멈추질 않았다. 마치 귀신이 씌운 것만 같았다.

"거기서 끝이 아니에요. 캐럴린이 고맙다고 하기 싫다고 하자 제가 저녁도 먹지 않고 아이를 방으로 보내 버렸어요. 엄마가 저한테 똑같은 일을 했던 순간이 눈앞에 떠오르는 것 같았죠."

"아이는 당신에게 뭘 감사해야 했던 건가요?"

수업의 어떤 엄마가 물었다.

"아이에게 정말 사랑스러운 원피스를 사 줬어요. 그런데 아이는 너무 싫어서 죽어도 입지 않겠다고 하는 거예요! 하늘에 맹세코 아이를 때려 주고 싶을 정도였어요. 만일 제가 그런 원피스를 받았다면 엄마의 발에 입이라도 맞췄을 거예요. 그리고 엄마도 그걸 바랐을 거고요!"

"그 원피스를 살 때 아이도 같이 있었나요?"

다른 부모가 물었다.

"아뇨. 제가 너무 마음에 들어서 깜짝 선물로 사 줬죠. 그럼 대개는 좋아하거든요."

"아이가 당신이 바라는 수준보다 더 독립심을 키워 가고 있는 중이 아닐까 싶어요."

내가 추측했다.

"그런 것 같아요. 아이가 이제는 제가 권하는 옷을 입으려 하지 않아요. 그리고 정말 말도 안 되는 걸 주워 입죠. 며칠 전에는 옷을 갈아입기 전까진 학교에 보내지 않겠다고도 했어요. 애 꼴이 아주… 음, 엉망이었죠."

고백을 하면서 마사는 불안해하는 것 같았다. 지금까지 그는 항상 딸과의 긍정적인 관계를 자랑했었기 때문이다.

"당신이었다면 어떤 대가를 치르고서라도 받고 싶었을 대접을 캐럴린이 전혀 고마워하지 않으니 분명 혼란스럽게 느껴졌을 거예요."

내가 말했다.

그의 원망이 수면 위로 올라오기 시작했다.

"어떻게 그렇게 고마운 줄 모를 수가 있죠? 그 애는 제가 해 주는 배려가 그냥 당연하게 느껴지나 봐요. 도대체 저를 뭐라고 생각하는 걸까요?"

"아이는 당신이 자기가 원하는 일은 무엇이든 해 준다는 점을 아주 잘 알고 있었을 수도 있죠. 그게 당신이 지금까지 인생을 바쳐 해 오던 일이니까요."

마사는 호기심을 보이며 더 말해 달라고 청했다.

"그래서 아이는 당신을 당연히 여겨선 안 된다는 교훈을 배울 기회가 없었던 거죠. 제 생각엔 당신도 엄마의 사랑을 당연히 여길 수 있었기를 바라고 있는 것 같아요."

"와, 그러면 정말 기분이 어땠을까요? 그러니까 저는 아이가 제가 바라던 관계를 가지고 있어서 화가 나는 거군요? 저는 그저 고맙다는 말 한 마디가 듣고 싶었을 뿐이에요. 하지만 그것은 제 엄마가 저에게 항상 강요하던 말이기도 했죠. 제 생각이 실제로 어떤지는 전혀 상관없었어요. 혹시 저도 캐럴린에게 네가 뭘 좋아하는지는 상관없다고 말하고 있는 걸까요?"

"아마도요."

나는 그 말만 해도 충분했다.

마사는 빠르게 상황을 파악하기 시작했다. 그는 자신이 엄마에게 원했던 사랑과 캐럴린이 원하거나 필요로 하는 사랑은 전혀 별개라는 것을 깨달았다. 심지어 자신은 캐럴린이 뭘 원하는지 전혀 모르고 있었다. 하지만 캐럴린에게는 자신의 의견을 진지하게 들어 주는 부모가 꼭 필요하다는 점만은 확실히 깨닫기 시작했다.

마사는 생각을 계속 이어갔다.

"아이를 위해 생각할 수 있는 일은 뭐든지 했어요. 사랑받지 못할까 봐 너무 두려웠기 때문이죠. 사랑에 너무 목말랐던 나머지 캐롤린이 무엇을 바라고 있는지는 전혀 보지 못했던 것 같아요. 그냥 제가 바라던 관계를 아이도 원할 줄 알았어요. 그래서 그걸 다 해 주면 아이가 저를 영원히 사랑해 줄 거라고 생각했던 거죠."

마사는 웃으며 이렇게 인정했다. 마침내 모든 문제가 명확해졌다.

마사는 아이에게 자신이 늘 바라 오던 완벽한 어린 시절을 만들어 주기 위해 정말 열심히 노력했다. 그는 자신의 바람을 딸에게 투사했고, 그런 뒤 캐럴린이 원한 적도 없는 대접을 해 주면서 무조건 자신에게 감사하기를 바랐다. 캐럴린이 한사코 고맙다고 하지 않은 이유는 엄마를 멈춰 세우고 **자신**에게 주의를 기울이게 만들고 싶었기 때문이었다는 사실을 마사도 차츰 이해하기 시작했다.

캐럴린에게는 자신을 있는 그대로 이해하고 받아들여 주는 엄마, 그리고 자신의 좌절을 채워 달라고 요구하지 않는 엄마가 필요했다. 이것은 정확히 마사에게 필요한 엄마이기도 했다. 캐럴린은 엄마의 폭발버튼을 누르면서 마사의 고통스러운 과거와 지금까지 가지고 있던 자신에 대한 믿음을 건드렸다. 마사는 그 버튼이 눌리지 않게 막으려고(자신의 다락방을 계속 잠가 두려고) 그저 아이를 원망하면서 감정적으로 폭발했다. 그렇기에 그에게는 오직 자기 딸이 이기적이고 배은망덕하게 행동하는 모습만 보였던 것이다.

아이가 길을 가르쳐 주면 기꺼이 귀 기울일 수 있는가? 아이들이 누르는 폭발버튼이 당신이 관심을 갖고 돌봐야 할 상처라는 사실을 인정할 수 있는가? 그들의 행동이 비록 짜증스러울지라도 그것이 아이들은 물론

『치유의 사랑을 건네기(Giving the Love That Heals)』에서 헬렌 헌트와 하빌 헨드릭스는 "부모가 싫어하는 자녀의 어떤 부분은 부모 스스로가 더 성장해 갈 수 있는 가능성이 숨어 있는 부분일 수도 있다는 사실을 이해하는 것은 그들에게 일종의 계시이자 위안일 수 있다. … 부모가 아이의 총체적 모습을 키워 줄 때, 아이들의 행동은 부모에게도 치유가 되어 줄 것이다"라고 말했다.

당신의 필요가 무엇인지까지 알려 주는 단서라는 사실을 볼 수 있는가?

자신을 믿어 주기

아이를 믿기 위해서는 자신을 믿어야 한다.

엄마와 아빠가 헤어질 때 안토니오는 열 살이었다. 아빠가 떠나기 전날 밤, 그는 안토니오가 식탁에서 학교 숙제를 하다 문구 상자를 그대로 벌려 두었다고 불같이 화를 냈다.

"넌 대체 이 집이 누구 것이라고 생각하니?"

안토니오는 아빠가 외쳤던 말을 아직 기억한다.

"너는 물건을 아무 데나 놔두고 다른 사람들은 생각도 안 하지? 그렇게 이 기적이고 생각 없는 사람은 아무도 안 좋아해."

그는 팔로 식탁을 쓸어버린 뒤 안토니오에게 방에 들어가라고 고함을 질렀다.

아빠가 떠난 이유는 안토니오의 이기심이나 생각 없음 때문이 아니라고 엄마가 아무리 달래도 안토니오는 믿을 수 없었다. 그는 더 이상 자신을 믿을 수도 없었다. 그는 더 이상 아무것도 기대하지 않았다. 결국 실망하게 될 뿐이었기 때문이다. 그는 계획도 세우지 않았다. 제대로 되지 않으면 비난만 받게 될까 두려웠다. 미래에 대한 두려움은 끝이 없었다. 그는 파국만을 마음에 그렸다. 그는 자신이 가까이 있지 않았다가 해를 입을까 두려워서 아이들을 과잉보호한다. 그는 아빠는 결코 너희를 떠나지 않는다고 아이들에게 매우 단호하게 알렸고, 그래서 일도 집에서 했다. 그는 베이비시터도 쓰지 않았고, 아이가 밤에 친구네 집에서 자고 싶어 해도 절대 허락하지 않았다. 아이들은 지금까지 학교 소풍에 한 번도 참가하지 못했다. 안토니오는 자신에 대한 불신을 자기 아이들에게 물려줄 위험에 처해 있었다. 아이들은 그 불신을 잠자코 받아들이거나 위험한 행동을 하며 저항해야 하는 상황이었다.

안토니오는 자기 아빠가 아들과 벌인 말다툼 때문에 집을 나가지 않았다는 사실을 이제는 안다. 하지만 조금만 방심했다간 자신의 이기심이 엄청난 해를 끼칠지도 모른다는 믿음과 사람들은 믿을 수 없다는 믿음이 여전히 그의 다락방에 숨어 있었다. 안토니오가 그 두려움과 불신의 원천을 점검하고 확인하고 이름을 붙여 갈 수 있었다면, 자신의 두려움을 '진실'이라며 다른 사람에게 투사하지 않고 직접 책임질 수 있었을 것이다. 그러면 아이들이 친구네 집에 가고 싶어 할 때 그는 자신의 걱정을 부정하지 않고 정확히 바라볼 수 있다. 또한 아이들에게 자신의 믿음을 받아들이라고 강요하는 대신 본인이 직접 그것을 인정하고 책임질 수 있다. 안토니오가 자신의 유치한 두려움을 용서할 수 있을 때, 다락방에 숨어 있는 작은 아이를 탓하지 않고 그를 진심으로 연민할 수 있다. 이렇게 하면 안토니오도 조금씩 과거의 불신을 원래 있던 곳으로 떠나보낼 수 있다.

우리는 자신을 믿지 않는 태도를 꾸준히 배우고 익혔다. 당신이 밥을 먹을지 말지를 부모님이 정해 주지 않고 당신이 직접 판단해 볼 기회가 자주 있었는가? 코트를 입어야 할지 말아야 할지를 당신이 결정해 본 적이 있는가? 가족회의에서 당신의 의견을 물어본 적이 있는가? 학교, 운동, 친구에 대한 당신의 고민이 중요하게 여겨진 적이 있는가? 부모님과의 논쟁에서 이겨 본 적이 있는가? 언제부터 문제를 대신 해결해 주거나 문제가 생겼다고 비난하는 사람 없이 당신 삶의 중요한 사건을 스스로 결정하고 그에 대한 결과를 책임질 수 있었는가?

어른들은 우리의 유치한 의구심과 경외심을 대개 장려하기보다 억제했고, 우리의 두려움과 신비를 과잉보호했으며, 우리의 판타지를 통제했다. 우리는 실없이 굴지 말고, 너무 시끄럽게 굴지 말고, 항상 어른처럼 행동해야 한다는 말을 들을 뿐이었다. 우리의 웃음, 놀이, 제멋대로 굴기, 조잘대기는 전부 성가시거나 불편하다는 눈치를 받았다. 우리의 음악 취향이나 패션 취향은 경멸의 눈초리를 받았다. 우리는 부모님에게 짐이나 골칫거리라는 느낌도 심심치 않게 받았다. 우리의 놀이는 금세 일이 되었고, 우리의 판타지는 어린 시절과 함께 죽었으며, 제멋대로 굴던 모습은 정돈된 행동으로 변했고, 우리의 호기심은 회의적 태도로 바뀌었다.

제대로 방법을 배운 적도 없는데 자신을 믿기란 참으로 어려운 일이다.

우리 아이를 믿어 주기

『일상의 재발견(Re-Enchantment of Everyday Life)』에서 토마스 무어는 이렇게 언급했다. "우리는 아이의 지식이 진짜 지식이라는 점, 그들의 놀이가 중요한 일이라는 점, 혹은 그들이 살고 있는 애니메이션 세계가 우리가 선호하는 물리적 세계만큼이나 진정한 현실이라는 점을 거의 또는 전혀 믿지 않는다. 우리는 우리가 아이들을 가르쳐야 한다고, 그리고 아이들에게서 배울 만한 부분은 전혀 없다고 굳게 믿는다. 하지만 매혹된 세계에서는 아이가 무언가를 가르치거나, 그들이 가장 잘 알고 있는 분야(놀이, 상상의 세계, 매력 등 우리의 문화에 결핍되어 있는 바로 그 분야)의 강의를 하는 것도 충분히 가능하다."

우리 자신을 믿기 위해서는 우리 아이를 믿어야 한다. 우리 아이들이 우리는 절대 가져 볼 수 없었던 용기와 표현력을 가지고 해 나가는 일들을 지켜보면서 우리도 많은 가르침을 얻을 수 있다. **아이에게 자신을 믿을 수 있는 능력을 키워 주는 것이 부모가 줄 수 있는 가장 위대한 선물이다.** 존중하는 법은 존중받는 경험을 통해 배워야 하듯, 누군가를 믿는 능력은 누군가가 자신을 믿어 주는 경험을 통해 배워야 한다.

나는 나를 믿고 있을까?

- 살면서 몇 번 정도는 내가 진정으로 하고 싶은 일을 위해 자신 있게 출발하거나 경로를 바꿀 수 있는가?
- 내가 원하는 바를 얻기 위해 어떤 일을 해야 하는지 명확히 알고 있는가? 아직 확실하지 않다면, 그 방법을 적절한 때에 찾을 수 있다고 믿고 있는가?
- 내가 결정을 내릴 때 자신감을 느끼는가?
- 내가 아이를 키울 때 자신감을 느끼는가?

혹은

- 내가 정말 하고 싶은 일은 부끄러워서 회피하고 그저 안전하다고 느껴지는 곳에 머무르는 경향이 있는가?
- 살면서 꼭 하고 싶은 일이 무엇인지 알고는 있는가? 혹시 하고 싶은 일을 몰라서 끝내 아무 일도 할 수 없을까 봐 두려워하고 있는가?
- 결과를 확신할 수 없을 때에는 결정을 회피하는가?
- 내가 잘못된 일을 하고 있는 것은 아닐까 만성적으로 두려워하는가?

우리는 아이들은 뭘 알 리가 없다고 생각하면서, 아이들에게 답을 얻고 싶으면 우리의 말을 들어야 한다고 가르친다. 하지만 **우리**가 정말로 답을 알까? 우리는 아이가 울 때 받아 주지 않는다. 우는 아이를 자꾸 받아 주면 버릇이 되어서 우리의 삶이 불편해지고 우리도 너무 힘들어진다는 이야기를 들어 왔기 때문이다. 아이들에게 뭘 해야 하는지, 언제 해야 하는지, 어떻게 해야 하는지를 다 말해 주면, 우리는 그들이 직접 시행착오를 거치며 배워 갈 기회를 뺏을 뿐이다. 우리는 문제를 해결해 주고, 잔소리하고, 숙제를 해 주고, 발명품도 만들어 준다. 우리는 아이들이 원하지 않는 활동에 아이들을 등록시키고, 아이들에게 할 말과 할 일을 정해 준다. 하지만 이 모든 행동이 사실은 우리의 기분을 달래기 위한 일이다.

반드시 달성해야 한다고 일방적으로 정하기보다 아이의 잠재력에 잘 맞는

지를 고려하여 기준을 정할 수 있겠는가? 그렇게 하면 아이들이 자기만의 길을 자유롭게 탐색하면서도, 우리의 기준에 따른 가이드라인과 기초 환경의 지원을 받으며 안심할 수 있다.

상황을 바꿔 우리는 아이가 꼭 전하고자 하는 말에 귀를 기울인 적이 있는가? 아이들도 자신의 문제를 해결하고 본인의 감정을 조절하며 필요할 때 도움을 요청하고, 때로는 우리가 놓치고 있는 점을 지적하는 놀라운 능력을 가지고 있지만, 우리는 그들을 거의 신뢰하지 않는다. 아이들도 자신을 위한 최선의 길은 무엇일지 진지하게 따져 보고 있다는 사실을 믿어야 하지 않겠는가?

우리는 그들의 존엄성을 신뢰해야 하며, 아이들이 폭발버튼을 누르는 행동은 자신의 존엄성을 지키기 위한 최후의 수단이라는 사실도 믿어야 한다. 그들의 신호가 응답을 얻지 못하거나 잘못 전달되면 그들의 존엄성은 전투모드로 바뀐다. 그들의 행동은 우리의 눈길을 끌고 주의를 집중시키며, 그들의 몸부림을 전하기 위해 점점 더 과격해진다. 우리가 그 단서를 믿어야 한다. 그러면 아이들도 자기 자신을 믿는 법을 배울 것이다.

몰리는 또다시 나에게 가르침을 준다

내 딸 몰리는 심지어 실질적 양육이 끝났다고 생각한 이후에도 계속해서 내게 가르침을 주었다. 그리고 아이가 자신의 말이나 침묵으로 내 행동을 바꿔야 한다고 주장할 때, 이를 받아들이기란 여전히 쉽지 않았다.

대학에 가기 전 여름, 몰리가 내게 새로 가르쳐야 했던 교훈은 떠나보내는 법이었다. 나는 자식을 떠나보내는 일은 정말 힘들지만 그래도 완벽하게 할 수 있다고 생각하고 있었다.

몰리에게는 늘 집에서 혼자 있는 시간이 필요했다. 하지만 예전에는 보통 아래층에서 뒹굴었다. 그런데 그 여름에는 관심사가 약간 달라졌다. 일을 하거나 친구들과 같이 있지 않을 때면, 몰리는 혼자 방에 들어가 있었다. 대화도 사라졌다. 몰리는 아빠와 나에게 더욱 참을성이 없어졌고, 그가 무례한 발언을 하거나 태도를 보이면 우린 여지없이 폭발버튼이 눌렸다. 한동안 불쾌한 소통이 오간 후 결국 나는 이성을 잃었다. 내 폭발 측정기는 4단계까지 치솟았다. 우리는 완전히 교착 상태에 빠졌고, 말 한 마디 섞지 않는 시간이 몇 주를 넘겼다. 다시 아이에게 다가가 보려 했지만 헛수고였다. 나는 상처를 받고 어쩔 줄을 몰랐다.

무수한 자기 대화와 심사숙고 끝에, 나는 몰리가 집을 떠나 대학에서 새로운 삶을 시작하기 위해서는 나와 확실히 이별하는 절차가 필요하다고 생각한다는 사실을 천천히 깨닫게 되었다. 우리는 언제나 너무나 가까웠지만 이제 몰리에게는 독립이 필요했다. 그런데 여전히 부모님 집에 살면서 독립을 하려면 소통을 차단하는 수밖에 없다고 생각했다.

몰리는 여름 내내 열심히 일을 하느라 자신을 위한 시간은 거의 갖지 못했다. 5천 킬로미터쯤은 떨어져 있는 가족과 친구들은 아이를 빨리 내보내라고 권했지만 나는 그럴 수 없다고 답했다. 머릿속의 목소리는 이렇게 외쳤다. "왜 내가 저 애한테 뭘 줘야 하지? 쟤는 무례하고 고마운 줄도 모르는데. 자기가 직접 책임져야 되는 거 아닌가?" 하지만 마침내 이것이 몰리가 자신에게 **필요한 시간**을 얻게 될 기회일 수도 있다는 데 생각이 미쳤다. 남편도 같은 생각이었다.

나는 몰리에게 여행을 제안했고 그는 기꺼이 기회를 잡았다. 비용은 서로 반씩 부담하기로 했다. 그는 비행기를 갈아타고 버스를 타고 여객선에 오르는 등, 무수한 상황에 도전하면서 자신의 날개를 시험해 보기 위해 아주 복잡한 경로를 만들었다.

그러면 아이의 잔인한 행동을 칭찬해 주는 셈이 아니냐고 생각하는 사람도 있을 것이다. 나는 몰리가 '무례하게 굴었는데 혼도 나지 않고 그냥 넘어간다'고 푸념하는 목소리를 손님방으로 보낸 뒤 딸을 떠나보냈다. 여행을 마치고 돌아왔을 때, 몰리는 여행에서 돌아왔을 뿐 아니라 우리의 관계로도 돌아왔다. 하지만 그것은 예전과 전혀 다른 관계였다. 이제 우리는 두 명의 독립적 어른으로서 함께하기 위해 애쓰고 있다. 내가 먼저 몰리의 독립성을 존중할 때, 몰리도 나를 존중할 수 있다.

몰리가 내게 가르쳐 주고 싶었던 메시지는 내가 **그의 길**에서 떨어져야 한다는 뜻이지, **내 길**에서 떨어지라는 뜻이 아니다. 그는 내향적이고, 나는 외향적이다. 우리는 매사를 매우 다른 방식으로 처리한다. 엄마로서 나의 임무를 다하기 위해서는 몰리가 **자신의 길**을 찾을 수 있게 도와야지, **내 길**을 따라오게 해선 안 된다.

몰리는 계속해서 내가 자신의 필요를 이해하기를 요구했다. 그는 그저 말없이 따르는 법이 없었다. 그의 의지를 통해 그는 자신이 직접 자신의 여정을 헤쳐 나가게 해 줘야 한다는 가르침을 내게 안겨 주었다. 자녀를 떠나보낼 때의 고통이 아무리 생생하더라도, 나는 아이의 여정을 지지하고 그것이 펼쳐지는 모습을 지켜보며 굉장한 만족감과 성취감을 느낄 수 있었다.

몰리의 행동으로 인해 어린 시절에서부터 내가 가지고 있던 믿음(나는 중요하지 않다)이 되살아나면, 그의 필요를 공감하고 이해하기 힘들어지기도 했다. 몰리가 나에게 '엄마는 중요하지 않다'고 말하는 것처럼 느껴졌기 때문이다. 하지만 '나는 중요하다', '나의 필요는 중요하다'는 것을 배우고 난 뒤로는, 차분히 생각할 수 있게 되었고 아이의 행동을 다르게 볼 수도 있었다. 내가 자신을 믿을 때 아이도 믿을 수 있다. 그리고 지금까지 아이를 믿어 온 시간은 너무나 보람 있었다.

자기 자신을 다시 양육하기 : 과거로부터 배우기

몰리를 갖기 전까지는 내 어린 시절에 결핍된 부분이 무엇이었는지 보지 않았다. 어렸을 적의 나라면 굴복했을 상황에서도 아이는 싫다고 비명을 질렀다. 나라면 절대 할 수 없었던 일을 하고도 이 아이는 아무 대가도 치르지 않는다는 점이 나는 너무 억울했다. 하지만 나의 억울함이 어디에서 오는지 이해하자, 나 역시 싫다고 말할 권리가 있다는 사실을 깨달을 수 있었다. 그러자 내가 절대 갖지 못했던 믿음을 아이에게 줄 수 있었다. 그렇게 아이에게 필요한 부분을 채워 주면서 나 역시 자신감과 자기 신뢰를 얻을 수 있었다.

당신의 어린 시절, 그 아이의 입장으로 다시 한 번 돌아가 보라. 그 아이가 바라던 것이 무엇인지 살펴보라. 그 아이가 무시당하거나 부정당하거나 학대당하거나 이용당하고 있었다면 그때로 돌아가기가 너무 고통스러울지도 모른다. 수치심이 너무 커서 그 아이를 다락방 한 구석에 숨겨 두고 있었을지도 모른다. 무슨 일이 있었든 그에 대해 여전히 자신을 탓하거나 다른 이의 비난을 의식하고 있는 터에 그때를 기억하고 싶지 않을지도 모른다. 하지만 그 아이에게 다가가라. 그에겐 당신의 손길이 간절히 필요하다.

우리가 얻지 못했던 것을 아이에게 줄 수 있을 때, 그것은 다시 우리에게 돌아온다. 하지만 계속 자신의 상처를 감추고 폭발버튼을 보호하려고만 한다면 우리는 과거에서 벗어나지 못할 뿐 아니라, 그 상처를 아이에게 물려주게 된다. **자신의 문제를 해결하기 위해 아이를 이용해선 안 된다. 하지만 자신의 상처를 치유하는 데 아이의 도움을 얻을 수는 있다.**

이는 자신을 제대로 인식하려는 노력에서부터 시작하면 된다.

아이가 *내 생각에 아이는 너무 어려서 못 할 것 같은 일을 하고 싶어 할* 때, 나는
　　　　(행동이나 사건)
아이에게 *너는 못한다고 말하고 아이를 집에서 나가지 못하게 하는* 행동으로 반응
한다.

　이것을 보면 내가 어릴 적에 *내가 하고 싶은 일은 아무렇게나 해도 부모님이 신*
*경 쓰지 않았던 일, 그래서 부모님이 뭔가를 하면 안 된다고 말해 주길 바랐던 마음*이
　　　　　　　　(있었던 일이나, 떠오르는 감정을 진술)
떠오른다.

　나는 *때때로 문제를 일으켜 부모님의 관심을 끌어 보려 하는* 행동으로 반응했다.
　　　(그 일에 대한 반응으로 어린 시절에 당신이 했던 행동)
　내가 부모님에게 하고 싶었던 말은 *나도 중요한 존재이며 부모님이 내 삶과 학*
　　　　　　　　　　　　　　　(당신이 한 일을 통해 말하고 싶었던 것)
교 생활 등에 개입해 주길 바란다는 부탁이었다.

　부모님이 그 말을 들었다면, 그들은 *내가 하던 행동에 좀 더 관심을 기울이기*
시작하고, 나에겐 나를 지켜봐 주는 부모님이 필요했다는 사실을 깨달았을 것이다.

　내가 부모님에게 전하고 싶었던 가르침은 *내가 문제를 일으켰던 이유는 못되*
고 무례하게 굴기 위해서가 아니라 관심을 청하기 위해서였다는 점이다.

　그걸 부모님이 배울 수 있었다면, 나는 아마 *더 이상 문제를 일으키지 않았을*
것이다.

　그리고 나는 *내가 중요한 존재이며 충분히 돌봄을 받고 있다는* 것을 배울 수 있
었을 것이다.

스승으로서의 내 자신

다음 질문들 중 하나 혹은 두 가지 모두에 답해 보세요.

A

아이가_____ 때, 나는_____
　　　　　　　　(행동이나 사건)
_____행동으로 반응한다.

이것을 보면 내가 어릴 적에_____
　　　　　　　　　　　　　　　　(있었던 일이나, 떠오르는 감정을 진술)
_____이 떠오른다.

나는_____ 으로 반응했다.
　　　　(그 일에 대한 반응으로 어린 시절에 당신이 했던 행동)
내가 부모님에게 하고 싶었던 말은_____
　　　　　　　　　　　　　　　　(당신이 한 일을 통해 말하고 싶었던 것)
_____이었다.

부모님이 그 말을 들었다면, 그들은_____
_____을 것이다.

내가 부모님에게 전하고 싶었던 가르침은_____
_____이었다는 점이다.

그걸 부모님이 배울 수 있었다면, 나는 아마_____
_____것이다.

그리고 나는_____
_____것을 배울 수 있었을 것이다.

B

자녀의 행동으로 인해 떠오르는 어릴 적 사건이 있다면 묘사해 보세요.

당신이 그 행동을 통해 부모님에게 하고 싶었던 말은 무엇인가요?

만일 부모님이 그 뜻을 알았다면, 당신은 그들이 어떻게 대응하길 바랐을까요?

만일 그렇게 되었다면, 현재 아이의 행동에 당신의 반응은 어떻게 달라졌을까요?

스승으로서의 내 아이(예시)

나는 아이에게 해야 할 일을 말해 주고 아이가 그 말에 따르길 바라면서 아이와 제대로 된 소통을 하지 못하게 벽을 쌓았다.

아이는 그 벽에 대해 내 말을 듣지 않고 반항하며, 번번이 도움은 필요 없다고 주장하다가 일을 망치는 방식으로 반응했다.

만일 내가 어린 아이라면, 나 같은 부모에게 물론 말을 잘 듣는 좋은 딸이 될 수도 있겠지만, 만일 하고 싶은 대로 해도 되는 상황이라면 나 역시 우리 아이와 똑같이 반항하는 방식으로 반응했을 것이다.

아이가 내게 주고 있는 가르침은 내가 너무 강압적으로 행동하고 있다는 점이다. 그는 자신이 직접 실수를 해 볼 필요가 있으며, 나는 아이가 그렇게 할 수 있게 놓아줘야 한다.

이제 나는 아이가 내게 저항하는 이유는 내 화를 돋우기 위해서가 아니라 자기에게 필요한 것을 내게 말해 주기 위해서라는 점을 이해했기 때문에 아이의 주장을 더 잘 들을 수 있다.

아이에게서 내가 배워야 할 점은 아이에게도 자율적으로 행동하면서 자신의 일을 직접 결정할 수 있는 기회가 필요하다는 점이다. 왜냐하면 내가 그렇게 하지 않으면 나는 아이가 집을 나가 돌아오지 않는 지경에 이를 때까지 더욱 거센 저항에 직면할 것이기 때문이다.

따라서 지금부터는 아이에게 내 방식에 따라 할 일을 말해 주는 대신, 설령 내가 보기엔 그다지 현명하지 않을지라도 먼저 아이의 생각이 최선일 것이라고 생각하며 아이의 의견을 묻고, 아이가 직접 그것을 해 보며 자신의 실수를 통해 배워 갈 수 있게 해 줄 것이다.

다음 질문들 중 하나 혹은 두 가지 모두에 답해 보세요.

A

나는＿＿＿＿＿＿＿＿＿＿＿＿＿＿＿＿＿＿＿＿＿＿면서 아이와 제대로

된 소통을 하지 못하게 벽을 쌓았다.

아이는 그 벽에 대해＿＿＿＿＿＿＿＿＿＿＿＿＿＿＿＿＿방식으로

반응했다.

만일 내가 어린 아이라면, 나 같은 부모에게＿＿＿＿＿＿＿＿＿＿

＿＿＿＿＿＿＿＿＿＿＿＿＿＿＿＿＿＿＿＿＿방식으로 반응했을 것이다.

아이가 내게 주고 있는 가르침은＿＿＿＿＿＿＿＿＿＿＿＿＿＿＿

＿＿＿＿＿＿＿＿＿＿＿＿＿＿＿＿＿점이다.

이제 나는＿＿＿＿＿＿＿＿＿＿＿＿＿＿＿＿＿＿＿＿＿라는 점을

이해했기 때문에 아이의 주장을 더 잘 들을 수 있다.

아이에게서 내가 배워야 할 점은＿＿＿＿＿＿＿＿＿＿＿＿＿＿＿

＿＿＿＿＿＿＿＿＿＿＿＿＿＿＿＿＿점이다. 왜냐하면＿＿＿＿＿＿

＿＿＿＿＿＿＿＿＿＿＿＿＿＿＿＿＿＿＿때문이다.

따라서 지금부터는＿＿＿＿＿＿＿＿＿＿＿＿＿＿＿＿＿하는 대신,

＿＿＿＿＿＿＿＿＿＿＿＿＿＿＿＿해 줄 것이다.

B

당신이 자신과 아이 사이에 어떤 벽을 쌓았는지 발견했나요? 아이는 거기에 어떻게 반응하고 있나요?

만일 당신이 아이와 같은 입장이라면, 당신은 어떻게 반응했을까요?

당신의 아이가 당신의 폭발버튼을 누르면서 그 벽에 대해 하고 싶은 말은 무엇일까요?

당신이 아이의 말을 귀담아 듣는다면, 당신의 대응은 어떻게 달라질까요?

당신의 아이에게 배워야 할 점은 무엇일까요?

22장
희망이 보인다

장애물이란 당신이 목표에서 눈을 떼는 순간 나타나는
무시무시한 것이다.
−헨리 포드

　폭발버튼을 제거하는 일의 목표는 당신이 중립적이 될 수 있을 때까지 상황에서 충분히 벗어나는 것이다. 중립적이라는 말은 당신이 **즉각적으로 반응**하지 않는다는 뜻이다. 중립적이라는 말은 아이에게 전해질 수 있는 방식으로 **대응한다**는 뜻이다. 중립적이라는 말은 아이의 행동을 개인적 공격으로 받아들이지 않는다는 뜻이다. 그러면 당신은 아이를 보다 적절하게 인식할 수 있게 되고, 당신이 싫어하는 감정도 솟아나지 않을 것이다. 의도한 대로 메시지를 전할 수도 있고, 아이의 입장에서 그의 문제를 바라보며, 아이의 관심사를 이해하고 그의 관점에 공감해 줄 수도 있다. 당신은 분명한 한계를 설정하고 튼튼한 경계선을 마련할 수 있게 된다. 존중을 담은 당신의 대응을 통해 충분히 협력과 경청을 이끌어 낼 수 있다.

　양육 지식을 효과적으로 실천하기 위해서는 중립성과 연민이 모두 필요하다. 중립성이 있으면 객관적인 관점을 확보하여 창의적인 해결책을 찾을 수 있다. 연민을 가지면 당신이 '저 애는 어쩜 저렇게 문제덩어리일까?'라고 말하는 대신 '우리 아이에게 문제가 생겼나 보네. 내가 어떻게 도와줄 수 있을까?'라고 말할 수 있다. 이는 당신이 자기 머릿속에 갇혀 자신에게만 온 신경을 집중시키는 것이 아니라, 틈을 건너가서 아이에게 무엇이 필요한지 살펴볼 수 있다는 의미이다. 연민을 통해 당신은 아이의 관점을 뜯어고치고 길들여야 하는 통제 불능의 문제라고 생각하기보다, 총체적이고 중요한 개인의 입장으로 바라볼 수 있다.

폭발버튼이 눌렸을 때 당신이 반응하는 방식을 즉각 바꿔 줄 '간편 5단계' 같은 대책은 없다. 하지만 해야 할 일을 몇 가지로 정리해 볼 수는 있다. 좀

당신의 폭발버튼이 눌렸을 때 할 일

- **멈춰라. 심호흡하라.** 필요하다면 자리를 떠라.
- **물러서! 물러서! 물러서!**
- 당신의 **관심사**를 찾아내라.
- 당신의 **감정**을 직시하라.
- 당신의 **가설**을 확인하라.
- 개인적 공격으로 받아들이지 말라. - **그것은 당신에 관한 문제가 아니다!**
- 당신의 **관점**을 바꿔라. - 다른 방식으로 생각해 보라
- 긍정적인 **자기 대화**를 활용하라.
  - 가설의 **정확성**을 확인하라.
  - 당신의 가설은 **생산적**인가?
  - 당신의 가설에 '**왜냐하면**'을 붙여 보라.
- **행동**을 당신의 **단서**라고 생각하라.
  - 이 행동이 나에게 하려는 말은 무엇인가?
  - 여기서 나는 무엇을 배워야 하는가?
- 틈을 건너가서 **유대를 맺어라.**

나중에 :
- 당신의 **기준**과 **믿음**을 파악하라.
- 당신의 기준을 **조정하라.**

더 도움이 필요하다면 18장을 다시 한 번 읽고 편한 시간에 연습을 해 보자. 당신이 폭발 측정기의 1~2단계(분노라기보다는 성가시거나 짜증난 상태)라면, 제거하기를 연습하라. 새로운 습관을 실천하면서 폭발버튼이 살짝 눌렸을 때에는 그냥 넘어가고 제대로 폭발할 때까지 기다리자고 생각해선 절대 안 된다. 작은 성공을 차곡차곡 쌓아 두어야 힘든 순간을 대처하기도 훨씬 쉬워진다.

폭발버튼이 눌렸을 때, 버튼을 누른 죄로 아이에게 벌을 줄 수도 있지만, 일단 이 버튼이 당신에게 무엇을 말해 주는지 신중히 들어 보고 책임을 진 뒤 보다 효과적으로 아이를 훈육할 수도 있다. "내가 윗사람이니까, 내가 그러라고 했으니까" 혹은 "아가, 하고 싶은 건 뭐든 하렴"은 흔히 접할 수 있는 두 가지 극단이지만, 책임감 있고 존중할 줄 아는 사람을 키우는 데에는 도움이 되지 않는다.

반응적인 양육은 재미가 없다. 그러면 우리는 그토록 싫어하던 고함지르는 미치광이가 되어 버릴 뿐 아니라, 밤마다 지치고 진이 빠지고 걱정이 가득한 상태로 침대에 쓰러지게 된다. 당신이 기꺼이 놓아줄 수 있는 기준은 무엇인가, 열렬한 확신을 가지고 고수할 부분은 무엇인가, 그리고 기꺼이 협상할 부분은 무엇인가를 어떻게 판단하는가에 따라 아이가 협조할지 아니면 저항할지의 여부도 극적으로 달라진다.

주의 깊고 늘 깨어 있는 양육으로 향하는 여정을 선택하자. 당신과 아이 모두에게 통하는 방법을 찾는 것은 많은 노력이 필요하지만, 마지막에는 훨씬 더 큰 결실을 얻을 수 있다.

후퇴와 실패를 허락하자. 그것 없이는 당신이 새로운 습관을 익힐 수 없다. 수년 간 반복되었던 낡은 패턴이 한순간에 사라지기를 기대하지 말라. 자기 발견이란 한 번에 한 겹씩 차근차근 벗겨 가야 하는 과정이다. 양파를

한 겹 한 겹 벗겨 가는 장면을 떠올려 보라. 느리지만 확실히 그 핵심에 닿을 수 있을 것이다.

꽉 막힌 감정은 두려움에 기반한다. 당신의 두려움을 용기에 접속시켜라. 탓하거나 방어하지 않고 감정을 받아들일 수 있는 용기, 조치를 취하고 낡은 패턴을 바꿔 놓을 용기를 끌어내자. 용기에는 취약함이 반드시 필요하다. 용기란 자기 모습 그대로 행동할 수 있는 배짱을 가지고 자신에게 딸려 오는 문제까지 전부 받아들이는 자세를 의미한다.

목표는 우리 아이와 단단한 유대를 맺는 것이다. 그 맺어짐의 순간은 아이의 가슴에도 오래도록 남는다. 바로 이 유대가 일생 동안 이어질 변화를 가져온다.

다른 부모들은
어떻게 바뀌었을까?

우리에게 도전하는 이들을 축복하라.
그들은 우리가 닫아 둔 문과 아직 열지 않은 문을 알려 준다.
그들은 우리에게 위대한 의사이자 스승이다.
—나바호 속담

'폭발버튼' 수업 마지막에, 나는 부모들에게 새롭게 배운 내용을 바탕으로 하여 부모로서 자신의 사명이 무엇인지 적어 보는 과제를 내 준다. 대부분의 부모는 처음에 두려워하지만, 완성하고 나면 매우 감사해한다.

당신에게도 같은 활동을 권하고 싶다. 이것을 당신의 양육에서 새롭게 생긴 업무 내용이라고 생각해 보라. 당신에게 편하기만 하다면 어떤 글 형식이라도 괜찮다. 개조식 문서, 비포-애프터 목록, 일기식 서술 등 뭐든 상관없다. 당신과 아이를 위해 앞으로 지켜 갈 새로운 기준을 만들어 보는 곳이다. 지금 당장 당신이 사명에 따라 아이를 키우지 못하고 있더라도 걱정하지 말라. 이것은 당신의 목표이자 지금부터 가질 당신의 의도이다. '나'를 주어로 사용하여 현재 시제로 서술하라. 그리고 당신이 아이와 함께하는 시간 내내 이것을 완벽히 실천하고 있는 것처럼 서술하라. 그런 뒤 일단 50퍼센트를 목표로 잡고 시작하라. 사실이라고 써 놓으면 어떻게든 사실이 된다. 이것은 자기충족적 예언이기 때문이다.

당신이 자신의 사명을 적을 수 있도록 독려하는 차원에서, 부모들의 허락을 얻어 수업 시간에 그들이 제출한 사명을 몇 가지 실어 보았다. 그들이 세운 새로운 기준에 귀를 기울여 보라. 한 부모가 일어나서 자신의 사명을 읽을 때마다, 더할 나위 없이 깊은 영감을 받게 될 것이다.

아이가 내 말을 귀담아 듣거나 내게 협조하지 않을 때, 나는 즉각적으로 반응하는 대신 한 발 물러날 수 있다는 사실을 안다. 한 발 물러서면, 나는 우리의 상황을 좀 더 풍부하게 파악할 수 있고 아이와 통하는 방법을 발견할 수 있다. 침묵의 모퉁이나 거센 저항의 벽을 만드는 대신, 나는 아이와 내 자신에게 있는 그대로 행동해도 되고 충분히 자신을 드러내도 된다고 허락해 주었다. 지금까지 내가 가능하다고 생각하던 수준보다 훨씬 창의적인 해결책을 끌어낼 수 있도록 모든 감정과 반응을 받아들일 수 있는 충분한 공간을 마련했다.

나는 가족들을 모두 행복하게 해 주면서 가정을 꾸려나가는 일이야말로 나의 임무라고 믿었다. 나는 사람들 앞에서 아이들은 깨끗한 차림과 건강한 상태로 제때제때 착하고 공손한 행동을 보여야 하며 나는 물론 다른 사람들을 행복하게 해 줘야 한다고 믿었다.

그러나 이제 나는 아이들이 잠들기 전까지 집이 시끄러워도 괜찮으며, 온 집을 나 혼자 책임지지 않아도 된다고 믿는다. 요즘 내가 가장 굳게 믿고 있는 믿음은 아이들도 존중받아야 하며, 본인 스스로도 존중받고 있다고 느껴야 한다는 생각이다. 그리고 아이가 존중받는다고 느끼면 그것을 말과 행동으로 돌려준다는 점을 알고 있다. 나는 우리 모두가 컨디션이 좋은 날도 있지만 나쁜 날도 있다는 사실을 충분히 이해했으며, 그러자 나쁜 날을 헤쳐 나가기가 훨씬 쉬워졌다. 시간을 준수하는 일이 아이에게 때때로 부정적인 감정과 행동을 안겨 줘야 할 정도로 중요한 문제는 아니다. 아이에게 옷을 입으라고, 얌전히 행동하라고, 밥을 먹으라고, 어떤 식으로 말하라고 강요하는 자세는 현실적이거나 효율적이지도 않을뿐더러 아이를 존중하는 양육 방식도 아니다.

낡은 기준 : 아이에게 '굴복한다'는 것은 아이가 버릇이 나빠진다는 뜻이며, 그러면 아이가 나를 통제하는 것처럼 느껴진다.

새 기준 : 이제 나는 '굴복한다'는 말이 대부분 내 의견을 상황에 맞추어 아이에게 긍정적인 반응을 보여 준다는 뜻이라고 믿는다. 그것은 또한 내 시간과 이해가 더 늘어난다는 뜻이며, 이것은 아이에게 **좋은** 일이다. 아이가 내게 무엇을 해 달라고 하는지, 그리고 그 결과는 무엇일지 차분히 생각해 볼 것이다. 그 일이 내가 절대 허락해 줄 수 없을 만큼 나쁜 일일까? 아이가 시리얼을 물에 말아 먹고 싶어 한다면, 나는 그러라고 할 수 있다(아마도 다시는 그렇게 먹고 싶지 않겠지만). 만일 아이가 시리얼을 직접 준비하고 싶어 한다면, 그러라고 할 수 있다. 이는 내가 준비할 때보다 그저 몇 분정도 시간이 더 걸린다는 뜻일 뿐이다.

내가 아이를 키울 때 지킬 계명은 다음과 같다.

나는 통제하기보다는 안내한다.

나는 불신하기보다는 신뢰한다.

나는 즉각 반응하기보다는 귀 기울여 듣는다.

나는 나와 아이의 차이를 비판하기보다는 축하한다.

나는 내 감정에 솔직하며 다른 사람의 감정과 마찬가지로 내 감정도 존중한다.

나는 죄책감을 갖기보다는 충족감을 느낀다.

나는 다른 사람을 상처 주지 않고 분노를 표현할 방법을 찾기 위해 노력한다.

나는 바람직하지 않은 상황에서 일련의 조치를 결정하기 전에 충분히 시간을 갖고 고려하고 점검하고 숙고한다.

나는 머리보다 가슴으로 아이를 키운다.

나는 이 계명들을 존중할 용기를 기른다.

1. 나는 아이들이 칭얼거리고 떼를 써도 괜찮다는 사실을 배우고 있다. 그들도 자신의 감정을 표현해야 한다. 그것은 나이에 맞는 행동이며, 다른 사람들이 나에게 기대하는 모습보다 내 아이가 훨씬 더 중요하다는 점을 기억해야 한다.

2. 내 아이가 내게 덤비거나 어려운 일을 겪고 있을 때, 나는 아이를 막거나 문제를 대신 해결해 주기보다는 아이의 말을 귀담아 듣고 그들의 감정을 인정해 줘야 한다. 나는 아이가 자신의 문제를 스스로 해결할 수 있다고 믿기 위해 노력하며, 아이들이 앞으로 몇 번이고 문제를 맞닥뜨릴 때마다 유용하게 사용할 수 있는 문제 해결 기술을 가르쳐 주고자 최선을 다할 것이다.

3. 참을성이 한계에 다다를 때마다, 나는 아이만큼이나 내 자신을 존중해야 하며 분노나 상심을 비롯하여 마음속에 떠오르는 온갖 감정을 마땅히 인정해 줘야 한다는 점을 되새겨야 한다. 나는 존중받고 인정받을 권리가 있으며, 그것은 내 아이들도 마찬가지이다. 종종 나는 내 기대를 현실적인 수준으로 재조정해야 한다.

4. 나는 내 감정을 인정하고 책임져야 하며, 그것을 아이에게 솔직하

게 전달하면서 화가 나거나 슬프거나 상처받는 것은 괜찮지만 그렇다고 다른 사람을 때리거나 탓하거나 내 감정의 책임을 남에게 미뤄서는 안 된다는 본보기를 보여 줘야 한다. 나는 그들을 신뢰해야 하며, 그들을 통제하려고 하는 욕망을 버려야 한다. 나는 아이들에게 할 일이나 믿음을 정해 주지 않아도 그들이 스스로 충분히 배우고 성장하고 윤리의식을 키워 갈 수 있다고 믿어야 한다. 나는 그들의 내적 선함을 믿어야 하며, 그들을 개별적 인간으로서 존중해야 하고, 있는 그대로 사랑해야 한다.

낡은 생각 : "좋은 엄마는 자녀와의 경계선 및 훈육 문제와 관련하여 자신이 내린 모든 결정에 확신을 가진다."

바뀐 생각 : "나는 내가 모든 해답을 알지는 못한다는 사실을 받아들이고, 나의 경계선과 다른 사람들의 경계선을 존중하는 동시에 아이들에게 귀를 기울이며 계속해서 배워 간다."

낡은 생각 : "아이들은 내 말을 잘 들어야 하고, 내가 하라는 것은 군말 없이 따라야 한다. 나의 관심사가 곧 내 아이의 관심사이다."

바뀐 생각 : "나는 아이의 나이에 맞는 행동이 무엇인지 고려하고 그들의 관심사를 존중하면서 아이들이 협조 정신을 길러 갈 수 있길 바란다."

낡은 생각 : "엄마란 아이들의 삶에 질서 의식을 심어 주어야 한다."

바뀐 생각 : "아이들에게 질서 감각의 본보기를 보여 주는 것이 중요하지만, 내 질서를 아이에게 강요해선 안 된다."

낡은 생각 : "내 아이의 행동은 내 능력을 직접적으로 반영한다."

바뀐 생각 : "아이들은 각기 자신의 기질과 성격을 가지고 있다. 따라서 그들의 행동과 결정은 내 능력을 반영한 결과물이 아니다."

낡은 생각 : "내가 좋은 엄마라면, 아이들은 나를 언제나 사랑해 줄 것

이다."

바뀐 생각 : "나는 아이들이 자신의 감정과 이견을 자유롭게 표현하도록 해 줄 수 있고, 그것을 아이들이 나를 사랑하지 않기 때문이라고 생각하지 않을 수 있다."

1. 내 아이들은 언제나 사랑과 존중, 그리고 명확한 의사소통을 받을 자격이 있다.

2. 내가 스트레스를 받을 때, 그리고 아이들이 내 마음속에서 부글부글 끓는 감정을 자극할 때에는 먼저 감정적으로 한 발 물러난 뒤 그 상황을 해결하기 위해 합리적인 방법을 모색해야 한다는 원칙을 떠올려야 한다.

3. 나는 스트레스를 줄이는 데 효과적인 방법을 세 가지 정도 찾아 두고서 내 안의 훌륭한 아빠가 사라지지 않게 하겠다.

4. 내 딸이 거대한 벽을 세웠다고 느껴질 때, 그것은 그저 한 개의 바위일 뿐이며 그것을 피해갈 수 있는 방법은 항상 존재한다는 사실을 상기하겠다.

5. 부정적인 행동에 벌을 주기보다는, 합당한 결과, 혹은 현실적인 결과가 나타날 때까지 기다려야 한다.

글쓰기의 힘을 무시해선 안 된다. 부모라는 더없이 중요한 역할을 맡고 있으면서도, 실제로 시간을 들여 자신의 목표를 적어 본 뒤 이 목표를 이루기 위해 의식적으로 활동 원칙을 만들어 볼 기회는 좀처럼 흔치 않다. 하지만 투자해 볼 만한 가치가 충분히 있지 않은가? 앞으로 30분을 이보다 더 소중하게 쓸 수 있는 방법이 또 있을까?

당신의 자녀가
폭발버튼을 건드릴 때

초판 발행 2018년 11월 30일
지은이 보니 해리스 | **옮긴이** 조고은
펴낸이 신형건 | **펴낸곳** (주)푸른책들 | **등록** 제321-2008-00155호
주소 서울특별시 서초구 양재천로7길 16 푸르니빌딩 (우)06754
전화 02-581-0334~5 | **팩스** 02-582-0648
이메일 prooni@prooni.com | **홈페이지** www.prooni.com
카페 cafe.naver.com/prbm | **블로그** blog.naver.com/proonibook
ISBN 978-89-6170-683-4 13590

＊잘못된 책은 구입한 곳에서 바꾸어 드립니다.

＊보물창고는 (주)푸른책들의 유아·어린이·청소년·자녀교육 도서 임프린트입니다.

이 도서의 국립중앙도서관 출판시도서목록(CIP)은 서지정보유통지원시스템 홈페이지(http://seoji.nl.go.kr)와 국가자료공동목록시스템(http://www.nl.go.kr/kolisnet)에서 이용하실 수 있습니다.
(CIP제어번호 : CIP2018032699)

어린이는 우리의 미래
초록우산 (주)푸른책들은 도서 판매 수익금의 일부를 초록우산 어린이재단에 기부하여 어린이들을 위한 사랑 나눔에 동참합니다.